工程测量与地理信息技术研究

贾安峰　姬建三　张修祥　著

吉林科学技术出版社

图书在版编目（ＣＩＰ）数据

工程测量与地理信息技术研究 ／ 贾安峰，姬建三，
张修祥著. -- 长春：吉林科学技术出版社，2023.5
ISBN 978-7-5744-0438-0

Ⅰ．①工… Ⅱ．①贾… ②姬… ③张… Ⅲ．①工程测
量②地理信息系统 Ⅳ．①TB22②P208.2

中国国家版本馆 CIP 数据核字(2023)第 105720 号

工程测量与地理信息技术研究

著　贾安峰　姬建三　张修祥
出 版 人　宛　霞
责任编辑　乌　兰
封面设计　南昌德昭文化传媒有限公司
制　　版　南昌德昭文化传媒有限公司
幅面尺寸　185mm×260mm
开　　本　16
字　　数　337 千字
印　　张　15.625
印　　数　1-1500 册
版　　次　2023 年 5 月第 1 版
印　　次　2024 年 1 月第 1 次印刷

出　　版　吉林科学技术出版社
发　　行　吉林科学技术出版社
地　　址　长春市南关区福祉大路 5788 号出版大厦 A 座
邮　　编　130118
发行部电话/传真　0431—81629529　81629530　81629531
　　　　　　　　　　81629532　81629533　81629534
储运部电话　0431-86059116
编辑部电话　0431-81629510
印　　刷　廊坊市印艺阁数字科技有限公司

书　　号　ISBN 978-7-5744-0438-0
定　　价　95.00 元

前　言

随着科学技术的发展和社会的进步，工程测量学逐渐从普通的测量学中分离并成为一门相对独立的学科，其目的主要是为各种工程建设进行测量和测设工作，并提供空间位置信息。由于不同领域的工程各有其特点，因此工程测量的方法也就各有千秋。在工程测量领域，计算机网络技术的应用也随之增加，通过将工程测量技术与计算机网络技术融合在一起，使工程测量技术发展进入到了崭新阶段，在工程建设中，测量精度与施工质量紧密相关，特别是在现代建筑工程质量要求持续提升的今天，必须要保障测量精准，以促使建筑工程施工效率得到进一步提升。

工程测量是一项复杂的工作，具体作业过程中会应用到各种不同类型的技术，而地理信息系统（GIS）技术是其中最为重要的一种。本书主要讨论工程测量与地理信息技术，书中首先概括了工程测量学基础，在此基础上对水准测量、角度测量、测绘工程管理与控制进行了探究，接下来阐述了地理信息系统基础与数据模型、网格同化技术、网格存储技术以及测绘地理信息新技术，全书在结构上力图做到新、全、专、深、系统而实用。在对待新知识的取舍上，力图尽可能地吸收近年新出现的理论、观念、技术，能为进一步拓展地理信息技术的应用空间提供支持。

本书在编写过程中，曾参阅了相关的文献资料，在此谨向作者表示衷心的感谢。由于水平有限，书中内容难免存在不妥、疏漏之处，敬请广大读者批评指正，以便进一步修订和完善。

目 录

第一章 工程测量基础知识

第一节 测量学的任务及作用

一、测量学的概念

测量学是研究测定地面点的平面位置和高程，将地球表面的形状及其他信息测绘成图，以及确定地球形状和大小的科学。它的任务包括测绘和测设两个方面。

测绘又称"测定"，是指运用测量仪器和工具，通过实地测量和计算，将地面上物体的位置、大小、形状和地面的高低起伏状态等信息，按规定的符号，依照一定的比例尺绘制成地形图或以数字形式编制成数据资料，为科学研究和工程建设的规划、设计、管理等工作提供图纸和资料。

测设又称"放样"，它是指把图纸上规划、设计好的建筑物、构造物的位置按照设计要求在地面上用特定的方式标定出来，作为施工的依据。

随着现代测量技术的发展和不同学科的交叉融合，现代测量产生了许多分支学科：大地测量学、地形测量学、摄影测量学、工程测量学、地图制图学、遥感（RS）、全球定位系统（GPS）和地理信息系统（GIS）等。

（一）大地测量学

大地测量学是研究和测定地球的形状、大小和重力场，地球的整体与局部运动和测定地面点的几何位置以及它们的变化的理论和技术的科学。现代大地测量学包括几何大地测量学、物理大地测量学和卫星大地测量学。

（二）地形测量学

地形测量学是研究将地球表面局部地区的自然地貌、人工建筑和行政权属界线等测绘成地形图、地籍图等的基本理论和方法的科学。

（三）摄影测量学与遥感（RS）

摄影测量学与遥感是研究利用摄影或遥感的手段获取目标物的影像数据，从中提取几何的或物理的信息，并用图形、图像和数字形式表达目标物空间分布及相互关系的科学。这一科学过去称为"摄影测量学"。摄影测量本身已完成了"模拟摄影测量"与"解析摄影测量"的发展历程，现在正进入"数字摄影测量阶段"。由于现代航天技术和计算机技术的发展，当代遥感技术可以提供比光学摄影所获得的黑白相片更丰富的影像信息，因此在摄影测量中引进了遥感技术。目前，遥感技术不仅自身在飞速发展，而且与卫星定位技术和地理信息技术相集成，成为地球空间信息的科学与技术。

（四）地图制图学与地理信息系统（GIS）

地图制图学与地理信息系统是研究利用地图图形来科学、抽象、概括地反映自然界和人类社会各种现象的空间分布、相互关系及其动态变化，并对空间信息进行获取、智能抽象、存储、管理、分析、处理、可视化及其应用的科学。

（五）工程测量学

工程测量学是研究工程建设和自然资源开发中各个阶段进行的控制测量、地形测绘、施工放样和变形监测的理论和技术的科学。它是测量学在国民经济和国防建设中的直接应用，包括规划设计阶段的测量、施工兴建阶段的测量、竣工验收阶段的测量和运营管理阶段的测量。每个阶段的测量工作，其内容、方法和要求也不尽相同。

现代工程测量的发展趋势和特点可概括为"六化"和"十六字"。

1."六化"

测量内外业作业的一体化；数据获取及处理的自动化；测量过程控制和系统行为的智能化；测量成果和产品的数字化；测量信息管理的可视化；信息共享和传播的网络化。

2."十六字"

精确、可靠、快速、简便、连续、动态、遥测、实时。

二、道路工程测量的任务和作用

在工程建设过程中，工程项目一般分规划与勘测设计、施工、运营管理三个阶段，测量工作贯穿于工程项目建设的全过程。根据不同的施测对象和阶段，工程测量有以下任务：

（一）测绘大比例尺地形图

把工程建设区域内的各种地面物体的位置、形状以及地面的高低起伏状态，依据规定的符号和比例绘制成地形图，为工程建设的规划、设计提供必要的图纸和资料。

（二）施工测量

把图纸上已设计好的各种工程构筑物的平面位置和高程，按设计要求在地面上标定出来，作为施工的依据并配合施工，进行各种施工标志的测设工作，确保施工质量。

（三）变形观测

对于一些重要的工程项目，在施工和运营期间，为了确保安全，还需要进行变形观测，以监视其安全施工和运营，并为以后改进设计、优化施工和加强管理提供资料。

道路工程测量工作在道路工程建设中起着重要的作用。在公路建设中，为获得一条最经济、最合理的路线，首先要进行路线勘测，绘制带状地形图和纵、横断面图，进行纸上定线和路线设计，并将设计好的路线平面位置、纵坡及路基边坡等在地面上标定出来，以便指导施工。当路线跨越河流时，拟设置桥梁之前，应测绘河流两岸的地形图，测定桥轴线的长度及桥位处的河床断面，为桥梁方案选择及结构设计提供必要的数据。当路线穿越高山，采用隧道时，应测绘隧址处地形图，测定隧道的轴线、洞口、竖井等的位置，为隧道设计提供必要的数据。

总之，道路、桥梁、隧道的勘测、设计、施工等各个阶段都离不开测量技术。因此，作为一名从事道桥专业的技术人员，必须具备测量学的基本理论、基本知识和基本技能，才能为我国的交通建设事业做出贡献。

三、测量工作的原则和方法

测量工作由观测人员采用一定的仪器和工具在野外进行，在观测过程中，人为因素、仪器精度及外界条件的影响，都有可能使观测结果存在误差。

为了避免误差积累及消减其对测量结果的影响，测量工作应遵循以下原则：在测量布局上要"先整体后局部"、在测量程序上要"先控制后碎部"、在测量精度上要"由高级到低级"。即首先在待测区域选择若干特殊的"控制点"，用较精密的仪器设备准确地把这些点的平面位置和高程测量出来，然后再根据测量出来的这些"控制点"去确定其他的地面点的位置。

采用上述原则和方法进行测量，可以有效地控制误差的传递和累积，使整个测区的精度较为统一和均匀。

第二节 地面点位置的确定

一、地球的形状和大小

测量工作是在地球的自然表面上进行的，所以必须知道地球的形状和大小。而地球的自然表面十分复杂，有高山、丘陵、平原和海洋等，其形状是高低不平，很不规则的。为了确定地面点的位置和绘制地形图，就有必要把直接观测的数据结果归化到一个参考面上，而这个参考面必须尽可能与地球形体的表面相吻合，因此我们有必要认识地球的形体和与测量有关的坐标系的问题。

（一）大地水准面

尽管地球的表面高低不平，极不规则，甚至高低相差较大，如最高的珠穆朗玛峰高出海平面达 8844 m，最低的太平洋西部的马里亚纳海沟低于海平面达 11034 m。尽管有这样大的高低起伏，但相对于半径近似为 6371 km 的地球来说是很小的，故对地球总的形状的影响可以忽略不计。又由于海洋面积约占整个地球表面的 71%，陆地面积仅占 29%，因此，可以把海水面延伸至陆地所包围的地球形体看作地球总的形状。

地球上的任意一点，都同时受到两个作用力：一是地球自转产生的离心力，二是地心引力。这两个力的合力称为"重力"。重力的作用线又称为"铅垂线"。

处于自由静止状态的水面称为"水准面"。由物理学可知，这个面是一个重力等位面。水准面处处与重力方向（铅垂线方向）垂直。在地球引力起作用的空间范围内，通过任何高度的点都有一个水准面，因而水准面有无数个。

在测量工作中，我们假想有一个自由静止的海水面，向陆地延伸且包围整个地球而形成一个封闭曲面，这个曲面我们称之为"水准面"。水准面作为流体的水面是受地球重力影响而形成的重力等位面，是一个处处与重力方向垂直的连续曲面。由于海水有潮汐，海水面时高时低，因此，水准面有无数个，我们将其中一个与平均海平面相吻合的水准面称为"大地水准面"，如图 1-1（a）所示。由大地水准面所包围的地球形体，称为"大地体"。

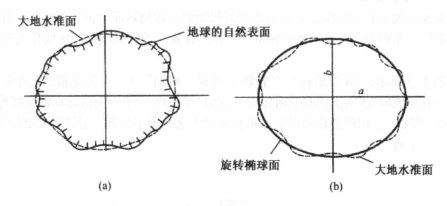

图 1-1　地球的自然表面、大地水准面和旋转椭球面

　　大地水准面是测量工作的基准面。另外，我们将重力的方向线称为"铅垂线"，铅垂线是测量工作的基准线。

　　由于海水面受潮汐和风浪的影响，是个动态的曲面，平均静止的海水面实际在大自然中是不存在的。为此，我国在青岛设立验潮站，长期观察和记录黄海海水面的高低变化，取其平均值作为我国的大地水准面的位置（其高程为零），并在青岛建立了水准原点。

（二）旋转椭球面

　　用大地体表示地球的形状是比较恰当的，但是由于地球内部质量分布不均匀，引起局部重力异常，导致铅垂线的方向产生不规则的变化，使得大地水准面上也有微小的起伏，如图 1-1（b）所示，成为一个复杂的曲面，因此无法在这个复杂的曲面上进行测量数据的处理。

　　长期的测量实践研究表明，地球形状极近于一个两极稍扁的旋转椭球。即一个椭圆绕其短轴旋转而成的球体，如图 1-1（b）所示。这样，测量工作的基准面为大地水准面，而测量计算工作的基准面为旋转椭球面。

　　世界各国通常均采用旋转椭球代表地球的形状，并称为"地球椭球"。测量工作中把与大地体最接近的地球椭球称为"总地球椭球"；把与某个区域如一个国家大地水准面最为密合的椭球称为"参考椭球"，其椭球面称为"参考椭球面"。由此可见，参考椭球有许多个，而总地球椭球只有一个。

二、测量坐标系

　　为了确定地面点的空间位置，需要建立测量坐标系。在一般工程测量中，确定地面点的空间位置，通常需用三个量，即该点在一定坐标系下的三维坐标，或该点的二维球面坐标或投影到平面上的二维平面坐标，以及该点到大地水准面的铅垂距离（高程）。为此，我们必须研究测量中常用的坐标系。

5

（一）大地坐标系

用大地经度 L 和大地纬度 B 表示地面点投影到旋转椭球面上位置的坐标，称为"大地坐标系"，亦称为"大地地理坐标系"。该坐标系以参考椭球面和法线作为基准面和基准线。

如图 1-2 所示，NS 为地球的自转轴（或称"地轴"），N 为北极，S 为南极。过地面任一点与地轴 NS 所组成的平面称为该点的"子午面"。子午面与球面的交线称为"子午线"或"经线"。国际公认通过英国格林尼治天文台的子午面，是计算经度的起算面，称为"首子午面"。

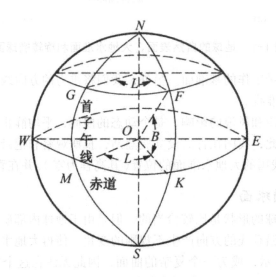

图 1-2　大地坐标系

过 F 点的子午面 NGKSON 与首子午面 NGMSON 所成的两面角，称为 F 点的"大地经度"。它自首子午线向东或向西由 0° 起算至 180°，在首子午线以东者为东经或写成 0°～180° E，以西者为西经或写成 0°～180° W。

垂直于地轴 NS 的平面与地球球面的交线称为"纬线"；通过球心 O 并垂直于地轴 NS 的平面，称为"赤道平面"。赤道平面与球面相交的纬线称为"赤道"。过 F 点的法线（与旋转椭球面垂直的线）与赤道面的夹角，称为 F 点的"大地纬度"。在赤道以北者为北纬或写成 0°～90° N，以南者为南纬或写成 0°～90° S。

例如，我国首都北京位于北纬 40°、东经 116°，也可用 B=40° N、L=116° E 表示。

用大地坐标表示的地面点，统称"大地点"。一般而言，大地坐标由大地经度 L、大地纬度 B 和大地高 H 三个量组成，用以表示地面点的空间位置。

我国于 20 世纪 50 年代和 80 年代，分别建立了国家大地坐标系统——1954 年北京坐标系和 1980 西安坐标系，测制了各种比例尺地形图，为国民经济和社会发展提供了基础的测绘保障。

（二）地心坐标系

地心坐标系属于空间三维直角坐标系，用于卫星大地测量。由于人造地球卫星围绕地球运动，地心坐标系取地球质心为坐标原点 O。X、Y 轴在地球赤道平面内，首子午面与赤道平面的交线为 X 轴，Z 轴与地球自转轴相重合，如图 1-3 所示。地面点 A 的空间位置用三维直角坐标 X_A，Y_A 和 Z_A 表示。

地心坐标和大地坐标可以通过一定的数学公式进行换算。

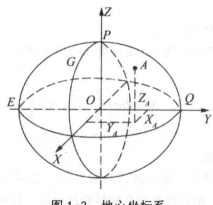

图 1-3 地心坐标系

（三）高斯平面直角坐标系

高斯平面直角坐标系采用高斯投影方法建立。高斯投影由德国测量学家高斯于 1825 ~ 1830 年首先提出，到 1912 年，德国测量学家克吕格推导出了实用的坐标投影公式，所以又称"高斯 - 克吕格投影"。为满足工程测量及其他工程的应用，我国采用高斯 - 克吕格投影，简称"高斯（Gauss）投影"。

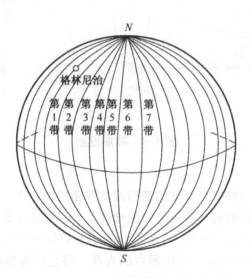

图 1-4 高斯投影分带

高斯投影法是将地球划分成若干带，然后将每带投影到平面上。如图1-4所示，投影带是从首子午线起，每隔经差6°划一带（称为"六度带"或"6°带"），自西向东将整个地球划分成经差相等的60个带，各带从首子午线起自西向东依次编号，用数字1，2，3，…，60表示。位于各带中央的子午线，称为该带的"中央子午线"。第一个6°带的中央子午线的经度为3°，任意带的中央子午线的经度L可按下式计算：

$$L = 6N - 3°\qquad(1-1)$$

式中：N —— 6°带的号数。

反之，已知地面任一点的经度L，要计算该点所在的6°带编号的公式为：

$$N = Int\left(\frac{L+3}{6} + 0.5\right)\qquad(1-2)$$

式中：Int —— 取整函数。

按上述方法划分投影带后，即可进行高斯投影。如图1-5（a）所示，设想用一个平面卷成一个空心椭圆柱，把它横着套在旋转椭球外面，使椭圆柱的中心轴线位于赤道面内并通过球心，且使旋转椭球上某六度带的中央子午线与椭圆柱面相切。

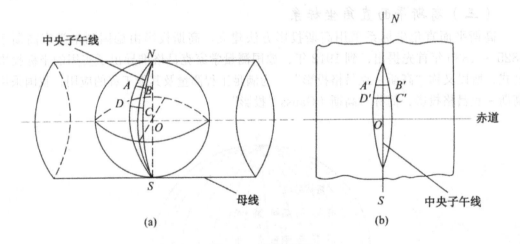

图1-5 高斯投影

在椭球面上的图形与椭圆柱面上的图形保持等角的情况下，将整个六度带投影到椭球柱面上。然后将椭圆柱沿着通过南北极的母线切开并展成平面，便得到六度带在平面上的影像，如图1-5（b）所示。中央子午线经投影展开后是一条直线，以此直线作为纵轴，即X轴；赤道是一条与中央子午线相垂直的直线，将它作为横轴，即Y轴；两直线的交点作为原点，则组成了高斯平面直角坐标系。

当测绘大比例尺图要求投影变形更小时，可采用三度分带投影法。它是从东经1°30′起，自西向东每隔经差3°划分一带，将整个地球划分为120个带，每带中央子午线的经度 L_0 可按下式计算：

$$L_0 = 3n$$

$$(1-3)$$

式中 n —— 3°带的号数。

反之，已知地面任一点的经度 L_0，要计算该点所在的统一3°带编号的公式为：

$$n = Int\left(\frac{L_0}{3} + 0.5\right)$$

$$(1-4)$$

将投影后具有高斯平面直角坐标系的6°带一个个拼接起来，便得到如图1-6所示的图形。

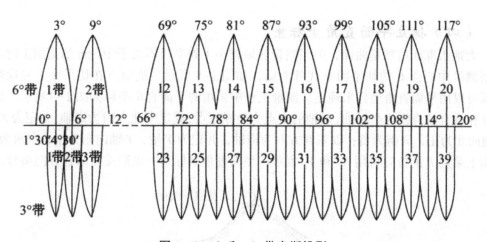

图1-6　6°和3°带高斯投影

我国领土所处的概略经度范围为东经73°27′～东经135°09′，根据式（1-2）和式（1-4）求得的统一6°带投影和统一3°带投影的带号分别为13～23、24～45，在我国领土范围内，统一6°带与统一3°带的投影带号不重叠。

我国位于北半球，X 坐标均为正值，而 Y 坐标有正有负。为避免横坐标 Y 出现负值，故规定把坐标纵轴向西平移500 km，如图1-7所示。另外，为了能根据横坐标确定该点位于哪一个投影带内，还规定在横坐标值前冠以带号。

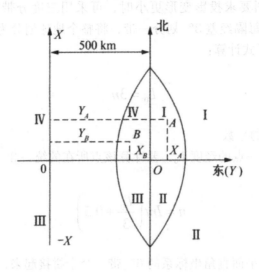

图 1-7　高斯平面直角坐标系

（四）独立平面直角坐标系

大地水准面虽然是曲面，但当测量区域较小（如半径不大于 10 km 的范围）时，可以用测区中心点 C 的切平面来代替曲面，如图 1-8 所示。地面点在切平面上的投影位置就可以用平面直角坐标来确定。测量工作中采用的平面直角坐标如图 1-9 所示。以两条互相垂直的直线为坐标轴，两轴的交点为坐标原点，规定南北方向为纵轴，并记为 X 轴，X 轴向北为正，向南为负；以东西方向为横轴，并记为 Y 轴，Y 轴向东为正，向西为负。地面上某点 P 的位置可用 X_P 和 Y_P 表示。平面直角坐标系中象限按顺时针方向编号。

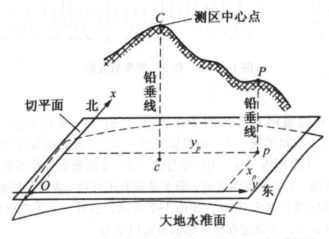

图 1-8　以切平面代替曲面假定平面直角坐标系原理

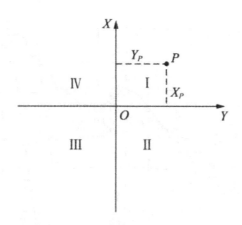

图 1-9　独立平面直角坐标系

X 轴与 Y 轴和数学上规定的互换，其目的是为了定向方便（测量上习惯以北方向为起始方向），且将数学上的公式直接照搬到测量的计算工作中，不需作任何变更。原点 O 一般选在测区的西南角，如图 1-9 所示，使测区内各点的坐标均为正值。

（五）高程系统

为了确定地面点的空间位置，除了要确定其在基准面上的投影位置外，还应确定其沿投影方向到基准面的距离，即确定地面的高程。

为了建立全国统一的高程系统，必须确定一个高程基准面。通常采用平均海水面代替大地水准面作为高程基准面，平均海水面的确定是通过验潮站多年验潮资料来求定的。我国确定平均海水面的验潮站设在青岛，根据青岛验潮站 1950 ~ 1956 年 7 年验潮资料求定的高程基准面，称为"1956 年黄海平均高程面"，以此基准面建立了"1956 年黄海高程系"。我国自 1959 年开始，全国统一采用 1956 年黄海高程系。

由于海洋潮汐长期变化周期为 18.6 年，经对 1952 ~ 1979 年验潮资料的计算，确定了新的平均海水面，称为"1985 国家高程基准"。经国务院批准，我国自 1987 年开始采用"1985 国家高程基准"。

为维护平均海水面的高程，必须设立与验潮站相联系的水准点作为高程起算点，这个水准点叫"水准原点"。我国水准原点设在青岛市观象山上，全国各地的高程都以它为基准进行测算。"1956 年黄海高程系"的水准原点高程为 72.289 m，"1985 国家高程基准"的水准原点高程为 72.260 m。

在一般测量工作中，均以大地水准面作为高程基准面。地面点到大地水准面的铅垂距离，称为该点的"绝对高程"或称"海拔"，通常以 H_i 表示。如图 1-10 所示，H_A 和 H_B 即为 A 点和 B 点的绝对高程。

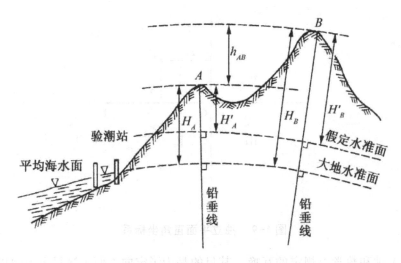

图 1-10　高程和高差

当个别地区引用绝对高程有困难时，可采用假定高程系统，即采用任意假定的水准面作为高程起算的基准面。如图 1-10 所示，地面点到假定水准面的铅垂距离，如和称为"假定高程"。

地面上两个点之间的高程差称为"高差"，通常用 h_{ij} 表示。如地面点 A 与点 B 之间的高差为 h_{AB}，即：

$$h_{AB} = H_B - H_A = H_B' - H_A'$$

（1-5）

由此可见，两点间的高差与高程起算面无关。

三、用水平面代替水准面的限度

水准面是一个曲面。从理论上讲，即使将极小部分的水准面当作平面看待，也是要产生变形的。但是由于测量和绘图的过程中都不可避免地产生误差，若将小范围的水准面当作平面看待，其产生的误差不超过测量和绘图的误差，那么这样做是可以的，而且也是合理的。

下面来讨论以水平面代替水准面时对距离和高程的影响，以便明确用水平面代替基准面的范围。在分析过程中，将大地水准面近似看成圆球，半径 $R=6371$ km。

（一）水准面曲率对距离的影响

如图 1-11 所示，A，B，C 是地面点，它们在大地水准面上的投影点是 a，b，c，用该区域中心点的切平面代替大地水准面后，地面点在水平面上的投影点是 a'，b'，c'。

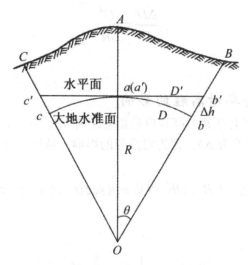

图 1-11 水平面代替水准面的影响

现分析由此而产生的影响。设 A，B 两点在大地水准面上的距离为 D，在水平面上的距离为 D'，则两者之差为 ΔD，即用水平面代替水准面所引起的距离差异。在推导公式时，近似地将大地水准面视为半径为 R 的球面，则有：

$$\Delta D = D' - D = R(\tan\theta - \theta)$$

（1-6）

将 $\tan\theta$ 展开成级数：

$$\tan\theta = \theta + \frac{1}{3}\theta^3 + \frac{2}{15}\theta^5 + \dots$$

由于 θ 角很小，因此可略去三次方以上的高次方项，只取其前两项代入式（1-6）中，得：

$$\Delta D = R\left(\theta + \frac{1}{3}\theta^3 - \theta\right)$$

又因 $\theta = \dfrac{D}{R}$，故

$$\Delta D = \frac{D^3}{3R^2}$$

（1-7）

或

$$\frac{\Delta D}{D} = \frac{D^2}{3R^2}$$

（1-8）

（二）水准面曲率对高程的影响

在图 1-11 中，地面上点 B 的高程应是铅垂距离 bB，如果用水平面作基准面，则 B 点的高程为 $b'B$，两者之差为 Δh，即为对高程的影响。从图中可得：

$$\Delta h = bB - b'B = Ob' - Ob = R\sec\theta - R = R(\sec\theta - 1)$$

（1-9）

将 $\sec\theta$ 展开成级数：

$$\sec\theta = 1 + \frac{1}{2}\theta^2 + \frac{5}{24}\theta^4 + \dots$$

因 θ 角很小，因此只取其前两项代入式（1-9），又因 $\theta = \dfrac{D}{R}$，则得：

$$\Delta h = R\left(1 + \frac{1}{2}\theta^2 - 1\right) = \frac{1}{2}R\theta^2 = \frac{D^2}{2R}$$

（1-10）

第三节　测量误差的基本知识

一、测量误差及其产生的原因

在测量工作中，观测的未知量是角度、距离和高程，用仪器观测未知量而获得的数值叫作"观测值"。实践证明，当对某个量进行多次重复观测时，不论测量仪器有多么精密，观测多么认真细致，观测值之间总是存在差异。例如，对某一三角形的内角进行观测，三内角的观测值之和不等于180°（三角形内角和的理论值）；又如，观测某一闭合水准路线，其高差闭合差的观测值不等于零（理论值）。这些结果都说明测量成果不可避免地存在误差。

把某一量值的观测值与真值或应有值之间的差异称为"测量误差"，简称"误差"。在测量过程中，测量误差是不可避免的。但要注意，在测量中会因各种原因出现某些错误，而错误不属于误差，因为错误是由于粗心大意或操作错误所致。尽管错误难以完全杜绝，但是在测量中可以通过观测与计算中的步步校核，把它从成果中剔除掉，保证成果的正确可靠。

测量过程是测量员操作测量仪器设备，在一定外界条件下进行的。因此，测量误差产生的原因归纳起来可分为以下三个方面：

（一）观测者

观测者的感觉器官有一定的限度，特别是人的眼睛分辨能力的局限性，在仪器的安置、对中、整平、照准、读数等方面都会给测量成果带来误差。同时，在观测过程中操作的熟练程度、习惯都有可能给测量成果带来误差。

（二）测量设备

测量设备的精密程度对测量成果也有影响，测量仪器设备引起的误差称为"仪器误差"。仪器误差与测量仪器、工具的精密性相关，比如，很难利用普通的量角器将一个角度的分和秒部分精确测量出来。

（三）外界条件

各种观测都在一定的自然环境下进行。外界条件的影响是指观测过程中不断变化着的大气温度、湿度、风力以及大气的能见度等给观测结果带来的误差，比如，由于温度升高致使丈量距离的钢尺膨胀变长而引起的误差，由于大气折光给测角带来的误差。

二、测量误差的分类

测量误差按其产生的原因和性质可分为系统误差和偶然误差两类。

（一）系统误差

在相同的观测条件下，进行一系列的观测，如果误差出现的符号和大小不变，或按一定的规律变化，这种误差称为"系统误差"。系统误差有积累的特性，符号与数值大小有一定的规律。例如，用名义长度为 50 m，而实际正确长度为 50.010 m 的钢尺量距，每量 50 m 就会累积 0.010 m 的误差。对于系统误差，可采用两种办法加以消除或抵消。第一种方法是通过计算改正加以消除，如在用钢尺量距时进行尺长、温度和倾斜的改正。第二种方法是在观测时采取适当措施加以抵消，如在水准测量中，前后视距相等可以抵消水准轴管不完全平行于视准轴的误差，同时也可以抵消地球曲率和大气折光的影响。另一方面，尽量提高观测者的技能与熟练程度，最大限度地减少人为影响。

（二）偶然误差

在相同的观测条件下，对某一量进行一系列观测，如果误差出现的符号和大小从表面看没有一定的规律性，这种误差称为"偶然误差"。偶然误差是由人力所不能控制的因素或无法估计的因素（如人眼的分辨率等）引起的，其数值的大小、符号的正负具有偶然性。例如，我们用望远镜照准目标，由于大气的能见度和人眼的分辨率等因素使我们照准时有时偏左,有时偏右。在水准标尺上读数时,估读的毫米位有时偏大,有时偏小。

设某一量值的真值为 X,对此量进行了 n 次观测,得到的观测值为 l_1,l_2,$\cdots$,l_n,在每次观测中产生的偶然误差(又称"真误差")为 Δ_1,Δ_2,$\cdots$,Δ_n,则定义:

$$\Delta_i = X - l_i$$

（1-11）

在大量实践中,通过研究分析、统计计算,可以得出偶然误差的四个特性:

（1）在一定观测条件下,偶然误差的绝对值有一定的限度,或者说超出某一定限值的误差出现的概率为零。

（2）绝对值较小的误差比绝对值较大的误差出现的概率大。

（3）绝对值相等的正、负误差出现的概率几乎相同。

（4）同一量的等精度观测,其偶然误差的算术平均值,随着观测次数 n 的无限增加而趋于零,即

$$\lim_{n \to \infty} \frac{[\Delta]}{n} = 0$$

（1-12）

式中:n —— 观测次数;

[Δ] —— 误差总和,[Δ]=$\Delta_1+\Delta_2+\cdots+\Delta_n$。

利用偶然误差的第四个特性,增加观测次数,取其平均值可以减弱偶然误差的影响。在测量中有时存在读错数、记错数等情况,由此产生的错误称为"粗差"。粗差是不应出现的,应当避免。

三、衡量观测值精度的标准

为了衡量观测结果的优劣,通常用中误差、相对误差和容许误差来衡量。

（一）中误差

在测量工作中,通常是以各个真误差的平方和的平均值再开方作为每一组观测值的精度标准,称为"中误差"或"均方根误差",即

$$m = \pm\sqrt{\frac{\Delta_1^2 + \Delta_2^2 + \cdots + \Delta_n^2}{n}} = \pm\sqrt{\frac{[\Delta\Delta]}{n}}$$

（1-13）

式中:[$\Delta\Delta$] —— 真误差的平方和,即

$$[\Delta\Delta] = \Delta_1^2 + \Delta_2^2 + \cdots + \Delta_n^2$$

（1-14）

从式(1-13)中可以看出:如果测量误差大,中误差就大;测量误差小,中误差就小。

一般说来,中误差大精度就低,中误差小精度就高。

(二)相对误差

在距离丈量中,只依据中误差并不能完全说明测量的精度,必须引入相对误差的概念。相对误差是距离丈量的中误差与该段距离之比,且化为分子是1的形式,用 $\dfrac{1}{M}$ 表示。分母值 M 越大,则说明这段距离的丈量精度越高。

(三)容许误差

偶然误差特性的第一条指出,在相同观测条件下,偶然误差的值不会超过一定的限度。为了保证测量成果的正确可靠,就必须对观测值的误差进行一定的限制。某一观测值的误差超过一定的限度,就认为是超限,其成果应舍去,这个限度值就是容许误差。

对大量的同精度观测进行分析研究以及统计计算可以得出如下的结论:在一组同精度观测的偶然误差中,误差的绝对值超过2倍中误差的机会为5%;误差的绝对值超过3倍中误差的机会仅为0.3%。所以,在实际测量中,会规定偶然误差的限差为2倍中误差,也有人将3倍的中误差作为容许误差,即:

$$\Delta_{容许}=2m \tag{1-15}$$

或

$$\Delta_{容许}=3m \tag{1-16}$$

四、测量平差计算及精度评定

(一)进行测量平差的原因

在测量中,为了发现粗差并削弱偶然误差的影响,通常进行重复观测,使得观测值的数量多于必要量的观测量,形成多余观测。由于测量误差的存在,多个观测量往往不会相同,或者观测量不会满足理论值。比如,对同一条边观测两次,其结果不等;测量同一个三角形三个内角,其和不等180°。这样就产生了"观测数据矛盾",到底选用哪一个观测值呢?为了消除这些矛盾,就必须依据一定的数据处理原则,采用适当的计算方法对有矛盾的观测值加以必要而合理的调整,求得观测量的最佳估值。这一数据处理过程称为"测量平差",平差结果即为平差值。根据误差理论,当观测次数无限增加趋于无穷大时,平差值就趋于真值,改正数的数值也就趋于真误差(但符号相反)。而在观测次数有限时,认为平差值是最可靠的结果,被称为"最或然值"(或"最或是值")。

对某一未知量进行多次观测,每次观测值互有差异。这些观测值称为"直接观测值",对直接观测值进行平差称为"直接观测平差"。

（二）等精度观测和不等精度观测的定义

在相同观测条件下进行的观测是"等精度观测"。等精度观测得到的观测值称为"等精度观测值"。

如果使用的仪器精度不同，或者观测方法不同，或外界条件差别大，观测条件就不同，所获得的观测值称为"不等精度观测值"。

（三）等精度观测平差值计算及测量精度评定

设对某量进行了 n 次等精度观测，观测值分别为 l_1，l_2，$\cdots$，l_n，则该量的平差值即为观测值的算术平均值：

$$\overline{l} = \frac{l_1 + l_2 + \ldots + l_n}{n} = \frac{[l]}{n}$$

（1-17）

平差值与观测值之差被称为"改正数"，记为 v_i，即

$$v_i = \overline{l} - l_i \quad (i = 1,2 \qquad n)$$

（1-18）

由于在测量中真值在通常情况下是不知道的，而是使用平差值作为最终的测量成果，所以在计算中误差时，采用观测值的改正数 v 代替观测值的真误差 Δ。在此情况下，观测值中误差用下式计算（在此不做推导）：

$$m = \pm\sqrt{\frac{[vv]}{n-1}}$$

（1-19）

将上式与式（1-13）比较不难发现，式中 $[vv]$ 取代了 $[\Delta\Delta]$，n 换成了 $n-1$。

除了计算观测值中误差对观测值进行精度评定外，还需要对平差值进行精度评定。公式如下：

$$m_{\overline{l}} = \pm\frac{m}{\sqrt{n}} = \pm\sqrt{\frac{[vv]}{n(n-1)}}$$

（1-20）

（四）不等精度观测平差值计算及测量精度评定

如果对某未知量的各次观测不是等精度观测，各观测值的中误差就不相同。例如，同一条边长用两种不同精度的仪器来测量，精度高的仪器所测量的结果人们的认可程度较高，因而在计算平差值时希望高精度观测值起到更大作用。那么如何确定精度高的仪器所占比例呢？为此需要引入权，通过权来确定观测值在平差值中所占的份额，也就是通过权来确定观测值对平差值的影响程度。观测值精度愈高其权愈大。

1. 权的定义

由于观测值精度愈高，其中误差愈小，权愈大，为此可以根据中误差来定义权。设 n 个不等精度观测值的中误差分别为 m_1，m_2，$\cdots$，m_n，则权可以定义如下：

$$p_1 = \frac{m_0^2}{m_1^2}, \quad p_2 = \frac{m_0^2}{m_2^2} \cdots, \quad p_n = \frac{m_0^2}{m_n^2}$$

（1-21）

式中：m_0——单位权中误差，即权为 1 的观测值所对应的中误差。

权对一组观测值而言是相对的，由式（1-21）可以看出，如果某一观测值的权定下来，其他观测值的权也就跟着定了。如果假定 $m_0 = 1$，则

$$p_1 = \frac{1}{m_1^2}, \quad p_2 = \frac{1}{m_2^2} \cdots, \quad p_n = \frac{1}{m_n^2}$$

（1-22）

2. 加权平均值的计算

如果对某一未知量进行 n 次不等精度观测，观测值为 l_1，l_2，$\ldots$，l_n，其相应的权为 $p_1 \cdots p_2 \qquad p_n p_1$，$p_2$，$\ldots$，$p_n$，则加权平均值 $\overline{l}$ 为：

$$\overline{l} = \frac{p_1 l_1 + p_2 l_2 + \cdots + p_n l_n}{p_1 + p_2 + \cdots + p_n} = \frac{[pl]}{[p]}$$

（1-23）

将加权平均值作为不等精度观测时的平差值。平差值与观测值之差，即改正数为：

$$v_i = \overline{l} - l_i \quad (i = 1,2 \cdots, \quad n)$$

（1-24）

不等精度观测值与平差值的精度评定必须考虑权的影响，计算公式如下：

单位权中误差：

$$m_0 = \pm \sqrt{\frac{[pvv]}{n-1}}$$

（1-25）

平差值中误差：

$$m_{\overline{l}} = \pm \frac{m_0}{\sqrt{[p]}}$$

（1-26）

第二章　水准测量

第一节　水准测量的原理、仪器和工具

一、水准测量原理

测量地面上各点高程的工作，称为高程测量。高程测量根据所使用的仪器和施测方法不同，分为：①水准测量（leveling）；②三角高程测量（trigonometric leveling）；③气压高程测量（air pressure leveling）；④ GPS 测量（GPS leveling）。

水准测量是高程测量中最基本的和精度较高的一种测量方法，在国家高程控制测量、工程勘测和施工测量中被广泛采用。

（一）水准测量原理

水准测量原理是利用水准仪提供一条水平视线，借助竖立在地面点上的水准尺，直接测定地面上各点的高差，然后根据其中一点的已知高程推算其他各点的高程。

如图 2-1 所示，已知地面 A 点的高程为 H_A，如果要测得 B 点的高程 H_B，就要测出两点的高差 h_{AB}。

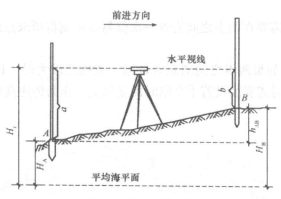

图 2-1　水准测量原理

　　欲测定 A、B 两点间的高差，在 A、B 两点各竖一根水准尺，在两点之间安置水准仪。测量时利用水准仪提供的一条水平视线，读出已知高程 A 的水准尺度数 a，这一度数在测量上称为后视度数。同时测出未知高程点 B 的水准尺度数 b，这一度数在测量上称为前视度数。A、B 两点的高差 h_{AB} 可由下式求得：

$$h_{AB} = a - b \qquad (2-1)$$

　　也就是说，A、B 两点的高差等于后视度数减去前视度数。即
A、B 两点间高差：

$$h_{AB} = H_B - H_A = a - b \qquad (2-2)$$

　　测得两点间高差 h_{AB} 后，若已知 A 点高程 H_A，则可得 B 点的高程。

$$H_B = H_A + h_{AB} \qquad (2-3)$$

（二）水准测量方法

1. 高差法
根据已知点高程和两点之间的高差求未知点高程的方法称为高差法。

2. 视线高法
在给出的条件中 A 点的高程为已知，则 A 点的水平视线高就应为 A 点的高程与 A 点所立水准尺上度数 a 之和。即：视线高 = 后视点的高程 + 后视尺的度数；则前视点的高程 = 视线高 − 前视尺的度数

$$H_i = H_A + a = H_B + b \qquad (2-4)$$

　　这种由求得的视线高，根据已知点高程求未知点高程的方法称为视线高法（工程中

常用的方法）。

上述测量中，只需要在两点之间安置一次仪器就可测得所求点的高程的方法叫作简单水准测量。

如图 2-2 所示，如果两点之间的距离较远，或高差较大时，仅安置一次仪器不能测得它们的高差，这时需要加设若干个临时的立尺点，作为传递高程的过渡

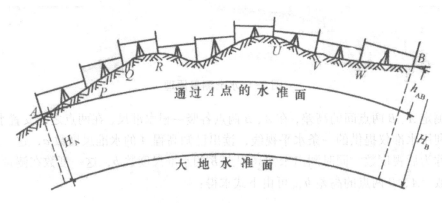

图 2-2 连续水准测量

点，称为转点。欲求 A 点至 B 点的高差 h_{AB}，选择一条施测路线，用水准仪依次测出 AP 的高差 h_{AP}、PQ 的高差 h_{PQ} …等，直到最后测出的高差 h_{WB}。每安置一次仪器，称为一个测站，而 P，Q，R，…，W 等点即为转点。

$$h_{AB} = h_{AP} + h_{PQ} + \cdots + h_{WB} \qquad （2-5）$$

各测站的高差均为后视读数减去前视读数之值，即 $h_{AP} = a_1 - b_1$，$h_{PQ} = a_2 - b_2$，…，$h_{WB} = a_n - b_n$，下标 1，2，…，n 表示第一站、第二站……第 n 站的后视读数和前视读数。则

$$h_{AB} = (a_1 - b_1) + (a_2 - b_2) + \ldots + (a_n - b_n) = \sum(a - b) \qquad （2-6）$$

在实际作业中可先算出各测站的高差，然后取它们的总和而得 h_{AB}。再用后视读数之和 $\sum a$ 减去前视读数之和 $\sum b$ 来计算高差 h_{AB}，检核计算是否有错误。

二、水准测量的仪器与工具

水准仪是水准测量的主要仪器，按其所能达到的精度分为 DS05、DS1、DS3 及 DS10 等几种等级。

"D" 和 "S" 是中文 "大地" 和 "水准仪" 中 "大" 字和 "水" 字的汉语拼音的第一个字母，通常在书写时可省略字母 "D"，下标 "05" "1" "3" 及 "10" 等数字

表示该类仪器的精度。

DS3 型和 DS10 型水准仪称为普通水准仪,用于国家三、四等水准及普通水准测量,DS05 型和 DS1 型水准仪称为精密水准仪,用于国家一、二等精密水准测量。

(一)DS3 型水准仪的构造

根据水准测量原理,水准仪的主要作用是提供一条水平视线,并能照准水准尺进行读数。因此,水准仪主要由望远镜、水准器和基座三部分构成。

仪器的上部有望远镜、水准管、水准管气泡观察窗、圆水准器、目镜及物镜对光螺旋、制动螺旋、微动及微倾螺旋等。

仪器竖轴与仪器基座相连,望远镜和水准管连成一个整体,转动微倾螺旋可以调节水准管连同望远镜一起相对于支架做上下微小转动,使水准管气泡居中,从而使望远镜视线精确水平,由于用微倾螺旋使望远镜上、下倾斜有一定限度,可先调整脚螺旋使圆水准器气泡居中,粗略定平仪器。整个仪器的上部可以绕仪器竖轴在水平方向旋转,水平制动螺旋和微动螺旋用于控制望远镜在水平方向转动,松开制动螺旋,望远镜可在水平方向任意转动,只有当拧紧制动螺旋后,微动螺旋才能使望远镜在水平方向上做微小转动,以精确瞄准目标。

1. 望远镜

望远镜是用来精确瞄准远处目标和提供水平视线进行读数的设备,它主要由物镜、目镜、调焦透镜及十字丝分划板等组成。从目镜中看到的是经过放大后的十字丝分划板上的像。

物镜和目镜多采用复合透镜组。物镜的作用是和调焦透镜一起使远处的目标在十字丝分划板是一块刻有分划线的透明的薄平玻璃片,用来准确瞄准目标,中间一根长横丝称为中丝,与之垂直的一根丝称为竖丝,在中丝上下对称的两根与中丝平行的短横丝称为上、下丝(又称观距丝)。在水准测量时,用中丝在水准尺上进行前、后视读数,用以计算高差,用上、下丝在水准尺上读数,用以计算水准仪至水准尺的距离(视距)。

2. 水准器

水准器是用来整平仪器、指示视准轴是否水平,供操作人员判断水准仪是否安置水平的重要部件,分为圆水准器和管水准器两种。

(1)圆水准器

圆水准器是一个封闭的玻璃圆盒,盒内部装满乙醚溶液,密封后留有气泡。盒顶面的内壁磨成圆球形,顶面的中央画一小圆,其圆心 S 即为水准器的零点。连接零点 S 与球面的球心 O 的直线称为圆水准器的水准轴。当气泡居中时,圆水准器的水准轴即成铅垂位置;气泡若偏离零点,轴线呈倾斜状态。气泡中心偏离零点 2 mm 时轴线所倾斜的角值,称为圆水准器的分划值。DS3 型水准仪圆水准器分划值一般为 8′ ~ 10′。圆水准器的功能是用于仪器的粗略整平。

（2）管水准器

管水准器又称水准管，它是一个管状玻璃管，其纵剖面方向的内表面为具有一定半径的圆弧。精确水准管的圆弧半径为 $80 \sim 100$ m，最精确的可达 200 m。管内装有乙醚溶液，加热融封冷却后在管内留有一个气泡。由于气泡比液体轻，因此恒处于最高位置。水准管内壁圆弧的中心点（最高点）为水准管的零点。过零点与圆弧相切的切线称为水准管轴。当气泡中点处于零点位置时，称为气泡居中，这时水准管轴处于水平位置，否则水准管轴处于倾斜位置。水准管的两端各刻有数条间隔 2 mm 的分划线，水准管上 2 mm 间隔的圆弧所对的圆心角，称为水准管的分划值，用"τ"表示。

$$\tau'' = \frac{2}{R} \cdot \rho'' \tag{2-7}$$

式中 R——水准管圆弧半径，单位为 mm；

ρ'' —— 弧度相对应的秒值，$\rho = 206265''$。

测量仪器上的水准管分划值，小的可达 $2''$，大者可达 $2' \sim 5'$。水准管的分划值愈小，灵敏度愈高。DS3 型水准仪水准管的分划值为 $20''$，记作 2072 mm。由于水准管的精度较高，因而用于仪器的精确整平。

气泡准确而快速移居管中最高位置的能力，称为水准管的灵敏度。测量仪器上水准管的灵敏度须适合它的用途。用灵敏度较高的水准管可以更精确地导致仪器的某部分呈水平位置或竖直位置，但灵敏度愈高，置平愈费时间，所以水准管灵敏度应与仪器其他部分的精密情况相适应。

为了提高水准管气泡居中的精度，DS3 型水准仪水准管的上方装有符合棱镜系统。将气泡两端影像同时反映到望远镜旁的观察窗内。通过观测窗观察，当两端半边气泡的影像符合时，表明气泡居中。若两影像成错开状态，表明气泡不居中，此时应转动微倾螺旋使气泡影像符合。

3. 基座

基座的作用是支撑仪器的上部并通过连接螺旋使仪器与三脚架相连。基座位于仪器下部，主要由轴座、脚螺旋、底板、三角形压板构成。仪器上部通过竖轴插入轴座内旋转，由基座承托。脚螺旋用于调节圆水准气泡的居中。底板通过连接螺旋与三脚架连接。

除了上述部件外，水准仪还装有制动螺旋、微动螺旋和微倾螺旋。制动螺旋用于固定仪器；当仪器固定不动时，转动微动螺旋可使望远镜在水平方向做微小转动，用以精确瞄准目标；微倾螺旋可使望远镜在竖直面内微动，圆水准气泡居中后，转动微倾螺旋使管水准器气泡影像符合，这时即可利用水平视线读数。

（二）水准尺和尺垫

1. 水准尺

水准尺是水准测量时使用的标尺。其质量的好坏直接影响水准测量的精度。因此，水准尺需用伸缩性小、不宜变形的优质材料制成，如优质木材、玻璃钢、铝合金等。常用的水准尺有双面尺和塔尺两种。

双面尺多用于三、四等水准测量，其长度为 3m，两根尺为一对。尺的两面均有刻画，一面为红白相间称为红面尺；另一面为黑白相间，称黑面尺（也称主尺），两面的最小刻画均为 1 cm，并在分米处注字。两根尺的黑面均由零开始；而红面，一根由 4.678 m 开始至 7.678 m，另一根由 4.787 m 开始至 7.787 m；其目的是避免观测时的读数错误，便于校核读数。同时用红、黑两面读数求得高差，可进行测站检核计算。

塔尺仅用于等外水准测量。一般由两节或三节套接而成，其长度有 3 m 和 5 m 两种。塔尺可以伸缩，尺的底部为零点。尺上黑白格相间，每格宽度为 1 cm，有的为 0.5 cm，每格小格宽 1 mm，米和分米处皆注有数字。数字有正字和倒字两种。数字上加红点表示米数。塔尺接头处容易损坏，观测时易出现误差。

尺垫是在转点处放置水准尺用的，其作用是防止点位移动和水准尺下沉。尺垫用生铁铸成，一般为三角形，中间有一突起的半球体，下方有三个支脚。使用时将支脚牢固地踏入土中，以防下沉。上方突起的半球形顶点作为竖立水准尺和标志转点之用。

第二节　水准仪的使用

一、水准仪的使用

使用微倾式水准仪的基本操作程序为：安置仪器、粗略整平（粗平）、瞄准水准尺、精确整平（精平）和读数。

使用水准仪时，将仪器装于三脚架上，安置在选好的测站上，三脚架头大致水平，仪器的各种螺旋都调整到适中位置，以便螺旋向两个方向均能转动。用脚螺旋导致圆水准器的气泡居中，称为粗平；放松制动螺旋，水平方向转动望远镜，用准星和照门大致瞄准水准标尺；固定制动螺旋，用微动螺旋使望远镜精确瞄准水准尺；用微倾螺旋使水准管气泡居中，称为精平；最后通过望远镜用十字丝中间的横丝在水准尺上读数。

（一）水准仪的安置

安置水准仪的方法，通常是先将脚架的两条腿取适当位置安置好，然后一手握住第三条腿做前后移动和左右摆动。一手扶住脚架顶部，眼睛注意圆水准器气泡的移动，使之不要偏离中心太远。如果地面比较坚实，如在公路上或在城镇中有铺装面的街道上等可以不用脚踏；如果地面比较松软则应用脚踏实，使仪器稳定。当地面倾斜较大时，应将三脚架的一个脚安置在倾斜方向上，将另外两个脚安置在与倾斜方向垂直的方向，这样可以使仪器比较稳固。

（二）粗略整平

粗平工作是通过调节仪器的脚螺旋，使圆水准器的气泡居中，以达到仪器竖轴大致铅直，视准轴粗略水平的目的。基本方法是：用两手分别以相对方向转动两个脚螺旋，此时气泡移动方向与左手大拇指旋转时的移动方向相同。然后再转动第三个脚螺旋使气泡居中。实际操作时可以不转动第三个脚螺旋，而以相同方向、同样速度转动原来的两个脚螺旋使气泡居中。在操作熟练以后，不必将气泡的移动分解为两步，而可以转动两个脚螺旋直接导致气泡居中。

注意：在整平的过程中，气泡移动的方向与左手大拇指转动的方向一致。

（三）瞄准

瞄准就是使望远镜对准水准尺，清晰地看到目标和十字丝成像，以便准确地进行水准尺读数。

首先进行目镜调焦，把望远镜对向明亮的背景，转动目镜调焦螺旋，使十字丝清晰。松开制动螺旋，转动望远镜，利用镜筒上的照门和准星连线对准水准尺，再拧紧制动螺旋。然后转动物镜的调焦螺旋，使水准尺成像清晰。再转动微动螺旋，使十字丝的纵丝对准水准尺的像。

瞄准时应注意消除视差。眼睛在目镜处上、下、左、右做少量的移动，若十字丝和目标有着相对的运动，这种现象称为视差。测量作业是不允许存在视差的，因为这说明不能判明是否精确地瞄准了目标。

产生视差的原因是目标通过物镜之后的影像没有与十字丝分划板重合。人眼位于中间位置时，十字丝交点 o 与目标的像 a 点重合，当眼睛略为向上，o 点又与 a 点重合，当眼睛略为向下时，o 点便与 c 点重合了。如果连续使眼睛上下移动，就好像看到 o 点在目标的像上面运动一样。

消除视差的方法是仔细地进行目镜调焦和物镜调焦，直至眼睛上下移动时读数不变为止。由于望远镜目镜的出瞳直径约为 1.5 mm，人眼的瞳孔直径约为 2.0 mm，所以检查有无视差时，眼睛上、下、左、右移动的距离不宜大于 0.5 mm。

（四）精平

精确整平简称精平，就是在读数前转动微倾螺旋使水准管气泡居中（气泡影像重合），从而达到视准轴精确水平的目的。

精平时，应徐徐转动微倾螺旋，直到气泡影像稳定符合。必须指出，由于水准仪粗平后，竖轴不是严格铅直，当望远镜由一个目标（后视）转到另一目标（前视）时，气泡不一定符合，应重新精平，气泡居中符合后才能读数。

（五）读数

当确认气泡符合后，应立即用十字丝横丝在水准尺上读数。读数前要认清水准尺的注记特征，读数时按由小到大的方向，读取米、分米、厘米、毫米四位数字，最后一位是估读数字。比如，读数为 1.338，习惯上不读小数点，只念 1338 四位数，即以毫米为单位，2.000 m 也可读作 2000，0.068 m 也可读作 0068。这对于观测、记录及计算工作都有一定的好处，可以防止不必要的误会和错误。

精平和读数是两项不同的操作步骤，但在水准测量过程中，应把两项操作视为一个整体。即精平后立即读数，读数后还要检查水准管气泡是否符合，只有这样，才能取得准确读数，保证水准测量的精度。

第三节　水准测量的方法及成果处理

一、水准测量的施测方法

（一）埋设水准点

水准测量的主要目的是测出一系列点的高程。通常称这些点为水准点（Bench Mark），简记为 BM。

为了进一步满足工程建设和地形测图的需要，以国家水准测量的三、四等水准点为起始点，尚需布设工程水准测量或图根水准测量，通常统称为普通水准测量（也称等外水准测量）。普通水准测量的精度较国家等级水准测量低一些，水准路线的布设及水准点的密度可根据具体工程和地形测图的要求而有较大的灵活性。

水准点有永久性和临时性两种。国家等级水准点一般用石料或钢筋混凝土制成，深埋到地面冻结线以下，在标石的顶面设有不锈钢或其他不宜锈蚀的材料制成的半球状标志；半球状标志顶点表示水准点的点位。有的用金属标志埋设于基础稳固的建筑物墙脚下，称为墙上水准点。在城镇和厂矿区，常采用稳固建筑物墙脚的适墙脚下，称为墙上水准点。

建筑工地上的永久性水准点一般用混凝土预制而成，顶面嵌入半球形的金属标志表示该水准点的点位。临时性的水准点可选在地面突出的坚硬岩石或房屋勒脚、台阶上，用红漆做标记，也可用大木桩打入地下，桩顶上钉一半球形钉子作为标志。

选择埋设水准点的具体地点，能保证标石稳定、安全、长期保存，而且便于使用。埋设水准点后，为了便于寻找水准点，应绘出能标记水准点位置的草图（称点之记），图上要注明水准点的编号和与周围地物的位置关系。

（二）拟定水准路线

在水准测量中，为了避免在观测、记录和计算中发生人为粗差，并保证测量成果能达到一定的精度要求，必须布设某种形式的水准路线，利用一定的条件来检验所测成果的正确性。在一般的工程测量中，水准路线主要有如下三种形式。

1. 附合水准路线 —— 适用于开阔区域

从一个已知高程的水准点 BM_A 起，沿一条路线进行水准测量，经过测定另外一些水准点 1、2、3 的高程，最后联测到另一个已知高程的水准点 BM_B 的路线，称为附合水准路线。

理论上，附合水准路线中各待定高程点间的高差代数和，应等于始、终两个水准点的高程之差，即：

$$\sum h_{理} = (H_{终} - H_{始}) \tag{2-8}$$

如果不相等，两点之差称为高差闭合差，用 f_h 表示：

$$f_h = \sum h_{测} - \sum h_{理} = \sum h_{测} - (H_{终} - H_{始}) \tag{2-9}$$

2. 支水准路线 —— 适用于狭长区域

从一已知水准点 BM_A 出发，沿待定高程点进行水准测量，如果最后没有联测到已知高程的水准点，则这样的水准路线称为支水准路线。为了对测量成果进行检核，并提高成果的精度，单一水准支线必须进行往、返测量。往测高差与返测高差的代数和 $\sum h_{往} + \sum h_{理}$ 理论上应等于零，并以此作为支水准路线测量正确性与否的检验条件。如不等于零，则高差闭合差为：

$$f_h = \sum h_{往} + \sum h_{返} \tag{2-10}$$

3. 闭合水准路线 —— 用于补充测量

从一已知高程的水准点 BM_A 出发，沿一条环形路线进行水准测量，测定沿线 1、2、3 水准点的高程，最后又回到原水准点 BM_A 的路线，称为闭合水准路线。

从理论上讲，闭合水准路线上各点间高差的代数和应等于零，即：

$$\sum h_{理} = 0 \tag{2-11}$$

但实际上总会有误差，致使高差闭合差不等于零，则高差闭合差为：

$$f_h = \sum h_{测} - \sum h_{理} = \sum h \tag{2-12}$$

（三）普通水准测量方法

水准点埋设完毕，即可按拟定的水准路线进行水准测量。现以图 2-3 为例，介绍水准测量的具体做法。图中为 BM_A 已知高程水准点，TP 为转点，B 为拟测高程的水准点。

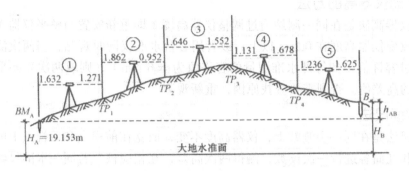

图 2-3　普通水准测量

已知水准点 BM_A 的高程 H_A=19.153 m，欲测定距水准点 BM_A 较远的 B 点高程，按普通水准测量的方法，由点 BM_A 出发共需设五个测站，连续安置水准仪测出各站两点之间的高差，观测步骤如下：

将水准尺立于已知高程的水准点上作为后视，水准仪置于施测路线附近适合的位置，在施测路线的前进方向上取仪器至后视大致相等的距离放置尺垫，在尺垫上竖立水准尺作为前视。观测员将仪器用圆水准器粗平之后瞄准后视标尺，用微倾螺旋将水准管气泡居中，用中丝读后视读数至毫米。转动望远镜瞄准前视尺，此时，水准管气泡一般将会偏离少许，将气泡居中，用中丝读前视读数。记录员根据观测员的读数在手簿中记下相应的数字，并立即计算高差。以上为第一个测站的全部工作。

第一测站工作结束，记录员招呼后，立尺员向前转移，并将仪器迁至第二测站。此时，第一测站的前视点便成为第二测站的后视点。依第一测站相同的工作程序进行第二测站的工作，依次沿水准路线方向施测直至全部路线观测完为止。

对记录表中每一项所计算的高差和高程都要进行计算检核。即后视读数总和减去前视读数总和、高差之和及 B 点高程与 A 点高程的差值，这三个数字应当相等；否则，计算有误。

$$\sum a - \sum b = 7.638 - 7.078 = +0.560$$

$$\sum h = +0.560$$

$$H_B - H_A = 19.713 - 19.153 = +0.560$$

（四）水准测量测站检验方法

在进行连续水准测量时，其中任何一个后视或前视读数有错误，都会影响高差的正确性。对于每一测站而言，为了校核每次水准尺读数有无差错，可采用改变仪器高的方法或双面尺法进行测站检核。

1. 变动仪器高的方法

变动仪器高法是在同一测站通过调整仪器高度（即重新安置与整平仪器），两次测得高差，改变仪器高度在 0.1 m 以上；或者用 2 台水准仪同时观测，当两次测得高差的差值不超过容许值（如等外水准测量的容许值为 ±6 mm），则取两次高差平均值作为该站测得的高差值。否则需要查找原因，重新观测。

2. 双面尺法

双面尺法是在同一个测站上，仪器高度不变，而立在前视点和后视点上的水准尺分别用黑面和红面各进行一次读数，测得两次高差，互相检核。若同一水准尺红面与黑面（加常数后）之差在 3 mm 以内，且黑面尺高差与红面尺高差之差不超过 ±5 mm，则取黑、红面高差平均值作为该站测得的高差值。否则需要检查原因，重新观测。

二、水准测量的成果计算

普通水准测量外业观测结束后，首先应复查与检核记录手簿，计算各点间高差。经检核无误后，根据外业观测的高差计算闭合差。若闭合差附和规定的精度要求，则调整闭合差，最后计算各点的高程。

按水准路线布设形式进行成果整理，其内容包括：（1）水准路线高差闭合差计算与校核；（2）高差闭合差的分配和计算改正后的高差；（3）计算各点改正后的高程。

不同等级的水准测量，对高差闭合差的容许值有不同的规定。等外水准测量的高差闭合差容许值：

对于普通水准测量，有 $\begin{cases} f_{h容} = \pm 40\sqrt{L}, & \text{适用于平原区} \\ f_{h容} = \pm 12\sqrt{n}, & \text{适用于山区} \end{cases}$ （2-13）

式中：$f_{h容}$——高差闭合差限差（mm）；

L——水准路线长度（km）；

n——测站数。

在山丘地区，当每千米水准路线的测站数超过 16 站时，容许高差闭合差可用下式计算：

$$f_{h容} = \pm 12\sqrt{n}(\text{mm})$$

式中：v——水准路线的测站总数。

在施工中，如设计单位根据工程性质提出具体要求时，应按要求精度施测。

（一）附合水准路线成果计算

例：图 2-4 为按图根水准测量要求施测某附合水准路线观测成果略图。BM_A 和 BM_B 为已知高程的水准点，A 点的高程为 65.376 m，B 点的高程为 68.623 m，图中箭头表示水准测量前进方向，点 1、2、3 为待测水准点，各测段高差、测站数、距离如图所示。

现以图 2-4 为例，按高程推算顺序将各点号、测站数、测段距离、实测高差及已知高程。

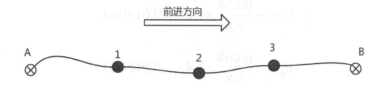

图 2-4　附合水准路线观测

（一）计算高差闭合差

$$f_{\mathrm{h}} = \sum h_{测} - \left(H_{终} - H_{始} \right) = 3.315 - (68.623 - 65.376) = 68(\mathrm{mm})$$

每千米测站数：$n = 50 \div 5.8 = 8.6 < 16$ 站，故采用平地计算公式：

$$f_{\mathrm{h容}} = \pm 40\sqrt{L} = \pm 40\sqrt{5.8} = \pm 96(\mathrm{mm})$$

因为 $|f_{\mathrm{h}}| < |f_{\mathrm{h容}}|$，其精度符合要求，可进行闭合差分配。

（二）调整高差闭合差

高差闭合差的调整原则和方法是按其与测段距离（测站数）成正比并反符号改正到各相应测段的高差上，得改正后的高差，即：

$$\upsilon_i = -\frac{f_{\mathrm{h}}}{\sum n} \times n_i \qquad (2\text{-}14)$$

或

$$\upsilon_i = -\frac{f_{\mathrm{h}}}{\sum l} \times l_i \qquad (2\text{-}15)$$

改正后的高差：$h_{i改} = h_{i测} + \upsilon_i$

式中：$h_{i改}, \upsilon_i$——第 i 段测段的高差改正数和改正后的高差；

$\sum n, \sum l$——路线总测站数与总长度；

n_i, l_i——第 i 段测段的测站数与长度。

题中各测段改正数：

$$\upsilon_1 = -\frac{0.068}{5.8} \times 1.0 = -0.012(\text{m})$$

$$\upsilon_2 = -\frac{0.068}{5.8} \times 1.2 = -0.014(\text{m})$$

$$\upsilon_3 = -\frac{0.068}{5.8} \times 1.4 = -0.016(\text{m})$$

$$\upsilon_4 = -\frac{0.068}{5.8} \times 2.2 = -0.026(\text{m})$$

将各测段高差改正数分别填入相应改正数栏内，并检核：改正数的总和与所求得的高差闭合差绝对值相等、符号相反，即 $\sum \upsilon = -f_{\text{h}} = -0.068\text{m}$。

各测段改正后的高差为：

$$h_{1测} = h_1 + \upsilon = +1.575 - 0.012 = +1.563(\text{m})$$

$$h_{1测} = h_1 + \upsilon = +1.575 - 0.012 = +1.563(\text{m})$$

$$h_{3改} = h_{3测} + \upsilon = -1.742 - 0.016 = -1.758(\text{m})$$

$$h_{4测} = h_4 + \upsilon = +1.446 - 0.026 = +1.420(\text{m})$$

将各测段改正后的高差分别填入相应的栏内，并检核：改正后的高差总和应等于两已知高程之差，即 $\sum h_{改} = H_B - H_A = +3.247\text{m}$。

3. 计算待定点高程

由水准点 BM_A 已知高程开始，逐一加各测段改正后的高差，即得各待定点高程，并填入相应高程栏内。

$$H_1 = H_A + h_{1改} = 65.376 + 1.563 = 66.939(\text{m})$$

$$H_2 = H_1 + h_{23t} = 66.939 + 2.022 = 68.961(\text{m})$$

$$H_3 = H_2 + h_{3改} = 68.961 - 1.758 = 67.203(\text{m})$$

$$H_3 = H_2 + h_{3改} = 68.961 - 1.758 = 67.203(\text{m})$$

推算的 B 点的高程应该等于该点的已知高程，以此作为计算的检核。

（二）闭合水准路线成果计算

闭合水准路线各测段高差的代数和应等于零。如果不等于零，其代数和即为闭合水准路线的闭合差f_h，即：$f_h = \sum h_{测}$，$f_h < f_{h容}$时，可进行闭合水准路线的计算调整，其步骤与附合水准路线相同。

（三）支水准路线成果计算

对于支水准路线取其往返测高差的平均值作为成果，高差的符号应以往测为准，最后推算出待测点的高程。

已知水准点A的高程为186.785 m，往、返测站共16站。高差闭合差为：

$$f_h = h_{往} + h_{返} = -1.357 + 1.396 = 0.039(\text{m})$$

闭合差容许值为：

$$f_{h容} = \pm 12\sqrt{n} = \pm 12 \times \sqrt{16} = \pm 48(\text{mm})$$

二、水准仪的检验和校正

（一）水准仪的主要轴线及应满足的条件

如图2-5所示，水准仪的有四条主要轴线，即望远镜的视准轴CC、水准管轴LL、圆水准轴$L'L'$、仪器的竖轴VV。各轴线应满足的几何条件是：

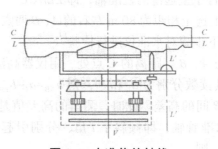

图2-5 水准仪的轴线

（1）水准管轴LL//视准轴CC。当此条件满足时，水准管气泡居中，水准管轴水平，视准轴处于水平位置。

（2）圆水准轴$L'L'$//竖轴VV。当此条件满足时，圆水准气泡居中，仪器的竖轴处于垂直位置，这样仪器转动到任何位置，圆水准气泡都应居中。

（3）十字丝垂直于竖轴，即十字丝横丝要水平。这样，在水准尺上进行读数时，可以用丝的任何部位读数。

以上这些条件，在仪器出厂前已经严格检校都是满足的，但是由于仪器长期使用和运输中的震动等原因，可能使某些部件松动，上述各轴线间的关系会发生变化。因此，为保证水准测量质量，在正式作业之前，必须对水准仪进行检验校正。

（二）水准仪的检验与校正

1. 圆水准器的检验与校正

目的：使圆水准器轴平行于竖轴，即 $L'L'//VV$。

检验：转动脚螺旋使圆水准器气泡居中，然后将仪器转动 180°，这时，如果气泡不再居中，而偏离一边，说明 $L'L'$ 不平行于 VV，需要校正。

校正：旋转脚螺旋使气泡向中心移动偏距一半，然后用校正拨针拨圆水准器底下的三个校正螺旋，使气泡居中。

校正工作一般难以一次完成，需反复校核数次，直到仪器旋转到任何位置时气泡都居中为止。最后，应注意拧紧固紧螺丝。

2. 十字丝横丝的检验与校正

目的：当仪器整平后，十字丝的横丝应水平，即横丝应垂直于竖轴。

检验：整平仪器，在望远镜中用横丝的十字丝中心对准某一标志 P，拧紧制动螺旋，转动微动螺旋。微动时，如果标志始终在横丝上移动，则表明横丝水平。如果标志不在横丝上移动，表明横丝不水平，需要校正。

校正：松开四个十字丝环的固定螺丝，按十字丝倾斜方向的反方向微微转动十字丝环座，直至 P 点的移动轨迹与横丝重合，表明横丝水平。校正后将固定螺丝拧紧。

（三）水准管轴平行于视准轴（i 角）的检验与校正

目的：使水准管轴平行于望远镜的视准轴，即 $LL//CC$。

检验：在平坦的地面上选定相距为 80 m 左右的 A、B 两点，各打一大木桩或放尺垫，并在上面立尺，然后按以下步骤对水准仪进行检验。

（1）将水准仪置于与 A、B 等距离的 C 点处，用仪器高法（或双面尺法）测定 A、B 两点间的高差 h_{AB}，设其读数分别为 a_1 和 b_1，则 $h_{AB}=a_1-b_1$。两次高差之差小于 3 mm 时，取其平均值作为 A、B 间的高差。此时，测出的高差值是正确的。因为，假设此时水准仪的视准轴不平行水准管轴，即倾斜了 i 角，分别引起读数误差 Δa 和 Δb，但因 $BC=AC=Ac$. 则 $\Delta a=\Delta b=\Delta$，则：

$$h_{AB} = (a_1 - \Delta) - (b_1 - \Delta) = a_1 - b_1 \qquad (2-16)$$

这说明不论视准轴与水准管轴平行与否，由于水准仪安置在距水准尺等距离处，测出的是正确高差。

（2）将仪器搬至距 A 尺（或 B 尺）3 m 左右处，精平仪器后，在 A 尺上读数 a_2。因为仪器距 A 尺很近，忽略 B 角的影响。根据近尺读数 a_2 和高差 h_{AB} 计算出 B 尺上水平视线时的应有读数为：

$$b_2 = a_2 - h_{AB} \qquad\qquad (2\text{-}17)$$

然后，调转望远镜照准 B 点上水准尺，精平仪器读取读数。如果实际读出的数 $b_2' = b_2$，说明 $LL/\!/CC$。否则，存在 i 角，其值为：

$$i = \frac{b_2' - b_2}{D_{AB}} \times \rho'' \qquad\qquad (2\text{-}18)$$

式中：D_{AB} ——A、B 两点间的距离。

$$\rho'' = 206265''$$

对于 DS3 型水准仪，当 $i > 20''$ 时，则需校正。

校正：转动微倾螺旋，使中丝在 B 尺上的读数从 b_2' 移到 b_2，此时视准轴水平，而水准管气泡不居中。用校正针拨动水准管的上、下校正螺钉，

第四节　水准测量误差分析及注意事项

水准测量的误差包括：仪器误差、观测误差、外界条件的影响 3 个方面。在水准测量作业中应根据误差产生的原因，采取相应的措施，尽量减弱或消除其影响。

一、仪器误差

（一）仪器校正后的残余误差

在水准测量前虽然经过严格的检验校正，但仍然存在残余误差。而这种误差大多数是系统性的，可以在测量中采取一定的方法加以减弱或消除。例如，水准管轴与视准轴不平行误差，当前后视距相等时，在计算高差时其偏差值将相互抵消。因此，在作业中，应尽量使前后视距相等。

（二）水准尺的误差

水准尺分划不准确、尺长变化、尺身弯曲，都会影响读数精度。因此，水准尺要经过检验才能使用，不合格的水准尺不能用于测量作业。此外，由于水准尺长期使用而使低端磨损，或有水准尺使用过程中粘上泥土等，这些情况相当于改变了水准尺的零点位置，称为水准尺零点误差。对于水准尺零点误差，可采取两固定点间设置偶数测站的方法，消除其对高差的影响。

二、观测误差

（一）水准管气泡居中误差

水准测量时，视线的水平是根据水准管气泡居中来实现的。由于气泡居中存在误差，致使视线偏离水平位置，从而带来读数误差。消除此误差的办法是：每次读数时，使气泡严格居中。

（二）读数误差

在水准尺上估读毫米数的误差，与人眼的分辨能力、望远镜的放大倍数及视线长度有关。在作业中，应遵循不同等级的水准测量对望远镜放大率和最大视线长度的规定，以保证估读精度。

（三）视差影响

水准测量时，如果存在视差，由于十字丝平面与水准尺影像不重合，眼睛的位置不同，读出的数据不同，会给观测结果带来较大的误差。因此，在观测时应仔细进行调焦，严格消除视差。

（四）水准尺倾斜影响

水准尺倾斜将使尺上的读数增大。误差大小与在尺上的视线高度以及尺子的倾斜程度有关。为消除这种误差的影响，扶尺必须认真，使尺既直又稳，有的水准尺上装有圆水准器，扶尺时应使气泡居中。

三、外界条件的影响

（一）仪器下沉

当仪器安置在土质疏松的地面上时，会产生缓慢下降现象，由后视转前视时视线下降，读数减小。可采用"后、前、前、后"的观测顺序，减小误差。

（二）尺垫下沉

如果转点选在松软的地面时，转站时，尺垫发生下沉现象，使下一站后视读数增大，引起高差误差。可采取往返测取中数的办法减小误差的影响。

（三）地球曲率及大气折光的影响

用水平视线代替大地水准面在水准尺上的读数产生误差 c：

$$c = \frac{D^2}{2R} \tag{2-19}$$

式中 D —— 仪器到水准尺的距离；

R——地球的平均半径，6371 km。

另外，由于地面大气层密度的不同，使仪器的水平视线因折光而弯曲，弯曲的半径大约为地球半径的 6 ~ 7 倍，且折射量与距离有关。它对读数产生的影响为：

$$r = \frac{D^2}{2 \times 7R} \qquad (2-20)$$

地球曲率及大气折光两项影响之和为：

$$f = c - r = 0.43\frac{D^2}{R} \qquad (2-21)$$

计算测站的高差时，应从后视和前视读数中分别减去 f，方能得出正确的高差，即：

$$h = (a - f_a) - (b - f_b) \qquad (2-22)$$

若前、后视距离相等，则 $f_a = f_b$ 折光的影响在计算高差时可以抵消。所以，在水准测量中，前、后视距应尽量相等。

（四）大气温度和风力的影响

大气温度的变化会引起大气折光的变化，以及水准管气泡的不稳定。尤其是当强阳光直射仪器时，会使仪器各部件因温度的急剧变化而发生变形，水准管气泡会有因烈日照射而收缩，从而产生气泡居中误差。另外，大风可使水准尺竖立不稳，水准仪难以置平。因此，在水准测量时，应随时注意撑伞，以遮挡强烈阳光的照射，并应避免在大风天气里观测。

四、注意事项

虽然误差是不可避免的，无法完全消除，但可采取一定的措施减弱其影响，以提高测量结果的精度，同时应避免在测量时因人为因素而导致的错误。在进行水准测量时，应注意以下几方面：

（1）放置水准仪时，尽量使前、后视距相等；（2）每次读数时水准管气泡必须居中；（3）观测前，测量仪器必须进行检验和校正；（4）读数时水准尺必须竖直，有圆水准器的尺子应使气泡居中；（5）尺垫顶部和水准尺底部不应沾带泥土，以降低对读数的影响；（6）望远镜应仔细调焦，严格消除视差；（7）前后视线长度一般不超过 100 m，视线离地面高度一般不应小于 0.3 m；（8）在强烈光照下必须撑伞，以避免仪器的结构因局部的温度增高而发生变化，影响视线的水平；（9）读数要清楚。如记录有错误，错误记录应用铅笔划去，再重写，不得涂改；（10）读数后，记录者必须当场计算，测站检核无误，方可迁站；（11）仪器迁站，要注意不能碰动转点上的尺垫。

第三章　角度测量

第一节　角度测量的基本概念

角度测量是测量的三项基本工作之一，角度测量包括水平角测量和竖直角测量。经纬仪是进行角度测量的主要仪器。

一、水平角及其测量原理

（一）水平角定义

从一点发出的两条空间直线在水平面上投影的夹角即二面角，称为水平角。其范围：顺时针 $0° \sim 360°$。如图 3-1 所示，水平角 $\angle AOB = \beta$。

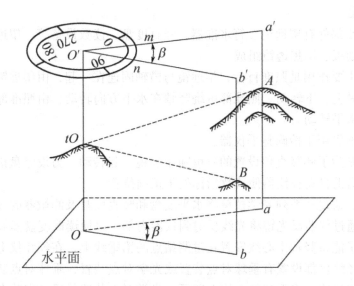

图 3-1 水平角

测角仪器用来测量角度的必要条件是：

（1）仪器的中心必须位于角顶的铅垂线上。

（2）照准部设备（望远镜）要能上下、左右转动，上下转动时所形成的是竖直面。

（3）要具有一个有刻划的度盘，并能安置成水平位置。

（4）要有读数设备，读取投影方向的读数。

（二）竖直角定义

在同一竖直面内，目标视线与水平线的夹角，称为竖直角，其范围在 $0° \sim \pm90°$ 之间。当视线位于水平线之上，竖直角为正，称为仰角；反之，当视线位于水平线之下，竖直角为负，称为俯角。

二、光学经纬仪的使用

经纬仪是测量角度的仪器。按其精度分，有 DJ6、DJ2 两种，表示一测回方向观测中误差分别为 6″、2″。

经纬仪的代号有 DJI、DJ2、DJ6、DJ10 等。其中，"D"和"J"分别为大地测量和经纬仪的汉语拼音第一个字母；"6"和"2"指仪器的精密度，测回方向观测中误差不超过 ±6 和 ±2。在工程中常用 DJ2、DJ6 型经纬仪，一般简称 J2、J6 经纬仪。

（一）DJ6 光学经纬仪的构造

经纬仪的基本构造包括照准部、水平度盘、基座三部分。

1. 照准部

照准部主要部件有望远镜、管水准器、竖直度盘、读数设备等。望远镜由物镜、目镜、十字丝分划板、调焦透镜组成。

望远镜的主要作用是照准目标，望远镜与横轴固连在一起，由望远镜制动螺旋和微动螺旋控制其做上、下转动。照准部可绕竖轴在水平方向转动，由照准部制动螺旋和微动螺旋控制其水平转动。

照准部水准管用于精确整平仪器。

竖直度盘是为了测竖直角设置的，可随望远镜一起转动。另设竖盘指标自动补偿器装置和开关，借助自动补偿器使读数指标处于正确位置。

读数设备，通过一系列光学棱镜将水平度盘和竖直度盘及测微器的分划都显示在读数显微镜内，通过仪器反光镜将光线反射到仪器内部，以便读取度盘读数。

另外，为了能将竖轴中心线安置在过测站点的铅垂线上，在经纬仪上都设有对点装置。一般光学经纬仪都设置有垂球对点装置或光学对点装置，垂球对点装置是在中心螺旋下面装有垂球挂钩，将垂球挂在钩上即可；光学对点装置是通过安装在旋转轴中心的转向棱镜，将地面点成像在对点分划板上，通过对中目镜放大，同时看到地面点和对点分划板的影像，若地面点位于对点分划板刻划中心，并且水准管气泡居中，则说明仪器中心与地面点位于同一铅垂线上。

2. 水平度盘

水平度盘是一个光学玻璃圆环，圆环上按顺时针刻划注记 0°～360° 分划线，主要用来测量水平角。观测水平角时，经常需要将某个起始方向的读数配置为预先指定的数值，称为水平度盘的配置，水平度盘的配置机构有复测机构和拨盘机构两种类型。北光仪器采用的是拨盘机构，当转动拨盘机构变换手轮时，水平度盘随之转动，水平读数发生变化，而照准部不动，当压住度盘变换手轮下的保险手柄，可将度盘变换手轮向里推进并转动，即可将度盘转动到需要的读数位置上。

3. 基座

基座主要是支承仪器上部并与三脚架起连接作用的一个构件，它主要由轴座、三个脚螺旋和底板组成。轴座是支承仪器的底座，照准部同水平度盘一起插入轴座，用固定螺丝固定。圆水准器用于粗略整平仪器，三个脚螺旋用于整平仪器，从而使竖轴竖直，水平度盘水平。连接板用于将仪器稳固的连接在三脚架上。

（二）分微尺装置的读数方法

如图 3-2、图 3-3 所示，DJ6 光学经纬仪一般采用分微尺读数。在读数显微镜内，可以同时看到水平度盘和竖直度盘的像。注有"H"字样的是水平度盘，注有"V"字样的是竖直度盘，在水平度盘和竖直度盘上，相邻两分划线间的弧长所对的圆心角称为度盘的分划值。DJ6 光学经纬仪分划值为 1°，按顺时针方向每度注有度数，小于 1°的读数在分微尺上读取。读数窗内的分微尺有 60 小格，其长度等于度盘上间隔为 1°

的两根分划线在读数窗中的影像长度。因此，测微尺上一小格的分划值为1′，可估读到0.1′，分微尺上的零分划线为读数指标线。

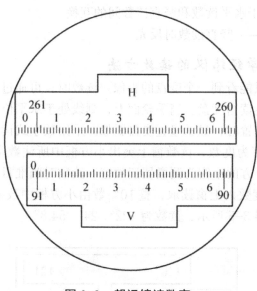

图 3-2　望远镜读数窗

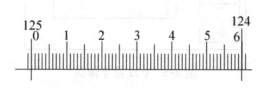

图 3-3　水平读盘分微尺读数

读数方法：瞄准目标后，将反光镜掀开，使读数显微镜内光线适中，然后转动、调节读数窗口的目镜调焦螺旋，使分划线清晰，并消除视差，直接读取度盘分划线注记读数及分微尺上 0 指标线到度盘分划线读数，两数相加，即得该目标方向的度盘读数，采用分微尺读数方法简单、直观。如图 3-4 所示，水平盘读数为 125° 13′ 12″。

图 3-4　水平度盘读数

（三）DJ2 光学经纬仪的构造

与 DJ6 相比，增加了：

测微轮 —— 用于读数时，对径分划线影像符合。

换像手轮 —— 用于水平读数和竖直读数间的互换。

竖直读盘反光镜 —— 竖直读数时反光。

（四）DJ2 光学经纬仪的读数方法

在读数窗内一次只能看到一个度盘的影像。读数时，可通过转动换像手轮，转换所需要的度盘影像，以免读错度盘。当手轮面上，刻线处于水平位置时，显示水平度盘影像；当刻线处于竖直位置时，显示竖直度盘影像。采用数字式读数装置使读数简化，如图 3-5 所示，上窗数字为度数，读数窗上突出小方框中所注数字为整 10′；中间的小窗为分划线符合窗；下方的小窗为测微器读数窗。读数时瞄准目标后，转动测微轮使度盘对径分划线重合，度数由上窗读取，整 10′ 数由小方框中数字读取，小于 10′ 的由下方小窗中读取，如图 3-5 所示，读数为 122° 24′ 54.8″。

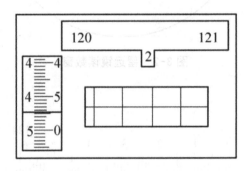

图 3-5　DJ2 数字读数

一般采用对径重合读数法即转动测微轮，使上、下分划线精确重合后读数。如图 3-6 所示，读数窗为度盘刻划的影像，最小分划值为 20′，左图小窗中为测微尺影像，左侧注记为分，右侧注记为秒。从 0′ 刻到 10′，最小分划值 1″，可估读到 0.1″。读数为 30° 23′ 03.8″。

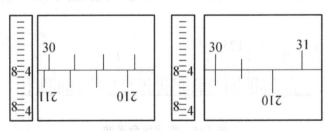

图 3-6　读数方法

三、经纬仪的安置

（一）对中

对中的目的：使仪器的中心与测站点的中心位于同一铅垂线上。对中时可以使用垂球或光学对点器对中。

（二）整平

整平的目的：使仪器的竖轴处于铅垂位置，水平度盘处于水平状态。经纬仪的整平是通过调节脚螺旋，以照准部水准管为标准来进行的。

（三）光学对点器的经纬仪安置

对具有光学对点器的经纬仪，其对中和整平是互相影响的，应交替进行的，直至对中、整平均满足要求为止。

具体操作方法如下：

（1）将三脚架安置于测站点上，目估使架头大致水平，同时注意仪器高度要适中，安上仪器，拧紧中心螺旋，转动目镜调整螺旋使对点器中心圈清晰，再拉伸镜筒，使测站点成像清晰，然后将一个架腿插入地面固定，用两手把握住另外两个架腿，并移动这两个架腿，直至测站点的中心位于圆圈的内边缘处或中心，停止转动脚架并将其踩实。注意基座面要基本水平。

（2）调节脚螺旋，使测站点中心处于圆圈中心位置。

（3）伸缩架腿，使圆气泡居中。

（4）调节脚螺旋，使水准管气泡居中。

（5）检查测站点是否位于圆圈中心，若相差很小，可轻轻平移基座，使其精确对中（注意仪器不可在基座面上转动），如此反复操作直到仪器对中和整平均满足要求为止。精度要求：对中，± ≤ 3mm；整平，≤ 1格。

整平是利用基座上的三个脚螺旋，使照准部水准管在相互垂直的两个方向上气泡都居中，具体做法如下：转动仪器照准部，使水准管平行于任意两个脚螺旋的连线方向，两手同时向内或向外旋转这两个（1、2）脚螺旋，使气泡居中，然后将照准部旋转90°，调节第3个脚螺旋，使气泡居中。如此反复进行，直至照准部水准管在任意位置气泡均居中为止。

（四）照准和读数

测角时要照准目标，目标一般是竖立于地面上的标杆、测钎或觇牌。测水平角时，以望远镜十字丝的纵丝照准目标，操作方法是用光学瞄准器粗略瞄准目标，进行目镜对光，使十字丝清晰，调节物镜对光螺旋，使成像清晰，并注意消除视差的影响。准确照准目标方向，用十字丝的单丝和垂线重合、用垂线平分十字丝双丝。若为标杆、测钎等粗目标时，用十字丝的单丝平分目标，目标位于双丝中央。最后，按照前面所述的读数方法来进行读数。

四、对点

测点通常以打入地面木桩上的小钉作为标志，测量时，由于距离远、地面起伏及植被的遮挡，不能直接从望远镜观看到小钉，需要用线正、测钎、花杆、铅笔竖立在小钉的铅垂线上供仪器照准，这项工作称为对点。对点的方法一般有三种，花杆对点法、测钎或铅笔对点法和线铭对点法。应根据距离情况选用合适的方法。

（一）花杆对点

一般用于远距离对点（经验数据约为 500 m），对点时花杆应竖直，对点者端正地面向司镜者，两脚分开与肩平齐，手握花杆上半截，这样可使花杆依靠自重直立于桩上测点，并使花杆铁尖离开铁钉少许，以保证对点正确。

（二）测钎或铅笔对点

这种方法一般在地面平坦，没有杂草阻碍视线，从望远镜中能直接看到测钎或铅笔尖时使用，测钎或铅笔尖要竖直。因目标为深色，在光线较暗，距离较远时往往模糊不清，可在测钎后方用白纸衬托，以便使照准目标清晰。

（三）线驼对点

线铭对点是施工现场最常用、最准确的方法，以下介绍几种常用方法。

1. 使用线铭架对点

简易线铭架制作方法：将三根细竹竿上端用细绳捆扎，权开下端即成，中间吊一线正移动竹竿使线铭尖对准测点。此法准确、平稳，用于对点次数较多的点。

2. 单手吊挂线铭对点

将花杆斜插在测站与测点连线方向的一侧（左或右）约 30 ~ 50cm 的地上，使花杆与地面约成 45° 交角，用手的四指夹握在花杆上，用拇指吊挂线铭，使线铭尖对准桩上小钉。对点时思想要集中，身体要站稳，为了防止线铭摆动，照准垂线一刹那，应全神贯注，暂屏呼吸，司镜者迅速照准垂线。

3. 两手合执线铭对点

面对仪器坐在测点后方，两肘放在两膝上，两手合执线铭弦线，使线花尖对准桩上小钉，对准测点中心的瞬间应全神贯注，暂屏呼吸，防止垂线摆动。

第二节 角度测量

水平角的测量方法是根据测量工作的精度要求、观测目标的多少及所用的仪器而定，一般有测回法和方向观测法两种。

一、测回法

测回法适用于在一个测站有两个观测方向的水平角观测。如图 3-7 所示，设要观测的水平角为 ∠AOB，先在目标点 A、B 设置观测标志，在测站点 O 安置经纬仪，然后分别瞄准 A、B 两目标点进行读数，水平度盘两个读数之差即为要测的水平角。为了消除水平角观测中的某些误差，通常对同一角度要进行盘左、盘右两个盘位观测（观测者对着望远镜目镜时，竖盘位于望远镜左侧，称盘左又称正镜；当竖盘位于望远镜右侧时，称盘右又称倒镜）。盘左位置观测，称为上半测回；盘右位置观测，称为下半测回；上、下两个半测回合称为一个测回。

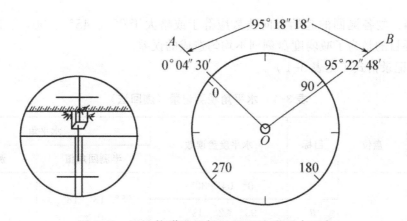

图 3-7　经纬仪瞄准目标及测回法观测水平角

具体步骤：

（1）安置仪器于测站点 O 上，对中、整平。

（2）盘左位置瞄准 A 目标，读取水平度盘读数为 a_1，设为 0°04′30″，记入记录手簿表 3-1 盘左 A 目标水平读数一栏。

（3）松开制动螺旋，顺时针方向转动照准部，瞄准 B 点，读取水平度盘读数为么，设为 95°22′48″，记入记录手簿表 3-1 盘左 B 目标水平读数一栏；此时完成上半个测回的观测，即：

$$\beta_{左} = b_1 - a_1$$

（3-1）

（4）松开制动螺旋，倒转望远镜成盘右位置，瞄准 B 点，读取水平度盘的读数为如，设为 277°19′12″，记入记录手簿表 3-1 盘右 B 目标水平读数一栏。

（5）松开制动螺旋，顺时针方向转动照准部，瞄准 A 点，读取水平度盘读数为但，设为 182°00′42″，记入记录手簿表 3-1 盘右 A 目标水平读数一栏；此时完成下半个测回观测，即：

$$\beta_{右} = b_2 - a_2$$

（3-2）

上、下半测回合称为一个测回，取盘左、盘右所得角值的算术平均值作为该角的一测回角值，即：

$$\beta = \frac{\beta_左 + \beta_右}{2}$$

（3-3）

测回法的限差规定：一是两个半测回角值较差；二是各测回角值较差。对于精度要求不同的水平角，有不同的规定限差。当要求提高测角精度时，往往要观测 n 个测回，每个测回可按变动值概略公式 $\frac{180^\circ}{n}$ 的差数改变度盘起始读数，其中 n 为测回数，例如测回数 $n=4$，则各测回的起始方向读数应等于或略大于 0°、45°、90°、135°，这样做的主要目的是为了减弱度盘刻划不均匀造成的误差。

（6）记录格式（见表3-1）。

表 3-1   水平角观测记录（测回法）

测站	盘位	目标	水平度盘读数	水平角	
				半测回角值	测回值
O	左	A	0° 04′ 30″	95° 18′ 18″	95° 18′ 24″
		B	95° 22′ 48″		
	右	B	277° 19′ 12″	95° 18′ 30″	
		A	182° 00′ 42″		

若要观测 n 个测回，为减少度盘分划误差，各测回间应按 $\frac{180^\circ}{n}$ 的差值来配置水平度盘。

二、方向观测法

当一个测站有三个或三个以上的观测方向时，应采用方向观测法进行水平角观测，方向观测法是以所选定的起始方向（零方向）开始，依次观测各方向相对于起始方向的水平角值，也称方向值。两任意方向值之差，就是这两个方向之间的水平角值。如图3-8所示，为三个观测方向，需采用方向观测法进行观测，现就其观测、记录、计算及精度要求做如下介绍。

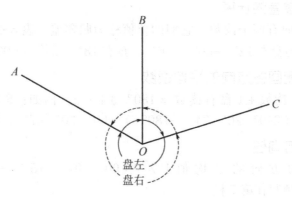

图 3-8　方向观测法

（一）观测步骤

（1）安置经纬仪于测站点 O，对中、整平。

（2）盘左位置瞄准起始方向（也称零方向）A 点，并配置水平度盘读数使其略大于零。转动测微轮使对经分划吻合，读取 A 方向水平度盘读数，同样以顺时针方向转动照准部，依次瞄准 B、C 点读数。为了检查水平度盘在观测过程中有无带动，最后再一次瞄准 A 点读数，称为归零。

每一次照准要求测微器两次重合读数，将方向读数按观测顺序自上而下记入观测记录手簿表 3-2。以上称为上半个测回。

（3）盘右位置瞄准 A 点读取水平度盘的读数，逆时针方向转动照准部，依次瞄准 B、C、A 点，将方向读数按观测顺序自下而上记入观测记录手簿表 3-2。以上称为下半个测回。

上、下半测回合称为一个测回。需要观测多个测回时，各测回间应按 $\dfrac{180^{\circ}}{n}$ 变换度盘位置。精密测角时，每个测回照准起始方向时，应改变度盘和测微盘位置的读数，使读数均匀分布在整个度盘和测微盘上。安置方法：照准目标后，用测微轮安置分、秒数，转动拨盘手轮安置整度及整 10 分的数；然后将拨盘手轮弹起即可。例如用 DJ2 级仪器时，各测回起始方向的安置读数按下式计算：

$$R = \frac{180^{\circ}}{n}(i-1) + 10'(i-1) + \frac{600''}{n}\left(i-\frac{1}{2}\right)$$

（3-4）

式中：n——总测回数；

i——该测回序数。

（二）计算方法与步骤

1. 半测回归零差的计算

每半测回零方向有两个读数，它们的差值称为归零差。表 3-2 中第一测回上、下半测回归零差分别为盘左 12″ -06″ =+6″，盘右 18″ -24″ =-06″。

2. 计算一个测回各方向的平均读数

平均值 =[盘左读数 + （盘右读数 ±180°）] ／ 2。例如：B 方向平均读数 =1 ／ 2[69° 20′ 30″ + （249° 20′ 24″ -180°）]=69° 20′ 27″，填入第 6 栏。

3. 计算起始方向值

第 7 栏两个 A 方向的平均值 1 ／ 2（00° 01′ 15″ +00° 01′ 13″）=00° 00′ 14″，填写在第 7 栏。

4. 计算归零后方向值

将各方向平均值分别减去零方向平均值，即得各方向归零方向值。注意：零方向观测两次，应将平均值再取平均。

例如：B 方向归零方向值 =69° 20′ 27″ -00° 01′ 14″ =69° 19′ 13″。

表 3-2　水平角观测记录（方向观测法）

测站	测回数	目标	水平度盘读数		平均读数	方向值	归零方向值	角值
			盘左	盘右				
O	1	A	00° 01′ 06″	180° 01′ 24 ″	00° 01′ 15″	00° 01′ 14″	00° 00′ 00″	69° 19′ 13″
		B	69° 20′ 30″	249° 20′ 24″	69° 20′ 27″		69。19′ 13″	55° 31′ 00″
		C	124° 51′ 24″	304° 51′ 30″	124° 51′ 27″		124° 50′ 13″	
		A	00° 01′ 2″	180° 21′ 4″	00° 01′ 3″			

第三节　竖直角观测的方法

一、竖直角测量原理

（一）竖直角概念

竖直角是指某一方向与其在同一铅垂面内的水平线所夹的角度。由图 3-9 可知，同一铅垂面上，空间方向线 AB 和水平线所夹的角 a 就是 AB 方向与水平线的竖直角，如图 3-9 所示。若方向线在水平线之上，竖直角为仰角，用"$+a$"表示；若方向线在水平线之下，竖直角为俯角，用"$-a$"表示。其角值范围为 0° ~ 90°。

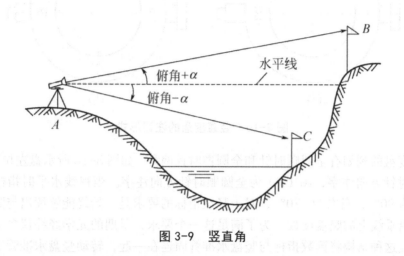

图 3-9　竖直角

（二）竖直角测量的原理

在望远镜横轴的一端竖直设置一个刻度盘（竖直度盘），竖直度盘中心与望远镜横轴中心重合，度盘平面与横轴轴线垂直，视线水平时指标线为一固定读数。当望远镜瞄准目标时，竖盘随着转动，则望远镜照准目标的方向线读数与水平方向上的固定读数之差为竖直角。

根据上述测量水平角和竖直角的要求，设计制造的一种测角仪器称为经纬仪。

二、竖直度盘的构造

竖直度盘是固定安装在望远镜旋转轴（横轴）的一端，其刻划中心与横轴的旋转中心重合，所以在望远镜作竖直方向旋转时，度盘也随之转动。分微尺的零分划线作为读数指标线相对于转动的竖盘是固定不动的。根据竖直角的测量原理，竖直角 a 是视线读数与水平线的读数之差，水平方向线的读数是固定数值，所以当竖盘转动在不同位置时用读数指标读取视线读数，就可以计算出竖直角。

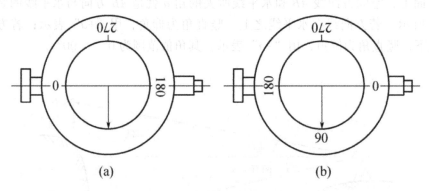

图 3-10　竖直度盘的注记形式

竖直度盘的刻划有全圆顺时针和全圆逆时针两种。如图 3-10 所示盘左位置，图（a）为全圆逆时针方向注字，图（b）为全圆顺时针方向注字。当视线水平时指标线所指的盘左读数为 90°，盘右为 270°，对于竖盘指标的要求是，始终能够读出与竖盘刻划中心在同一铅垂线上的竖盘读数。为了满足这一个要求，早期的光学经纬仪多采用水准管竖盘结构，这种结构将读数指标与竖盘水准管固连在一起，转动竖盘水准管定平螺旋，使气泡居中，读数指标处于正确位置，可以读数。现代的仪器则采用自动补偿器竖盘结构，这种结构是借助一组棱镜的折射原理，自动使读数指标处于正确位置，也称为自动归零装置，整平和瞄准目标后，能立即读数，因此操作简便，读数准确，速度快。

三、竖直角观测

竖直角观测的步骤如下：

（1）安置仪器于测站点 O，对中、整平后，打开竖盘自动归零装置；

（2）盘左位置瞄准 A 点，用十字丝横丝照准或相切目标点，读取竖直度盘的读数 L，设为 48° 17′ 36″，记入观测记录手簿表 3-3，这样就完成了上半个测回的观测；

（3）将望远镜倒镜变成盘右，瞄准 A 点，读取竖直度盘的读数 R，设为 311° 42′ 48″，记入观测手簿，这样就完成了下半个测回的观测。

上、下半测回合称为一个测回，根据需要进行多个测回的观测。

表 3-3 竖直角观测记录

测站	目标	盘位	竖盘读数	半测回竖直角	指标差	一测回竖直角
O	A	左	48° 17′ 36″	41° 42′ 24″	12″	41° 42′ 36″
		右	311° 42′ 48″	41° 42′ 48″		
	B	左	98° 28′ 40″	−8° 28′ 40″	−13″	−8° 28′ 53″
		右	261° 30′ 54″	−8° 29′ 06″		

四、竖直角的计算

竖直角是指某一方向与其在同一铅垂面内的水平线所夹的角度，则视线方向读数与水平线读数之差即为竖直角值。其水平线读数为一固定值，实际只需观测目标方向的竖盘读数。度盘的刻划注记形式不同，用不同盘位进行观测，视线水平时读数不相同。因此，竖直角计算应根据不同度盘的刻划注记形式相对应的计算公式计算所测目标的竖直角。下面以顺时针方向注字形式说明竖直角的计算方法及如何确定计算式。

如图 3-11（a）和（b）所示，盘左位置，视线水平时读数为 90°。望远镜上仰，视线向上倾斜，指标处读数减小，根据竖直角定义仰角为正，则盘左时竖直角计算公式为（3-5）式，如果 $L > 90°$，竖直角为负值，表示是俯角。

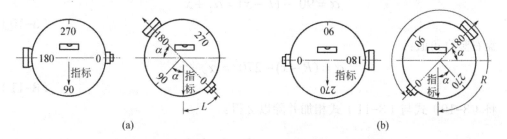

图 3-11 DJ6 光学经纬仪竖直角的计算法则

盘右位置，视线水平时读数为 270°。望远镜上仰，视线向上倾斜，指标处读数增大，根据竖直角定义仰角为正，则盘右时竖直角计算公式为（3-6）式，如果 $R < 270°$，竖直角为负值，表示是俯角。

$$\alpha_L = 90° - L \tag{3-5}$$

$$\alpha_R = R - 270° \tag{3-6}$$

式中：L —— 盘左竖盘读数；

R —— 盘右竖盘读数。

为了提高竖直角精度，取盘左、盘右的平均值作为最后结果，如（3-7）式。

$$\alpha = \frac{\alpha_L + \alpha_R}{2} = \frac{1}{2}\left(R - L - 180°\right)$$

（3-7）

同理，可推出全圆逆时针刻划注记的竖直角计算公式，如（3-8）式和（3-9）式。

$$\alpha_L = L - 90°$$

（3-8）

$$\alpha_R = 270° - R$$

（3-9）

五、竖盘指标差

上述竖直角计算公式是依据竖盘的构造和注记特点，即视线水平，竖盘自动归零时，竖盘指标应指在正确的读数90°或270°上。但因仪器在使用过程中受到震动或者制造上不严密，使指标位置偏移，导致视线水平时的读数与正确读数有一差值，此差值称为竖盘指标差，用x表示。由于指标差存在，盘左读数和盘右读数都差了一个x值。正确的竖直角应对竖盘读数进行指标差改正，则竖直角计算公式为（3-10）式和（3-11）式。

盘左竖直角值：

$$\alpha = 90° - (L - x) = \alpha_L + x$$

（3-10）

盘右竖直角值：

$$\alpha = (R - x) - 270° = \alpha_R - x$$

（3-11）

将（3-10）式与（3-11）式相加并除以2得：

$$\alpha = \frac{\alpha_L + \alpha_R}{2} = \frac{R - L - 180°}{2}$$

（3-12）

用盘左、盘右测得竖直角取平均值，可以消除指标差的影响。将（3-10）式与（3-11）式相减得指标差计算公式：

$$x = \frac{\alpha_R - \alpha_L}{2} = \frac{1}{2}\left(L + R - 360°\right)$$

（3-13）

用单盘位观测时，应加指标差改正，可以得到正确的竖直角。当指标偏移方向与竖盘注记的方向相同时指标差为正，反之为负。

以上各公式是按顺时针方向注字形式推导的，同理可推出逆时针方向注字形式计算公式。

由上述可知，测量竖直角时，盘左、盘右观测取平值可以消除指标差对竖直角的影响。对同一台仪器的指标差，在短时间段内理论上为定值，即使受外界条件变化和观测误差的影响，也不会有大的变化。因此，在精度要求不高时，先测定 X 值，以后观测时可以用单盘位观测，加指标差改正得正确的竖直角。

在竖直角测量中，常以指标差检验观测成果的质量，即在观测不同的测回中或不同的目标时，指标差的互差不应超过规定的限制。例如：用 DJ6 级经纬仪作一般工作时指标差互差不超过 25″。

第四节　光学经纬仪的检验与校正

一、经纬仪各轴线间应满足的几何关系

经纬仪是根据水平角和竖直角的测角原理制造的，当水准管气泡居中时，仪器旋转轴竖直、水平度盘水平，则要求水准管轴垂直竖轴。测水平角要求望远镜绕横轴旋转为一个竖直面，就必须保证视准轴垂直横轴。另一点保证竖轴竖直时，横轴水平，则要求横轴垂直竖轴。照准目标使用竖丝，只有横轴水平时竖丝竖直，则要求十字丝竖丝垂直横轴。为使测角达到一定精度，仪器其他状态也应达到一定标准。综上所述，经纬仪应满足的基本几何关系，如图 3-12 所示。

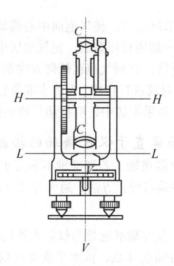

图 3-12　经纬仪主要轴线关系

（1）照准部水准管轴垂直于仪器竖轴（$LL \perp VV$）。

（2）望远镜视准轴垂直于仪器横轴（$CC \perp HH$）。

（3）仪器横轴垂直于仪器竖轴（$HH \perp VV$）。

（4）望远镜十字丝竖丝垂直于仪器横轴。

（5）竖盘指标应处于正确位置。

（6）光学对中器视准轴应该与竖轴中心线重合。

二、经纬仪的检验与校正

（一）照准部水准管轴垂直于仪器竖轴的检验与校正

目的：使水准管轴垂直于竖轴，如图 3-13 所示。

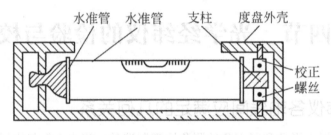

图 3-13　照准部水准管

检验方法：

（1）调节脚螺旋，使水准管气泡居中；

（2）将照准部旋转 180°，看气泡是否居中，如果仍然居中，说明满足条件，无需校正，否则需要进行校正。

校正方法：

（1）在检验的基础上调节脚螺旋，使气泡向中心移动偏移量的一半。

（2）用拨针拨动水准管一端的校正螺旋，使气泡居中。

此项检验和校正需反复进行，直到气泡在任何方向偏离值在 1 ／ 2 格以内。另外，经纬仪上若有圆水准器，也应对其进行检校，当管水准器校正完善并对仪器精确整平后，圆水准器的气泡也应该居中，如果不居中，应拨动其校正螺丝使其居中。

（二）望远镜视准轴垂直于仪器横轴的检验与校正

目的：使视准轴垂直于仪器横轴，若视准轴不垂直于横轴，则偏差角为 c，称之为视准轴误差，视准轴误差的检验与校正方法，通常有度盘读数法和标尺法两种。

1. 度盘读数法

检验方法：①安置仪器，盘左瞄准远处与仪器大致同高的一点 A，读水平度盘读数为 b_1；②倒转望远镜，盘右再瞄准 A 点，读水平度盘读数为 b_2；③若 $b_1 - b_2 = \pm 180°$ 则满足条件，无需校正，否则需要进行校正。

校正方法：

（1）转动水平微动螺旋，使度盘读数对准正确的读数。

$$b = \frac{1}{2}\left[b_1 + \left(b_2 \pm 180°\right)\right]$$

（3-14）

（2）用拨针拨动十字丝环左、右校正螺丝，使十字丝竖丝瞄准 A 点。上述方法简便，在任何场地都可以进行，但对于单指标读数 DJ6 级经纬仪，仅在水平度盘无偏心或偏心差影响小于估读误差时才有效，否则将得不到正确结果。

2. 标尺法

（1）检验方法：如图 3-14 所示，在平坦地面上选择一条直线约 60 ～ 100 m，在 AB 中点 O 架仪，并在 B 点垂直横置一小尺。用盘左瞄准 A，倒转镜在 B 点小尺上读取 B_1；再用盘右瞄准 A，倒镜在 B 点小尺上读取 B_2。

$$c = \frac{B_1 B_2}{4OB} \times \rho$$

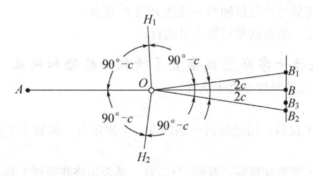

图 3-14　视准轴垂直于横轴的检校

（2）校正方法：拨动十字丝左、右两个校正螺丝，使十字丝交点由 B_2 点移至 BB_2 中点 B_3。

（三）仪器横轴垂直于仪器竖轴的检验与校正

1. 检验方法

如图 3-15 所示，在 20 ～ 30 m 处的墙上选一仰角大于 30° 的目标点 P，先用盘左瞄准 P 点，放平望远镜，在墙上定出 P_1 点；再用盘右瞄准 P 点，放平望远镜，在墙上定出 P_2 点。

$$i = \frac{P_1 P_2}{2D \cdot \tan\alpha} \cdot \rho$$

J6：$i > 20''$ 时，则需校正。

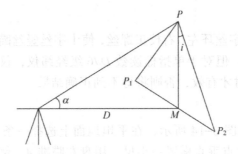

图 3-15　横轴垂直于竖轴的检验

2. 校正方法

（1）取 $P_1 P_2$ 连线的中点 M，使十字丝交点找准 M 点；

（2）抬高望远镜照准高处点 P，此时十字丝交点已偏离 P 到 P' 处；

（3）抬高或降低经纬仪横轴的一端使 P 与 P' 重合；

（4）此项校正一般由仪器检修人员进行。

（四）望远镜十字丝竖丝垂直于横轴的检验和校正

目的：使十字丝的竖丝垂直于横轴。

检验方法：

（1）精确整平仪器，用竖丝的一端瞄准一个固定点，旋紧水平制动螺旋和望远镜制动螺旋。

（2）转动望远镜微动螺旋，观察"•"点，是否始终在竖丝上移动，若始终在竖丝上移动，说明满足条件，否则需要进行校正。

校正方法：

（1）如图 3-16 所示，拧下目镜前面的十字丝的护盖，松开十字丝环的压环螺丝。

（2）转动十字丝环，使竖丝到达竖直位置，然后将松开的螺丝拧紧。此项检验校正工作需反复进行。

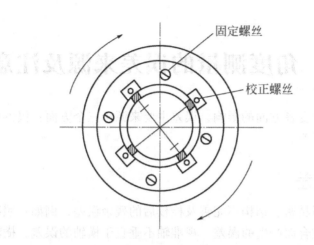

图 3-16 十字丝分划板的校正

（五）竖盘指标差的检验和校正

目的：使竖盘指标处于正确位置。

检验方法：

（1）仪器整平后，盘左瞄准 A 目标，读取竖盘读数为 L，并计算竖直角 α_L；

（2）盘右瞄准 A 目标，读取竖盘读数为 R，并计算竖直角 α_R；

如果 $\alpha_L=\alpha_R$，不需校正；否则需要进行校正。由于现在的经纬仪都具有自动归零补偿器，此项校正应由仪器检修人员进行。

（六）光学对中器的检验和校正

目的：使光学对中器的视准轴与仪器的竖轴中心线重合。

检验方法：

（1）严格整平仪器，在脚架的中央地面上放置一张白纸，在白纸上画一十字形标志 a_1；

（2）移动白纸，使对中器视场中的小圆圈对准标志；

（3）将照准部在水平方向转动 180°。

如果小圆圈中心仍对准标志，说明满足条件，不需校正；如果小圆圈中心偏离标志，而得到另一点 a_2，则说明不满足条件，需要进行校正。

校正方法：

定出 a_1、a_2 两点的中点 a，用拨针拨对中器的校正螺丝，使小圆圈中心对准 a 点，这项校正一般由仪器检修人员进行。

注意：这六项检验与校正的顺序不能颠倒，而且水准管轴应垂直于竖轴是其他几项检验与校正的基础，这一条件若不满足，其他几项的检校就不能进行，竖轴倾斜而引起的测角误差，不能用盘左、盘右观测加以消除，所以这项检验校正必须认真进行。

第五节　角度测量的误差来源及注意事项

角度测量的精度受各方面的影响，误差主要来源于三个方面：仪器误差、观测误差及外界环境产生的误差。

一、仪器误差

仪器本身制造不精密、结构不完善及检校后的残余误差，例如：照准部的旋转中心与水平度盘中心不重合而产生的误差、视准轴不垂直于横轴的误差、横轴不垂直于竖轴的误差。此三项误差都可以采用盘左、盘右两个位置取平均数来减弱；度盘刻划不均匀的误差可以采用变换度盘位置的方法来进行消除；竖轴倾斜误差，此项误差对水平角观测的影响不能采用盘左、盘右取平均数来减弱，观测目标越高，影响越大，因此在山地测量时更应严格整平仪器。

二、观测误差

（一）对中误差

安置经纬仪没有严格对中，使仪器中心与测站中心不在同一铅垂线上引起的角度误差，称对中误差。仪器中心 O 在安置仪器时偏离测站点中心，对中误差与距离、角度大小有关，当观测方向与偏心方向越接近 $90°$，距离越短，偏心距 e 越大，对水平角的影响越大。为了减少此项误差的影响，在测角时，应提高对中精度。

（二）目标偏心误差

在测量时，照准目标时往往不是直接瞄准地面点上标志点的本身，而是瞄准标志点上的目标，要求照准点的目标应严格位于点的铅垂线上，若安置目标偏离地面点中心或目标倾斜，照准目标的部位偏离照准点中心的大小称为目标偏心误差。目标偏心误差对观测方向的影响与偏心距和边长有关，偏心距越大，边长越短，影响也就越大。因此，照准花杆目标时，应尽可能照准花杆底部，当测角边长较短时，应当用线铭对点。

（三）照准误差和读数误差

照准误差与望远镜放大率、人眼分辨率、目标形状、光亮程度、对光时是否消除视差等因素有关。测量时选择观测目标要清晰，仔细操作消除视差。读数误差与读数设备、照明及观测者判断准确性有关。读数时，要仔细调节读数显微镜，调节读数窗的光亮适中。掌握估读小数的方法。

三、外界环境产生的误差

外界条件影响因素很多，也很复杂，如温度、风力、大气折光等因素均会对角度观测产生影响。为了减少误差的影响，应选择有利的观测时间，避开不利因素，如：在晴天观测时应撑伞遮阳，防止仪器暴晒，中午最好不要观测。

四、角度测量的注意事项

用经纬仪测角时，往往由于粗心大意而产生错误，如测角时仪器没有对中整平、望远镜瞄准目标不正确、度盘读数读错、记录错误和读数前未旋进制动螺旋等。因此，角度测量时必须注意下列几点：

（1）仪器安置的高度要合适，三脚架要踩牢，仪器与脚架连接要牢固；观测时不要手扶或碰动三脚架，转动照准部和使用各种螺旋时，用力要适中，可转动即可。

（2）对中、整平要准确，测角精度要求越高或边长越短的，对中要求越严格；如观测的目标之间高低相差较大时，更应注意仪器整平。

（3）在水平角观测过程中，如同一测回内发现照准部水准管气泡偏离居中位置，不允许重新调整水准管使气泡居中；若气泡偏离中央超过一格时，则需重新整平仪器，重新观测。

（4）观测竖直角时，每次读数之前，必须使竖盘指标水准管气泡居中或自动归零开关设置"ON"位置。

（5）标杆要立直于测点上，尽可能用十字丝交点瞄准对中杆的底部；竖直角观测时，宜用十字丝中丝切于目标的指定部位。

（6）不要把水平度盘和竖直度盘读数弄混淆；记录要清楚，并当场计算校核，若误差超限应查明原因并重新观测。

第六节　电子经纬仪的构造及使用

随着电子技术、计算机技术、光电技术、自动控制等现代科学技术的发展，使角度测量向自动化记录方向的发展有了技术基础。近几年来，连续出现的电子经纬仪和全站型电子速测仪，标志着经纬仪发展到了一个新的阶段，它为测量工作的自动化创造了有利的条件，电子经纬仪与光电测距仪、计算机、自动绘图仪相结合，使地面测量工作实现了自动化和内外业一体化，这是测绘工作的一次历史性变化。

电子经纬仪在结构及外观上和光学经纬仪相类似，主要不同点在于读数系统，它采用光电扫描和电子元件进行自动读数和液晶显示。

一、仪器各主要部件名称

如图 3-17 是 DJD 型电子经纬仪及构造。

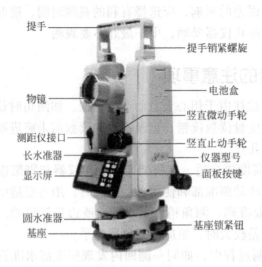

图 3-17　电子经纬仪

二、苏一光 DJD 型电子经纬仪的使用

DJD 型电子经纬仪采用光栅度盘测角系统，使用微型计算机技术进行测量、计算、显示、存储等多项功能，可同时显示水平、竖直角测量结果，可以进行角度、坡度等多种模式的测量数据采集。

（一）仪器显示屏及操作键（如图 3-18 所示）

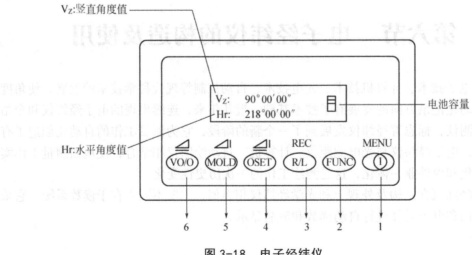

图 3-18　电子经纬仪

（1）开机、关机。

（2）按住 | FUNC | 键直到显示屏第一行显示单位转换。照明开／关（按键时间较短）；进入菜单后返回键。

（3）向右／左水平角值增加。仪器每次开机，并初始化后，显示"Hr"表示顺时针转动仪器时，水平角度值顺时针增加；按住 | R／L | 并释放，显示"H1"表示逆时针转动仪器，水平角度值为增加方向。

（4）水平角度值置零。按住 | OSET | 键直到显示屏第二行显示 | SETO | 并释放，则水平角度值自动显示为 00°　00′　00″。

（5）水平角值设置及任意设置。按住 | HOLD | 并释放，此时转动仪器，水平角值不变；任意设置，转动水平微动手轮，使仪器显示屏显示所需水平角度值，然后锁定，照准目标，按住 | HOLD | 并释放。

（6）垂直角测量模式转换。仪器开机并初始化后，垂直角自动显示天顶距模式 Vz；显示角度值范围为 0° 到 360°。按住 | V／% | 键并释放，可转换为坡度模式。

（二）仪器设置

（1）角度测量最小显示读数设置：可供选择的选项分别为 1″、5″、10″、20″。

（2）竖盘补偿器设置：可供选择的选项分别为补偿器校正（Modify）、补偿器检查（Theck）、开启补偿器或关闭补偿器（Tilton、Tilt off）。

（3）仪器自动关机设置：选择 Auto off 10s 自动关机功能开启，则仪器如果在 10 分钟以内无任何操作，仪器自动关机。选择 Not Auto off 自动关机功能关闭，则仪器不会自动关机。

（三）角度测量

（1）开机，转动仪器望远镜，仪器初始化；

（2）确定电池容量是否足够进行测量；

（3）确定是否打开照明；

（4）选择水平角度增加方向；

（5）选择测量角度单位；

（6）水平角度度盘置零或锁定任意水平角度值；

（7）瞄准目标；

（8）读数；

（9）进行下一步测量项目；

（10）测量结束并关机。

第四章 测绘工程管理与控制

第一节 测绘工程管理概述

一、测绘工程管理的基本概念

管理活动的实现，需要具备的基本条件是：应当有明确的管理"执行者"，也就是
必须有具备一定资质条件和技术力量的管理单位或组织；应当有明确的行为"准则"，
它是管理的工作依据；应当有明确的被管理"行为"和被管理的"行为主体"，它是管
理的对象；应当有明确的管理目的和行之有效的思想、理论、方法和手段。

根据管理的概念，不难得出测绘工程管理的概念。

测绘工程管理是指针对测绘工程项目实施，社会化、专业化的测绘工程单位与相关
责任方签订的测绘工程合同所实施测绘工程生产活动，根据国家有关测绘工程的法律、
法规和测绘工程合同所进行的旨在实现项目投资目的的微观管理活动。

（一）测绘工程管理概念要点

①测绘工程管理是针对测绘工程项目所实施的管理活动；

②测绘工程管理的行为主体是具备相应资质条件的测绘工程单位；

③测绘工程管理是有明确依据的管理行为；

④测绘工程管理主要发生在测绘工程项目实施阶段；

⑤测绘工程管理是微观性质的管理活动。

（二）测绘工程管理的性质

测绘工程管理具有以下性质：

1. 服务性

测绘工程管理既不同于测绘工程的直接生产活动，也不同于业主的直接投资活动。它既不是工程承包活动，也不是工程发包活动。它不需要投入大量资金、材料、设备、劳动力。它只是在测绘工程项目实施过程中，利用自己的测绘工程方面的知识、技能和经验为测绘工程实施过程中进行管理，以满足在一定约束条件下效益最大化。

测绘工程管理的服务性使它与政府主管部门对测绘工程实施过程中行政性监督管理活动区别开来。

测绘工程管理与政府主管部门的质量监督都属于测绘工程领域的监督活动。但是，前者属于测绘单位自身在满足一定约束条件下行为，后者属于政府行为。因此，它们在性质、执行者、任务、范围、工作深度和广度以及方法、手段等多方面存在着明显差异。

政府主管部门的专业执行机构实施的是一种强制性政府监督行为。就工作范围而言，测绘工程管理工作范围伸缩性较大，它是全过程、全方位的管理，包括目标规划、动态控制、组织协调、合同管理、信息管理等一系列活动，而政府质量监督则只限于测绘工程质量监督，且工作范围变化较小，相对稳定。

两者的工作方法和手段不完全相同，测绘工程管理主要采用组织管理的方法，从多方面采取措施进行项目进度控制、质量控制。而政府工程质量监督则更侧重于行政管理的方法和手段。

2. 科学性

测绘工程管理的科学性是由其任务所决定的。测绘工程管理以力求在预定的进度，质量目标内控制成本实现工程项目。所以，只有不断地采用新的更加科学的思想、理论、方法、手段才能驾驭测绘工程项目。

测绘工程管理的科学性是由工程项目所处的外部环境特点决定的。

测绘工程项目总是处于动态的外部环境包围之中，无时无刻都有被干扰的可能。诸如测绘外业生产受气候因素制约。因此，测绘工程管理要适应千变万化的项目外部环境，要抵御来自它的干扰的可能，这就要求具有应变能力，要进行创造性的工作。

（三）测绘工程管理的指导思想

1. 测绘工程管理的中心任务

测绘工程管理的中心任务就是控制工程项目目标，也就是控制经过科学地规划所确定的测绘工程项目的成本控制、进度控制和质量目标。这三大目标是相互关联、互相制约的目标系统。因此，目标控制应当成为测绘工程管理的中心任务。

2. 测绘工程管理的基本方法

测绘工程管理的基本方法是一个系统，它由不可分割的若干个子系统组成。它们相互联系，互相支持，共同运行，形成一个完整的方法体系。这就是目标规划、动态控制、组织协调、信息管理、合同管理。

(1) 目标规划。这里所说的目标规划是以实现目标控制为目的的规划和计划。它是围绕测绘工程项目投资、进度控制和质量目标进行研究确定、分解综合、安排计划、风险管理、制定措施等工作的集合。目标规划是目标控制的基础和前提，只有做好目标规划的各项工作才能有效实施目标控制。目标规划得越好，目标控制的基础就越牢，目标控制的前提条件也就越充分。

(2) 动态控制。动态控制是开展测绘工程项目活动时采用的基本方法。动态控制工作贯穿于测绘工程项目的整个过程中。

所谓动态控制，就是在完成测绘工程项目的过程当中，通过对过程、目标和活动的跟踪，全面、及时、准确地掌握测绘工程信息，将实际目标值和工程状况与计划目标和状况进行对比，如果偏离了计划和标准的要求，就采取措施加以纠正，以便达到计划总目标的实现。这是一个不断循环的过程，直至项目完成。

(3) 组织协调。在实现测绘工程项目的过程中，管理者要不断进行组织协调，它是实现项目目标不可缺少的方法和手段。

组织协调与目标控制是密不可分的，协调的目的就是为了实现项目目的。

(4) 信息管理。测绘工程管理离不开测绘工程信息。在实现的过程中，管理者要对所需要的信息进行收集、整理、处理、存储、传递、应用等一系列工作，这些工作总称为信息管理。

信息管理对测绘工程管理是十分重要的。管理者在开展工作当中要不断预测或发现问题，要不断地进行规划、决策、执行和检查。而做好这每项工作都离不开相应的信息。规划需要规划信息，决策需要决策信息，执行需要执行信息，检查需要检查信息。

(5) 合同管理。合同管理对于测绘工程管理是非常重要的。根据国外经验，合同管理产生的经济效益往往大于技术优化所产生的经济效益。一项工程合同，应当对参与项目的各方行为起到控制作用，同时，具体指导一项工程合同如何操作完成。所以，从这个意义上讲，合同管理起着控制整个项目实施的作用。例如，按照 FIDIC(土木工程施工合同条件》实施的工程，通过 72 条，194 项条款，详细地列出了在项目实施过程中所遇到的各方面的问题，并规定了合同各方在遇到这些问题时的权利和义务。

（四）测绘工程管理的目的

测绘工程管理的目的，就是通过管理者谨慎而勤劳的工作，力求在成本控制、进度和质量目标内实现测绘工程项目。

二、测绘工程师

（一）基本介绍

我国现实行注册测绘师制度,该制度于2007年建立,根据《中华人民共和国测绘法》,由原人事部、国家测绘局共同颁布了注册测绘师制度的有关规定及配套实施办法。采用考核的办法,经注册测绘师资格考核认定工作领导小组复核并公示后获得注册测绘师资格。

首批注册测绘师的产生,标志着这一制度进入实施阶段,对于加强测绘行业的管理、提高测绘专业人员素质、规范测绘行为、保证测绘成果质量、推动我国测绘工程技术人员走向国际测绘市场具有重要意义。

（二）职业定义

测绘工程师是指掌握测绘学的基本理论、基本知识和基本技能,具备地面测量、海洋测量、空间测量、摄影测量与遥感以及地图编制等方面的知识,能在国民经济各部门从事国家基础测绘建设、陆海空运载工具导航与管理、城市和工程建设、矿产资源勘察与开发、国土资源调查与管理等测量工作、地图与地理信息系统的设计、实施和研究,在环境保护与灾害预防及地球动力学等领域从事研究、管理、教学等方面工作的工程技术人才。

（三）执业范围

①测绘项目技术设计;
②测绘项目技术咨询和技术评估;
③测绘项目技术管理、指导与监督;
④测绘成果质量检验、审查、鉴定;
⑤国务院有关部门规定的其他测绘业务。

对已在须由取得执业资格人员充任的关键岗位工作、但尚未取得《执业资格证书》的人员,要进行强化培训,限期达到要求。对经过培训仍不能取得执业资格者,必须调离关键岗位。

根据规定,测绘执业资格通过考试方法取得,实行全国统一大纲、统一命题,考试每年举行一次。考试设3个科目,分别为"测绘综合能力""测绘管理与法律法规"和"测绘案例分析",考试成绩在一个考试年度内全部合格,可获得注册测绘师资格证书,证书全国有效。

经考试取得证书者,受聘于一个具有测绘资质的单位,经过注册后,才可以注册测绘师的名义执业。测绘活动中的关键岗位需由注册测绘师来担任,在测绘活动中形成的技术设计和测绘成果质量文件,必须由注册测绘师签字并加盖执业印章后方可生效。

（四）资格考试

由国家测绘地理信息局职业技能鉴定指导中心组织编写,注册测绘师资格考试教材编审委员会审定的注册测绘师资格考试辅导教材《测绘管理与法律法规》《测绘综合能力》和《测绘案例分析》现已全部由测绘出版社出版发行。

1.《测绘管理与法律法规》

内容由测绘法律法规、测绘项目管理两大篇组成。

2.《测绘综合能力》

内容由大地测量、工程测量、摄影测量与遥感、地图编制、地理信息系统工程、地籍测绘、界线测绘、房产测绘、测绘航空摄影、海洋测绘十大篇组成。

3.《测绘案例分析》

内容由大地测量、工程测量、摄影测量与遥感、地图编制、地理信息系统、地籍测绘、界线测绘、房产测绘、测绘航空摄影、海洋测绘10章组成。每章均列出了基本要求、案例、分析要点、样题和参考答案。

应试人员必须在一个考试年度内参加全部三个科目的考试并合格，方可获得注册测绘师资格书。

（五）报考条件

凡中华人民共和国公民，遵守国家法律、法规，恪守职业道德，并具备下列条件之一的，可申请参加注册测绘师资格考试：

取得测绘类专业大学专科学历，从事测绘业务工作满6年可报考；取得其他理工类专业大学专科学历，从事测绘业务工作满8年可报考。取得测绘类专业大学本科学历，从事测绘业务工作满4年可报考；取得其他理工类专业大学本科学历，从事测绘业务工作满6年可报考。取得含测绘类专业在内的双学士学位或者测绘类专业研究生班毕业，从事测绘业务工作满3年可报考；取得其他理工类专业的双学士学位或者研究生班毕业，从事测绘业务工作满5年可报考。取得测绘类专业硕士学位，从事测绘业务工作满2年可报考；取得其他理工类专业硕士学位，从事测绘业务工作满4年可报考。取得测绘类专业博士学位，从事测绘业务工作满1年；取得其他理工类专业博士学位，从事测绘业务工作满3年可报考。具体规定请参见国家测绘局网站重要规范性文件栏目的《注册测绘师制度暂行规定》一文。特别说明，报考条件中的工作年限指的是累计工作时间，即获取相关学位前后的工作经历都算在内。

三、测绘工程企业

（一）企业的含义及类型

1. 企业的含义

企业是社会生产力发展到一定历史阶段的产物，并且随着人类社会的进步、商品经济的发展和科学技术水平的提高而不断发展成现代社会的基本经济单位。

关于企业的概念，国内外至今还没有一个统一的表述。通常所说的企业，一般是指从事生产、流通或服务等活动，为满足社会需要进行自主经营、自负盈亏、承担风险、实行独立核算，具有法人资格的基本经济单位。

从这个意义上理解，作为一个企业，它必须具备以下一些基本要素：

①拥有一定数量、一定技术等级的生产设备和资金；

②具有开展一定生产规模和经营活动的场所；

③具有一定技能、一定数量的生产者和经营管理者；

④从事社会商品的生产、流通等经济活动；

⑤进行自主经营，独立核算，并具有法人地位；

⑥生产经营活动的目的是获取利润。

任何企业都应具有以上这六个方面的基本要素，而其中最本质的是：企业的生产经营活动要获取利润（经济效益）O

2. 企业的类型

根据企业的经营方向不同、经营内容不同、经营方法不同、技术基础不同，可以把企业分为不同的类型。

(1) 工业企业。工业企业是最早出现的企业，是为满足社会需要并获得盈利，从事工业性生产经营活动或工业性劳务活动，自主经营、自负盈亏、独立核算并且有法人资格的经济组织。

测绘企业属于工业企业，它既具有劳务活动性质，又具有技术服务的性质，同时也具有加工企业的性质。

(2) 农业企业。农业企业是指从事农、林、牧、副、渔业等生产经营活动，具有较高的商品率，实行自主经营、独立经济核算，具有法人资格的营利性的经济组织。

(3) 运输企业。运输企业是指利用运输工具专门从事运输生产或直接为运输生产服务的企业。运输企业可分为铁路运输企业、公路运输企业、水上运输企业、民用航空运输企业以及联合运输企业等。

(4) 建筑安装企业。建筑安装企业主要从事土木建筑和设备安装工程施工，包括建筑公司、工程公司、建设公司、建设管理公司。

(5) 邮电企业。邮电企业是指通过邮政和电信传递信息并办理通信业务的企业。邮电企业不生产任何的实物产品，它是通过信息空间位置的转移，为用户提供服务。

(6) 商业企业。商业企业是指社会再生产过程中专门从事商品交换活动的企业。通过商业企业的买卖活动，把商品从生产领域送到消费领域实现商品的使用价值，并从中获得盈利。

(7) 旅游企业。旅游企业是指凭借旅游资源，以服务设施为条件，通过组织旅游活动向游客出售劳务并从中获取利润的服务性企业，它具有投资少、利润高、收效快的特点。

(8) 金融企业。金融企业是指专门经营货币和信用业务的企业。其金融业务包括：吸收存款，发放贷款，发行有价证券，从事保险，投资信托业务，发行信用流通工具（银行券、支票），办理货币支付，转账结算，国内外汇兑，经营黄金，白银，外汇交易，提供咨询服务及其他金融服务等。

（9）现代新兴企业。随着世界性的新技术革命的发展，科学技术的一系列巨大成果迅速而有效地应用到社会和经济发展的各个方面，产生出一系列全新的市场需求，开拓出一系列全新的经济领域，导致一大批现代新兴企业的蓬勃崛起。

这些新兴企业的崛起，代表着现代企业的发展方向，显示出巨大的生命力。纵观当代新兴企业崛起的形势，大致可以分为五大类：①信息企业；②新兴技术开发应用企业；③知识企业；④为经济服务的企业；⑤为生活服务的企业。

（二）测绘企业

1. 测绘企业单位

测绘单位按性质来分，分为测绘事业单位和测绘企业单位。测绘企业单位一般简称测绘企业，是指从事测绘生产经营活动，为社会提供符合需要的测绘产品和测绘劳务的经济实体。一般指测绘公司、测绘类出版社、地图制图企业、地图印刷企业、测绘仪器生产销售企业等。

2. 测绘企业的生产技术特点

①外业施测队（如大地测量队、地形测量队、工程测量队、地籍测量队、海洋测量队等）流动性大，作业地点比较分散，受气候、地形等自然因素的影响较大，一般为季节性生产；而内业队（如制图队、地图印刷队、地图类出版社等）工作比较集中，一般为常年性生产；

②对于一个测绘队来说，它的产品一般不是终端产品（如外业观测成果、控制成果、铅笔原图等），必须经过其他队的继续加工制作，才能成为具有使用价值的最终产品；

③测绘生产工艺比较复杂，技术手段和精度要求比较高，知识面要求比较宽，是一个技术密集型单运；

④大部分测绘产品属于中、小批量生产，且生产的周期较长；

⑤测绘生产中的各个过程都要严格按照相关的规程、规范、标准要求进行。

3. 测绘企业的职责和任务

测绘工作是为国民经济建设、国防建设、科学研究、外交事务和行政管理服务的先行性、基础性工作。因此，测绘工作质量的好坏，不仅仅是影响它本身，更影响其他各项工作。不仅影响到现在，还可能影响到今后的一段时间。所以，测绘工作责任重大，必须严格按照有关规程要求，认认真真地做好各项测绘工作。

根据测绘工作的上述性质，测绘企业应承担如下主要责任：

①认真贯彻执行国家的方针、政策、法令和专业性法规；

②坚持社会主义方向，维护国家利益，保证完成国家计划，履行经济合同；

③保证测绘产品质量和服务质量，对国家负责，对用户负责；

④加强政治思想工作，开展多种形式教育，提高职工队伍的素质。

测绘企业的主要任务是：根据国家计划和市场需求，提供合格的测绘产品和优质的测绘劳务，满足经济建设、国防建设和科学研究等各方面的需要。

4. 测绘企业管理

测绘企业管理属微观经济的范畴。它是在测绘企业内，正确应用测绘管理的原理，充分发挥测绘管理的职能，使企业生产经营活动处于最佳水平，创造出最好的经济效益。

测绘企业管理的主要内容包括：

①建立测绘企业管理的规章制度。主要包括：确定组织形式，决定管理层次，设置职能部门，划分各机构的岗位及相应的职责、权限，配备管理人员，建立测绘企业的基本制度等；

②测绘市场预测与经营决策。主要包括：测绘市场分类、市场调查与市场预测，经营思想、经营目标、经营方针、经营策略以及经营决策技术等；

③全面计划管理。主要包括：招标投标策略的制定，测绘长期计划的确定，年度生产经营计划的编制，原始记录、统计工作等基础工作的建立，以及滚动计划、目标管理等现代管理方法的应用；

④生产管理。主要包括：测绘生产过程的组织，生产类型和生产结构的确定，生产能力的核定，质量标准的制定，生产任务的优化分配等；

⑤技术管理。主要包括：测绘工程、测绘产品的技术设计，工艺流程，新技术开发和新产品开发，科学研究与技术革新，技术信息与技术档案工作以及生产技术设计等；

⑥全面质量管理。主要包括：全面质量管理意识的树立，质量保证体系，产品质量计划，质量诊断、抽样体验以及全面质量管理的常用方法等；

⑦仪器设备管理。主要包括：仪器设备的日常管理与维修保养，仪器设备的利用、改造和更新，仪器设备的检测、维修计划的制定和执行等；

⑧物资供应管理。主要包括：物资供应计划的编制、执行和检查分析，物资的采购、运输、保管和发放，物资的合理使用、回收和综合利用工作等；

⑨劳动人事与工资管理。主要包括：劳动定额，人员编制，劳动组织，职工的招聘、调配、培训和考核，劳动保护，劳动竞赛，劳动计划的编制、执行和检查、分析以及工资制度、工资形式、工资计划、奖励和津贴、职工生活福利工作等；

⑩成本与财务管理。主要包括：成本计划和财务计划的编制与执行，成本核算、控制与分析，固定资金、流动资金和专用基金的管理以及经济核算等；

⑪技术经济分析。主要包括：静态分析、动态分析和量本利分析方法，价值工程，工程项目的可行性研究等；

⑫计算机在测绘企业管理中的应用。主要包括：应用条件、范围和效果，有关管理信息系统、数据处理系统、数据库、应用软件的建立和制作等。

上述管理内容，不仅适合于测绘企业，也适合于测绘事业单位。不过测绘企业更加重视市场研究和预测、经营活动和技术经济分析，同时也侧重于机构设置、指标考核、资金运用和推广应用现代管理方法等。

随着改革开放的深入发展，实行政、企分开，建立现代企业制度，测绘企业的经营自主权将进一步扩大，主要包括下列内容：

①扩大经营管理的自主权，即测绘企业在产、供、销计划管理上的权限。测绘企业从现在执行的指令性计划、指导性计划和市场调节计划，逐渐过渡到靠招投标的方法，到测绘市场上去招揽工程（测绘任务）和推销测绘产品；

②扩大财务管理自主权，即测绘企业拥有资金独立使用权。测绘企业所需要的生产建设资金，可以向银行贷款。有权使用折旧资金和修理资金，有权自筹资金扩大再生产，并从利润留存中建立生产发展基金、职工福利基金和奖励基金，多余固定资产可以出租、转让；

③扩大劳动人事管理自主权。测绘企业有权根据考试成绩和生产技术专长择优录用；有权对原有职工根据考核成绩晋级提升，对严重违纪并屡教不改者给予处分，直至辞退、开除；有权根据需要实行不同的工资形式和奖励制度；有权决定组织机构设置及其人员编制。

四、测绘工程的内嵒与卖施阶段的管理

测绘工程内容包括大地测量、工程测量、摄影测量与遥感、地图编制、地理信息系统工程、地籍测绘、界线测绘、房产测绘、测绘航空摄影、海洋测绘等。本节测绘工程内容主要论述地面测绘工程，内容包括：地形测量、地籍测量与房产测量、工业与民用建筑施工测量、道路工程测量、水利工程测量等。

（一）地形测量工程管理

地形图测绘，是在图根控制网建立后，以图根控制点为测站，测出各测绘点周围的地物、地貌特征点的平面位置和高程，根据测图比例尺缩绘到图纸上并加绘图式符号，经整饰即成地形图。地形测量是各种基本测量方法和各种测量仪器的综合应用，是平面高程的综合性测量。

地形图是各种地物和地貌在图纸上的概括反映，是进行各类工程规划设计和施工的必备资料。为保证成图质量，地形测量实施阶段的管理主要是保证成图符合按规定要求所需的精度。为保证精度满足要求，除在测图时要随时检查发现问题及时纠正外，当完成测图后，还应作一次全面检查，检查方法有室内检查、巡视检查和使用仪器设站检查等。

1. 室内检查

主要检查记录计算有无错误，图根点的数量和地貌的密度等是否符合要求；综合取舍是否恰当以及连接是否符合要求等。

2. 巡视检查

沿拟定的路线将原图与实地对照，查看地物有无遗漏，地貌是否与实地相符，符号、注记等是否正确。发现问题要及时改正。

3. 仪器设站检查

在上述基础上再作设站检查。采用测图时同样的方法在原已知点（图根点）上设站，

重新测定周围部分碎部点的平面位置和高程，再与原图比较，误差小于规定的要求。

因此，地形测量工程管理工作就是如何满足精度要求进行制度设计和督促检查。

（二）地籍测量与房产测绘管理

地籍测量与房产测绘的内容包括：城镇土地权属调查、土地登记与土地统计、土地利用现状调查、地籍测量、地籍变更测量、房地产调查、房产图测绘等。

地籍测量与房产测绘和地形测量同样要先进行控制测量，然后根据控制点测定测区内的地籍碎部点并据此绘制地籍图。

1. 地籍与房产测量的内容

地籍测量主要是测定和调查土地及其附着物的权属、位置、数量、质量和利用现状等基本情况的测绘工作；房产测量主要是测定和调查房屋及其用地情况，即主要采集房屋及其用地的有关信息，为房产产权、房籍管理、房地产开发利用、交易、征收税费以及城镇规划建设提供测量数据和资料。

2. 地籍与房产测量的基本功能

地籍与房产测量的功能有：

①法律功能：地籍与房产测量的成果经审批验收，依据登记发证后，就具有了法律效力，因此可为不动产的权属、租赁和利用现状提供资料；

②经济功能：地籍图册为征收土地税收提供依据，为土地的有偿使用提供准确的成果资料，为不动产的估价、转让提供资料服务，因而具有显著的经济功能；

③多用途功能：地籍测量成果为制订经济建设计划、区域规划、土地评价、土地开发利用、土地规划管理、城镇建设、环境保护等提供基础资料，因而具有广泛的社会功能。

3. 地籍与房产测绘工程的管理，

地籍与房产测绘工程的管理必须紧紧抓住"以土地权属为核心，以地块为基础"的土地及其附着物的权属、位置、数量、质量和利用现状等土地基本信息，按规定要求测定权属界址点的精度。

（三）工业与民用建筑施工测量管理

1. 工业与民用建筑施工测量的任务

工业与民用建筑施工测量是测量在工程建设中的具体应用，其主要任务有三项：

①施工前：施工前在施工场地上建立施工控制网，把设计的各个建筑物的平面位置和高程按要求的精度测设到地面上，使相互能连成统一的整体；

②施工中：根据施工进度，把设计图纸上建筑物平面位置和高程在现场标定出来，按施工要求开展各种测量工作。并在施工过程中随时进行建筑物的检测，以使工程建设符合设计要求；

③完工后：要进行检查、验收测量，并编绘竣工平面图。对于一些重要建（构）筑物，在施工和运营期间定期进行变形观测，以了解建（构）筑物的变形规律，监视其安全施

工和运营，并为建筑结构和地基基础科学研究提供资料。

2. 工业与民用建筑施工测量的管理

工业与民用建筑施工测量的精度，在施工测量的不同阶段要求不同。一般来说，施工控制网的精度要高于测图控制网的精度；工业建设比民用建设精度要求高；高层建筑比低层建筑精度要求高；预制件装配式施工的建筑物比现场浇筑的精度要求高。

总之，工业与民用建筑施工测量的精度及管理工作，应根据工程的性质和设计要求及规范来合理确定。精度要求过低，影响施工质量，甚至会造成工程事故，精度要求过高又会造成人力、物力及时间的浪费。

（四）道路工程测量管理

1. 道路工程测量的内容

道路工程一般由路线本身（路基、路面）、桥梁、隧道、附属工程、安全设施和各种标志组成。

道路工程测量主要工作内容有：中线测量、圆曲线及缓和曲线的测设、路线纵横断面测量、土石方的计算与调配、道路施工测量、小桥涵施工测量等。

2. 道路工程测量的管理

测量工作在道路工程建设中起着重要作用，测量所得到的各种成果和标志是工程设计和工程施T的重要依据。其中，道路中线测量是道路工程测量中关键性工作，它是测绘纵横断面图和平面图的基础，是道路施工和后续工作的依据。测量工作的精度和速度将直接影响设计和施工的质量和工期。为了保证精度和防止错误，道路工程测量也必须遵循"由整体到局部，从高级到低级，先控制后碎部"的原则，并注意步步有校核。

（五）水利工程测量管理

1. 水利工程测量的主要内容

水利工程测量的主要内容有：土坝施工测量、混凝土重力坝施工测量、大坝变形观测、隧洞施工测量、渠道测量等。

2. 水利工程测量的管理

水利枢纽工程的建筑物主要有拦河大坝、电站、放水涵洞、溢洪道等。水利工程测量是为水利工程建设服务的专门测量，它在水利电力工程的规划设计阶段、建筑施工阶段与经营管理阶段发挥着不同的作用。

在水利枢纽工程的建设中，测量工作大致可分为勘测阶段、施工阶段和运营管理阶段三大部分。它们在不同的时期，其工作性质、服务对象和工作内容不完全相同，但是各阶段的测量工作有时是交叉进行的。

一个水利枢纽通常由多个建筑物构成的综合体。其中包括有大坝建筑物，它的作用大，在它们投入运营后，由于水压力和其他因素的影响将产生变形。为了监视其安全，便于及时维护管理，充分发挥其效益，以及为了科研的目的，都应对它们进行定期或不定期的变形观测。在这一时期，测量工作的特点是精度要求高、专用仪器设备多、复杂性大。因此，对于水利工程测量运营管理阶段的变形监测及其数据处理是管理工作的重点。

第二节　测绘工程的目标管理

一、测绘工程目标系统

任何工程项目都有投资、进度、质量三大目标，这三大目标构成了工程项目的目标系统。为了有效地进行目标控制，必须正确认识和处理投资、进度、质量三大目标之间的关系，并且合理确定和分解这三大目标。

工程项目投资、进度（或工期）、质量三大目标两两之间存在既对立又统一的关系。对此，首先要弄清在什么情况下表现为对立的关系，在什么情况下表现为统一的关系。从工程项目业主的角度出发，往往希望该工程的投资少、工期短（或进度快）、质量好。如果采取某种措施可以同时实现其中两个要求（如既投资少又工期短），则该两个目标之间就是统一的关系；反之，如果只能实现其中一个要求（如工期短），而另一个要求不能实现（如质量差），则该两个目标（即工期和质量）之间就是对立的关系。以下就具体分析工程项目三大目标之间的关系。

（一）工程项目三大目标之间的对立关系

工程项目三大目标之间的对立关系比较直观，易于理解。一般来说，如果对工程项目的功能和质量要求较高，就需要采用较好的设备、投入较多的资金。同时，还需要精工细作，严格管理，不仅增加人力的投入（人工费相应增加），而且需要较长的作业时间。如果要加快进度，缩短工期／则需要加班加点或适当增加设备和人力，这将直接导致作业效率下降，单位产品的费用上升，从而使整个工程的总投资增加。另一方面，加快进度往往会打乱原有的计划，使工程项目实施的各个环节之间产生脱节现象，增加控制和协调的难度。不仅有时可能"欲速不达"而且会对工程质量带来不利影响或留下工程质量隐患。如果要降低投资，就需要考虑有可能降低质量要求。同时，只能按费用最低的原则安排进度计划，整个工程需要的作业时间就较长。

以上分析表明，工程项目三大目标之间存在对立的关系。因此，不能奢望投资、进度、质量三大目标同时达到"最优"，即既要投资少，又要工期短，还要质量好。在确定工程项目目标时，不能将投资、进度、质量三大目标割裂开来，分别孤立地分析和论证，更不能片面强调某一目标而忽略其对其他两个目标的不利影响，而必须将投资、进度、质量三大目标作为一个系统统筹考虑，反复协调和平衡，力求实现整个目标系统最优。

（二）工程项目三大目标之间的统一关系

对于工程项目三大目标之间的统一关系，需要从不同的角度分析和理解。例

如，加快进度、缩短工期虽然需要增加一定的投资，但是可以使整个工程项目提前完成，从而提早发挥投资效益，还能在一定程度上减少利息支出，如果提早发挥的投资效益超过因加快进度所增加的投资额度，则加快进度从经济角度来说就是可行的。如果提高功能和质量要求，虽然需要增加一次性投资，但是可能降低工程投入使用后的运行费用和维修费用，从全寿命费用分析的角度则是节约投资的；另外，在不少情况下，功能好、质量优的工程（如宾馆、商用办公楼）投入使用后的收益往往较高；此外，从质量控制的角度，如果在实施过程中进行严格的质量控制，保证实现工程预定的功能和质量要求（相对于由于质量控制不严而出现质量问题可认为是"质量好"），则不仅可减少实施过程中的返工费用，而且可以大大减少投入使用后的维修费用。另一方面，严格控制质量还能起到保证进度的作用。如果在工程实施过程中发现质量问题及时进行返工处理，虽然需要耗费时间，但可能只影响局部工作的进度，不影响整个工程的进度；或虽然影响整个工程的进度，但是比不及时返工而酿成重大工程质量事故对整个工程进度的影响要小，也比留下工程质量隐患到使用阶段才发现而不得不停止使用进行修理所造成的时间损失要小。

在确定工程项目目标时，应当对投资、进度、质量三大目标之间的统一关系进行客观的且尽可能定量的分析。在分析时要注意以下几方面问题：

①掌握客观规律，充分考虑制约因素。例如，一般来说，加快进度、缩短工期所提前发挥的投资效益都超过加快进度所需要增加的投资，但不能由此而导出工期越短越好的错误结论，因为加快进度、缩短工期会受到技术、环境、场地等因素的制约（当然还要考虑对投资和质量的影响），不可能无限制地缩短工期；

②对未来的、可能的收益不宜过于乐观。通常，当前的投入是现实的，其数额也是较为确定的，而未来的收益却是预期的、不很确定的。例如，提高功能和质量要求所需要增加的投资可以很准确地计算出来，但今后的收益却受到市场供求关系的影响，如果届时同类工程（如五星级宾馆、智能化办公楼）供大于求，则预期收益就难以实现；

③将目标规划和计划结合起来。如前所述，工程项目所确定的目标要通过计划的实施才能实现。如果工程项目进度计划制定得既可行又优化，使工程进度具有连续性、均衡性，则不但可以缩短工期，而且有可能获得较好的质量且耗费较低的投资。从这个意义上讲，优化的计划是投资、进度、质量三大目标统一的计划。

在对测绘工程项目三大目标对立统一关系进行分析时，同样需要将投资、进度、质量三大目标作为一个系统统筹考虑，同样需要反复协调和平衡，力求实现整个目标系统最优也就是实现投资、进度、质量三大目标的统一。

二、目标控制原理

控制是工程项目管理的重要职能之一。控制通常是指管理人员按照事先制定的计划

和标准，检查和衡量被控对象在实施过程中所取得的成果，并采取有效措施纠正所发生的偏差，以保证计划目标得以实现的管理活动。由此可见，实施控制的前提是确定合理的目标和制定科学的计划，继而进行组织设置和人员配备，并实施有效的领导。计划一旦开始执行，就必须进行控制，以检查计划的实施情况。当发现实施过程有偏离时，应分析偏离计划的原因，确定应采取的纠正措施，并采取纠正行动。在纠正偏差的行动中，继续进行实施情况的检查，如此循环，直至工程项目目标实现为止，从而形成一个反复循环的动态控制过程。

（一）控制的基本程序

在控制过程中，都要经过投入、转换、反馈、对比、纠正等基本环节。如果缺少这些基本环节中的某一个，动态控制过程就不健全，就会降低控制的有效性。

1. 投入

控制过程首先从投入开始。一项计划能否顺利地实现，基本条件是能否按计划所要求的人力、材料、设备、机具、方法和信息等进行投入。计划确定的资源数量、质量和投入的时间是保证计划实施的基本条件，也是实现计划目标的基本保障。因此，要使计划能够正常实施并达到预定目标，就应当保证将质量、数量符合计划要求的资源按规定时间和地点投入到工程建设中。项目管理人员如果能把握住对"投入"的控制，也就把握住了控制的起点要素。

2. 转换

工程项目的实现总是要经由投入到产出的转换过程。正是由于这样的转换，才使投入的人、财、物、方法、信息转变为产出品，如设计图纸、分项（分部）工程、单位工程，最终输出完整的工程项目。在转换过程中，计划的执行往往会受到来自外部环境和内部系统多因素的干扰，造成实际进展情况偏离计划轨道。而这类干扰往往是潜在的，未被人们所预料或人们无法预料的。同时，由于计划本身不可避免地存在着程度不同的问题，因而、造成实际输出结果与期望输出结果之间发生偏离。为此，项目管理人员应当做好"转换"过程的控制工作，跟踪了解工程实际进展情况，掌握工程转换的第一手资料，为今后分析偏差原因、确定纠正措施提供可靠依据。同时，对于那些可以及时解决的问题，采取"即时控制"措施，及时纠正偏差，避免"积重难返"。

3. 反馈

反馈是控制的基础工作。对于一项即使认为制订得相当完善的计划，项目管理人员也难以对其运行的结果有百分之百的把握。因为在计划的实施过程中，实际情况的变化是绝对的，不变是相对的。每个变化都会对预定目标的实现带来一定的影响。因此，项目管理人员必须在计划与执行之间建立密切的联系，及时捕捉工程进展信息并反馈给控制部门，为控制服务。

为使信息反馈能够有效地配合控制的各项工作，使整个控制过程流畅地进行，需要设计信息反馈系统。它可以根据需要建立信息来源和供应程序，使每个控制和管理部门都能及时获得所需要的信息。

4. 对比

对比是将实际目标成果与计划目标相比较，以确定是否有偏离。对比工作的第一步是收集工程实施成果并加以分类、归纳，形成与计划目标相对应的目标值，以便进行比较。对比工作的第二步是对比较结果进行分析，判断实际目标成果是否出现偏离。如果未发生偏离或所发生的偏离属于允许范围之内，则可以继续按原计划实施。如果发生的偏离超出允许的范围，就需要采取措施予以纠正。

5. 纠正

当出现实际目标成果偏离计划目标的情况时，就需要采取措施加以纠正。如果是轻度偏离，通常可采用较简单的措施进行纠偏。如果目标有较大偏离时，则需要改变局部计划才能使计划目标得以实现。如果已经确定的计划目标不能实现，那就需要重新确定目标，然后根据新目标制定新计划，使工程在新的计划状态下运行。当然，最好的纠偏措施是把管理的各项职能结合起来，采取系统的办法。这不仅需要在计划上做文章，还要在组织、人员配备、领导等方面做文章。

总之，每一次控制循环结束都有可能使工程呈现出一种新的状态，或者是重新修订计划，或者是重新调整目标，使其在这种新状态下继续开展。

（二）控制的类型

由于控制方式和方法的不同，控制可分为多种类型。例如，按照事物发展过程，控制可分为事前控制、事中控制、事后控制。按照是否形成闭合回路，控制可分为开环控制和闭环控制。按照纠正措施或控制信息的来源，控制可分为前馈控制和反馈控制。归纳起来，控制可分为两大类，即主动控制和被动控制。

1. 主动控制

主动控制就是预先分析目标偏离的可能性，并拟订和采取各项预防性措施，以使计划目标得以实现。主动控制是一种面对未来的控制，它可以解决传统控制过程中存在的时滞影响，尽最大可能改变偏差已经成为事实的被动局面，从而使控制更为有效。

主动控制是一种前馈控制。当控制者根据已掌握的可靠信息预测出系统将要输出偏离计划的目标时，就制定纠正措施并向系统输入，以便使系统的运行不发生偏离。主动控制又是一种事前控制，它必须在事情发生之前采取控制措施。

实施主动控制，可以采取以下措施：

①详细调查并分析研究外部环境条件，以确定影响目标实现和计划实施的各种有利和不利因素，并将这些因素考虑到计划和其他管理职能之中；

②识别风险，努力将各种影响目标实现和计划实施的潜在因素揭示出来，为风险分析和管理提供依据，并在计划实施过程中做好风险管理工作；

③用科学的方法制定计划。做好计划可行性分析，消除那些造成资源不可行、技术不可行、经济不可行和财务不可行的各种错误和缺陷，保障工程的实施能够有足够的时

间、空间、人力、物力和财力，并在此基础上力求使计划得到优化。事实上，计划制定得越明确、完善，就越能设计出有效的控制系统，也就越能使控制产生更好的效果；

④高质量地做好组织工作，使组织与目标和计划高度一致，把目标控制的任务与管理职能落实到适当的机构和人员，做到职权与职责明确，使全体成员能够通力协作，为共同实现目标而努力；

⑤制定必要的备用方案，以对付可能出现的影响目标或计划实现的情况。一旦发生这些情况，因有应急措施做保障，从而可以减少偏离量，或避免发生偏离；

⑥计划应有适当的松弛度，即"计划应留有余地"。这样，可以避免那些经常发生但又不可避免的干扰因素对计划产生影响，减少"例外"情况产生的数量，从而使管理人员处于主动地位；

⑦沟通信息流通渠道，加强信息收集、整理和研究工作，为预测工程未来发展状况提供全面、及时、可靠的信息。

2. 被动控制

被动控制是指当系统按计划运行时，管理人员对计划的实施进行跟踪，将系统输出的信息进行加工、整理，再传递给控制部门，使控制人员从中发现问题，找出偏差，寻求并确定解决问题和纠正偏差的方案，然后再回送给计划实施系统付诸实施，使得计划目标一旦出现偏离就能得以纠正。被动控制是一种反馈控制。对项目管理人员而言，被动控制仍然是一种积极的控制，也是一种十分重要的控制方式，而且是经常采用的控制方式。

被动控制可以采取以下措施：

①应用现代化管理方法和手段跟踪、测试、检查工程实施过程，发现异常情况，及时采取纠偏措施；

②明确项目管理组织中过程控制人员的职责，发现情况及时采取措施进行处理；

③建立有效的信息反馈系统，及时反馈偏离计划目标值的情况，以便及时采取措施予以纠正。

3. 主动控制与被动控制的关系

对项目管理人员而言，主动控制与被动控制都是实现项目目标所必须采用的控制方式。有效地控制是将主动控制与被动控制紧密地结合起来，力求加大主动控制在控制过程中的比例，同时进行定期、连续的被动控制。只有如此，才能完成项目目标控制的根本任务。主动控制与被动控制的紧密结合。

（三）动态控制原理

项目管理的核心是投资目标、进度目标和质量目标的三大目标控制，目标控制的核心是计划、控制和协调，即计划值与实际值比较，而计划值与实际值比较的方法是动态控制原理。项目目标的动态控制是项目管理最基本的方法，是控论的理论和方法在项目管理中的应用，因此，目标控制最基本的原理就是动态控制原理。

所谓动态控制，指根据事物及周边的变化情况，实时实地进行控制。

项目在实施过程中有时并不能够按照预定计划顺利地执行，因此必须实施控制。项目管理领域有一条重要的哲学思想：变是绝对的，不变是相对的；平衡是暂时的，不是永恒的；有干扰是必然的，没有干扰是偶然的。因此，在项目实施过程中必须随着情况的变化进行项目目标的动态控制。

项目目标动态控制是一个动态循环过程，其工作程序如图 4-2 所示。项目进展初期，随着人力、物力、财力的投入，项目按照计划有序开展。在这个过程中，有专门人员陆续收集各个阶段的动态实际数据，实际数据经过搜集、整理、加工、分析之后，与计划值进行比较。如果实际值与计划值没有偏差，则按照预先制订计划继续执行。如果产生偏差，就要分析偏差原因，采取必要的控制措施，以确保项目按照计划正常进行。下一阶段工作开展过程中，按照此工作程序动态循环跟踪。

项目目标动态控制中的三大要素是目标计划值、目标实际值和纠偏措施。目标计划值是目标控制的依据和目的，目标实际值是进行目标控制的基础，纠偏措施是实现目标的途径。

项目目标的计划值是项目实施之前，以项目目标为导向制订的计划，其特点是项目的计划值不是一次性的，随着项目的进展计划值也需要逐步细化。因此，在项目实施各阶段都要编制计划。在项目实施的全过程中，不同阶段所制订的目标计划值也需要比较，因此需要对项目目标进行统一的目标分解结构，以有利于目标计划值之间的对比分析。

目标控制过程中关键一环，是通过目标计划值和实际值的比较分析，以发现偏差，即项目实施过程中项目目标的偏离趋势和大小。这种比较是动态的、多层次的。同时，目标的计划值与实际值是相对的，如投资控制贯穿于项目实施全过程，初步设计概算相对于可行性研究报告中的投资匡算是"实际值"，相对于项目预算是"计划值"。

项目进展的实际情况，及正在进行的实际投资、实际进度和实际质量数据的获取必须准确。如实际投资不能漏项，要完整反映真实投资情况。

要做到计划值与实际值的比较，前提条件是各阶段计划数据与实际值要有统一的分解结构和编码体系，相互之间的比较应该是分层次、分项目的比较，而不单纯是总值之间的比较，只有各分项对应比较，才能找出偏差，分析偏差的原因并及时采取纠偏措施。

三、目标控制的风险评价与识别

企业在实现其目标的经营活动中，会遇到各种不确定性事件，这些事件发生的概率及其影响程度是无法事先预知的，这些事件将对经营活动产生影响，从而影响企业目标实现的程度。这种在一定环境下和一定限期内客观存在的、影响企业目标实现的各种不确定性事件就是风险。

风险管理工作的起点就是风险识别，即风险主体要弄清楚哪些经济指标未来的不确定性，可能需要加以管理，这些指标的不确定性是由什么事由导致，这些事由的原因是什么等。

风险识别为风险分析、风险评价提供对象和基础，从而也为风险管理对策提供工作方向。

（一）风险要素与风险分类

1. 风险要素

当我们定义风险为人类预谋行为其结果的不确定性、而结果在大多数情况下可用数量指标表示时，我们实际上在暗示，有些事件可能导致这些指标未来的水平可能偏离正常的或预期的水平。这些事件我们可以叫作风险事件。

风险的组成因素包括：风险因素、风险事故和损失。

(1) 风险因素。风险因素是指引起或增加风险事故发生的机会或扩大损失幅度的条件，是风险事故发生的潜在原因。风险因素可分为物质风险因素、道德风险因素和心理风险因素。

(2) 风险事故。风险事故是指造成财产损失和人身伤亡的偶发事件。只有通过风险事故的发生，才能导致损失。风险事故意味着损失的可能成为现实，即风险的发生。

(3) 损失。损失是指非故意的、非预期的和非计划的经济价值的减少。

风险是由风险因素、风险事故和损失三者构成的统一体。三者的关系为：风险因素引起或增加风险事故；风险事故发生可能造成损失。

2. 风险分类

常用的风险分类有如下几种：

(1) 按照风险的性质划分：纯粹风险、投机风险。纯粹风险指当风险事件发生（或不发生）时，其后果是人类财富的损失，只是损失的大小不同而已。无人能直接从风险事件中获益。

投机风险主要是价格风险。当风险事件发生时，一些风险主体从中获益，另一些风险主体则受损。投机风险的风险事件包括：商品价格波动、利率波动、汇率波动等。

(2) 按照风险致损的对象划分：财产风险、人身风险、责任风险。财产风险：财产价值增减的不确定性。

人身风险：分为生命风险和健康风险。前者是寿命的不确定性，后者是健康状态的不确定性。

责任风险：社会经济体因职业或合同，对其他经济体负有财产或人生责任大小的不确定性。

(3) 按照风险发生的原因划分：自然风险、社会风险、经济风险、政治风险。这是从风险源考虑问题，自然风险指自然不可抗力，如地震、海啸、风雨雷电等，带来的我们关心的数量指标的不确定性。

社会风险指社会中非特定个人的反常行为或不可预料的团体行为，如盗、抢、暴动、罢工等，带来的我们关心的数量指标的不确定性。

经济风险，则是风险主体的经济活动和经济环境因素，带来的我们关心的数量指标的不确定性。

政治风险，因种族、宗教、战争、国家间冲突、叛乱等，带来的我们关心的数量指标的不确定性。

(4) 按照产生风险的环境划分：静态风险、动态风险。静态风险：自然力的不规则变动或人们的过失行为导致的风险。

动态风险：社会、经济、科技或政治变动产生的风险。

(5) 按风险涉及范围划分：特定风险、基本风险。特定风险：与特定的人有因果关系的风险，即由特定的人所引起的，而且损失仅涉及特定个人的风险。

基本风险；其损害波及社会的风险。基本风险的起因及影响都不与特定的人有关，至少是个人所不能阻止的风险。与社会或政治有关的风险，与自然灾害有关的风险都属于基本风险。

3. 企业风险和个人风险

(1) 企业的纯粹风险和投机风险。从风险管理的角度讲，企业风险按纯粹风险和投机风险分类较适宜。

企业的纯粹风险包括：

①财产损失风险。由物理损害、被盗、政府征收而导致的公司财产损失的风险；

②法律责任风险。给供应商、客户、股东、其他团体带来的人身伤害或财产损失而必须承担法律责任的风险；

③员工伤害险。对雇员造成人身伤害而引起的赔偿风险；

④员工福利风险。由于雇员死、残、病而引起、依雇员福利计划需要支付费用的风险；

⑤信用风险。当企业作为债权人（如赊销、借出资金等）时，债务人有可能不按约定履行或不履行偿债义务。当企业作为债务人时，也可能不能按约定履行或不履行偿债义务。两种情况都会给公司带来额外损失。

企业的投机风险则包括：商品价格风险（买价、卖价）、利率风险和汇率风险。

(2) 个人风险。个人风险可罗列如下：收入风险、医疗费用风险、长寿风险、责任风险、实物资产与负债风险、金融资产与负债风险。

（二）风险识别

1. 风险识别的特点和原则

(1) 风险识别的特点：

①个别性。任何风险都有与其他风险不同之处，没有两个是完全一致的。在风险识别时尤其要注意这些不同之处，突出风险识别的个别性；

②主观性。风险识别都是由人来完成的，由于个人的专业知识水平（包括风险管理方面的知识）、实践经验等方面的差异，同一风险由不同的人识别的结果就会有较大的差异。风险本身是客观存在，但风险识别是主观行为。在风险识别时，要尽可能减少主观性对风险识别结果的影响。要做到这一点，关键在于提高风险识别的水平；

③复杂性。工程所涉及的风险因素和风险事件均很多，而且关系复杂、相互影响，这给风险识别带来很强的复杂性。因此，工程风险识别对风险管理人员要求很高，并且需要准确、详细的依据，尤其是定量的资料和数据；

④不确定性。这一特点可以说是主观性和复杂性的结果。在实践中，可能因为风险识别的结果与实践不符而造成损失，这往往是由于风险识别结论错误导致风险对策略决策错误而造成的。由风险的定义可知，风险识别本身也是风险。因而避免和减少风险识别的风险也是风险管理的内容。

(2) 严格识别的原则。在风险识别过程中应遵循以下原则：

①由粗及细，由细及粗。由粗及细是指对风险因素进行全面分析，并通过多种途径对工程风险进行分解，逐渐细化，以获得对工程风险的广泛认识，从而得到工程初始风险清单。确定那些对工程目标实现有较大影响的工程风险，作为主要风险，即作为风险评价以及风险对策的主要对象；

②严格界定风险内涵并考虑风险因素之间的相关性。对各种风险的内涵要严格加以界定，不要出现重复和交叉现象。另外，还要尽可能考虑各种风险因素之间的相关性，如主次系、因果关系、互斥关系、正相关关系、负相关关系等。应当说，在风险识别阶段考虑风险因素之间的相.关性有一定的难度，但至少要做到严格界定风险内涵；

③先怀疑，后排除。对于所遇到的问题都要考虑其是否存在不确定性，不要轻易否定或排除某些风险，要通过认真的分析进行确认或排除；

④排除与确认并重。对于肯定可以排除和肯定可以确认的风险应尽早予以排除和确认。对于一时既不能排除又不能确认的风险再作进一步的分析，予以排除或确认。最后，对于肯定不能排除但又不能肯定予以确认的风险按确认考虑；

⑤必要时，可做实验论证。对于某些按常规方式难以判定其是否存在，也难以确定其对工程目标影响程度的风险，尤其是技术方面的风险，必要时可作实践论证。这样做的结论可靠，但要以付出费用为代价。

2．风险识别的过程

工程自身及其外部环境的复杂性，给人们全面地、系统地识别工程风险带来了许多具体的困难，同时也要求明确工程风险识别的过程。

由于工程风险识别的方法与风险管理理论中提出的一般的风险识别方法有所不同，因而其风险识别的过程也有所不同。工程的风险识别往往是通过经验数据的分析、风险调查、专家咨询以及实验论证等方式，在对工程风险进行多维分解的过程中，认识工程风险，建立工程风险清单。

四、测绘工程项目成本控制

（一）概述

测绘工程项目成本是测绘过程中各种耗费的总和。测绘工程项目成本管理，就是在保证满足工程质量、工期等合同要求的前提下，对项目实施过程中所发生的成本费用支出，有组织、有目标、有系统地进行预测、计划、控制、协调、核算、考核、分析等科学管理的工作。它是为了实现预定的成本目标，以尽可能地降低成本为宗旨的一项综合性的科学管理工作。测绘企业只有认清形势，建立适应市场的科学的成本管理机制，才能赢得社会信誉，赢得企业效益。

测绘项目成本管理的目标是在保证质量前提下，寻找进度和成本的最优解决方案，并采用先进的信息技术手段，应用现代科学成本管理方法对成本、进度进行有效的综合控制，给工程带来较大的效益。

测绘项目成本管理的内容贯穿于测绘项目管理活动的全过程和各个方面，从测绘项目合同的签订开始到实施准备、测绘，直至资料验收，每个环节都离不开成本管理工作。测绘工程项目成本管理的主要控制要素是工程质量、工程工期、施测安全。通过技术方案的制订、项目实施的核算和测绘成本管理等一系列活动来达到预定目标，实现赢利的目的。

（二）成本预测

测绘工程项目的成本预测是根据测绘合同、招标文件和进度计划做出的科学预算，它是进行成本分析比较的基础，也是测绘过程中进行成本控制的目标。它的制定必须充分考虑如下因素：人、财、物等资源配置相对合理，各种资源的工作效率和可利用程度，难以避免的损耗、低效率，技术难度、自然环境造成的返工等。这样制定出来的目标成本切合实际，切实可行，操作起来虽有难度，但能够达到目标，从而具有客观性、科学性、现实性、激励性和稳定性。

成本预算是通过货币的形式来评价和反映项目工程的经济效果，是加强企业管理、实行经济核算、考核工程成本和编制工程进度计划的依据，是为科学编制合理的成本控制目标提供依据。因此，成本预测对成本计划的科学性、降低成本和提高经济效益，具有重要的作用。加强成本控制，首先要抓成本预测，成本预测的内容主要是使用科学的方法，结合合同价，根据各项目的测区条件、仪器设备、人员素质等对项目的成本目标进行预测。

1. 预测信息的获取与分析

掌握测绘工程信息，科学运筹前期工作。测绘工程项目预测是成本控制的重要前期工作，要充分认识项目成本预测的意义。

①首先要掌握该项目准确的工程信息，了解项目业主的机构职责、队伍状况、资质信誉等基本情况；

②掌握测绘工程项目的性质，弄清工程投资渠道和资金是否可以到位等情况；

③掌握测绘工程项目的主要内容，了解项目的工程量、简易程度、工期、人员、设备、业主的要求；

④分析在正常情况下完成该工程所需的人力、材料、仪器设备、外业施测杂费（外业施测人员的车费、餐费、住宿费等）、管理费、税金等所有的成本；

⑤测绘企业根据自身的综合因素，做出合理报价。

2. 成本控制目标的确定

做好测绘工程项目工、料、费用预测，确定成本控制目标。根据测绘工程项目的规模、标准、工期的长短、拟投入的人员设备的多少，按实际发生并参考以往测绘工程项目的历史数据，结合项目所在地的经济情况来综合预测项目工程的成本费用。

首先，分析测绘工程项目所需人员及人工费单价，再分析员工的工资水平及社会劳务的市场行情，根据工期及准备投入的人员数量分析该项工程合同价中人工费所占比例。

测绘工程项目中劳务费的支付在成本费用中所占比重较大，而且工期的长短和质量管理的控制都与人员有着重要的关联，所以应作为重点予以准确把握。

测算所需材料及费用，主要指外业施测过程中所需的各类测绘标志及其相关辅助材料的费用。

测算使用的仪器设备及费用。在测绘行业中，除测绘劳务费外，义器设备的投入在成本费用中所占比重较大。而所需的仪器设备的型号应根据合同规定的项目标准来确定。设备的数量一般是根据工期以及总的工程量计算出来的，因此要测算实际将要发生的仪器费用。同时，还要计算需新购置仪器设备费的摊销费。

测算间接费用。间接费用占总成本的15% ~ 20%，主要包括测绘企业管理人员的工资、办公费、工具用具使用费、财务费用等。

成本失控的风险分析。是对在本项目中实施可能影响目标实现的因素进行事前分析，通常可以从以下几方面来进行分析：

第一，对测绘工程项目技术特征的认识。

第二，对业主有关情况的分析，包括业主单位的信用、资金到位情况、组织协调能力等。

第三，对项目组织系统内部的分析，包括组织施测方案、资源配备、队伍素质等方面。

第四，对项目所在地的交通状况的分析。

第五，对气候的分析。气候的因素对工程的进度影响很大，特别是前期外业作业过程中，这一点很重要。

总之，通过对上述几种主要费用的预测，既可确定直接费用、间接费用的控制标准，也可确定必须在多长工期内完成该项目，达到项目管理的目标控制。所以说，成本预测是成本控制的基础。

（三）降低成本计划

降低项目成本的方法有多种，概括起来可以从合同管理、组织、技术、经济等几个方面采取措施控制，找出有效途径，实现成本控制目标。

1. 成本分析

成本分析对各种成本（包括人工费、材料费、仪器设备费、其他直接费用、间接费用）进行分析、管理和收集。系统地研究成本变动因素，检查成本计划的合理性。通过分析，深入揭示成本变动规律，寻求降低工程项目成本的途径。

实际的利润也就是企业的效益（盈余值），是一种能全面衡量工程进度、成本状况的整体方法，其基本要素是用货币量代替工程量来测量工程的进度。因此，盈余值也反映了项目管理者的管理水平。

2. 采取组织措施控制工程成本

要明确项目部的机构设置与人员配备，明确管理部门、作业队伍之间职权关系的划分。项目一般实行项目责任制，由项目负责人统一管理，对整体利益负责任。项目部各成员要在保证质量的前提下，严格执行项目成本分析标准，确保正常情况下不超成本支出，如果遇到不可预见的情况，超成本较大时，应及时找出原因。在具体工作中，工作要仔细、资料要完整、签认要及时、索赔要主动。如属工程量追加，则应积极、及时同业主协调，追加费用。

3. 采取技术措施控制工程成本

要充分发挥技术人员的主观能动性，对主要技术方案做必要的技术经济论证，以寻求较为经济可靠的方案，从而降低工程成本，包括采用新技术、新方法、新材料等成本。

4. 采取经济措施控制工程成本

(1) 加强合同管理，控制工程成本。合同管理是测绘项目管理的重要内容，也是降低工程成本，提高经济效益的有效途径。企业必须以工程承包合同为标准，确定适宜的质量目标。质量目标定得高，相应的质量标准也要高，投入也要增大。因此，每项工程要达到什么目标要事先认真研究，除树立品牌、扩大知名度外，要仔细研究承包合同的要求，恰当地把准合同要求的临界点。在具体工作中，应注意从三个角度把握好质量标准：

第一，对超标准创优工程，要从企业的宏观环境和自身实力出发，不可轻易做出不切实际的承诺，片面追求虚名，增加测绘工程成本。

第二，安全也是直接影响企业效益的一个方面，加强安全管理工作，势必在安全保护措施上增加投入或花费一定的管理精力。

第三，以合同为准则，搞好资金管理，及时确保工程款项按期收回。

(2) 人工费控制。企业资源的有效配置、合理使用是发挥资源整体效能的技术环节。人力资源是决定其他资源能否合理有效配置的前提。而人工费一般占全部工程费很大的比例，所以要严格控制人工费。企业要制定出切实可行的劳动定额，要从用人数量上加以控制，有针对性地减少或缩短某些工序的工日消耗，力争做到实际结账不突破定额单价的同时，提高工效，提高劳动生产率。另外，还要加强工资的计划管理，提高出勤率和工时利用率，尤其要减少非生产用工和辅助用工，保证人工费不突破目标。

(3) 材料费的控制。要严格计算材料的使用计划。

(4) 仪器设备费的控制。根据细化后的组织实施方案，合理安排，充分利用仪器，减少停滞，保证仪器设备高效运转。

(5) 加强质量管理，控制返工率。在工程实施过程中，要严把工程质量关，各级质量自检人员定点、定岗、定责，加强测绘工序的质量自检，使管理工作真正贯彻到整个过程中。采取防范措施，做到工程一次合格，杜绝返工现象的发生，避免造成人、财、物等大量的投入而加大工程项目成本。

总之，只有成本预测成为行为目标，成本控制才有针对性。进行成本控制，成本预测也就失去了存在的意义，也就无从谈成本管理了。成本预测、成本控制又是降低成本的基础，三者之间，相辅相成，对测绘项目成本的控制起到十分重要的作用。

（四）成本控制

项目成本控制就是在项目实施过程中对资源的投入、测绘过程及成果进行监督、检查和衡量，并采取措施确保项目成本目标的实现。成本控制的对象是工程项目，其主体则是人的管理活动，目的是合理使用人力、物力、财力，降低成本，增加效益。

成本控制是测绘项目能否对企业产生效益的关键。对于测绘项目的成本控制主要注重下面的几个环节。

1. 全员成本控制

成本控制涉及项目组织中的所有部门、班组和员工的工作，并与每一个员工的切身利益有关。实行岗位目标责任制，充分调动职工的工作积极性和主动性，增强责任感和紧迫感，使每个部门、班组和每一名员工控制成本、关心成本，真正树立起全员控制的观念。针对测绘项目的性质不同，可以实行包干制、月薪制、日薪制等。

2. 全程成本控制

首先要把计划的方针、任务、目标和措施等逐一分解落实，越具体越好，要落实到班组甚至个人。责任要全面，既要有工作责任，更要有成本责任，责、权、利相结合，对责任人的业绩进行检查和考评，并同其工资、奖金挂钩，做到奖罚分明。

项目成本的发生涉及项目的整个周期。项目成本形成的全过程，是从项目的准备开始，经测绘过程至资料验收移交后的后期服务的结束。因此，成本控制工作要伴随项目实施的每一阶段，如在准备阶段要制定最佳的组织实施方案。实施阶段按照业主要求和技术规范要求，充分利用现有的资源，减少成本支出，并确保工程质量，减少工程返工费和工程移交后的后期服务费用。程资料验收、移交阶段，要及时依合同价款办理工程结算，使工程成本自始至终处于有效控制之下。

3. 动态控制原则

成本控制是在不断变化的环境下进行的管理活动，所以必须坚持动态控制的原则。所谓动态控制，就是将人、财、物投入到测绘工程项目实施过程中，收集成本发生的实际值，将其与目标值相比较，检查有无偏差，若无偏差，则继续进行，否则要找出具体原因，采取相应措施。实施成本控制过程应遵循"例外"管理方法，所谓"例外"是指在工程项目建设活动中那些不经常出现的问题，但其中的关键性问题对成本目标的顺利完成影响重大，也必须予以高度重视。在项目实施过程中属于"例外"的情况如：测区征地，拆迁范围红线业主临时变更，临时租用费的上升，天气的原因工期无法及时完成，仪器设备的损毁与检修等。这些情况会影响工程项目进度的顺利进行。

4. 节约原则

节约就是项目实施过程中人力、物力和财力的节省，是成本控制的基本原则。节约绝对不是消极地限制与监督，而是要积极创造条件，要着眼于成本的事前监督、过程控制，在实施过程中经常检查是否出现偏差。优化施工方案，从而提高项目的科学管理水平以达到节约的目标。

只有把测绘项目成本管理与测绘实际工作相结合，有组织、有系统地进行预测、计划、控制、协调、核算、考核、分析等科学管理工作，并建立适宜的激励约束机制，才能使测绘企业的经济效益不断提高，立足于更加激烈的竞争市场。

第三节　测绘工程的进度控制

一、概述

（一）进度控制的含义和目的

测绘工程项目进度控制是指参与测绘工程项目的各方对项目各阶段的工作内容、工作程序、持续时间和衔接关系编制计划，并将该计划付诸实施，在实施的过程中经常检查实际进度是否按计划要求进行，对出现的偏差分析原因，采取补救措施或调整、修改原计划，直至项目施测完成、测绘成果通过检查验收并交付使用。其最终目的就是确保项目进度目标的实现。测绘工程项目进度控制的总目标是项目工期。

进度控制是测绘工程项目实施过程中与质量控制、成本控制并列的三大目标之一，它们之间有相互依赖和相互制约的关系，因此，项目管理工作中要对三个目标全面系统地加以考虑，正确地处理好质量、成本和进度的关系，提高测绘企业的综合效益。

（二）进度控制的任务

1. 业主方进度控制的任务

业主方进度控制的任务，是根据测绘工程项目的总工期目标，控制整个项目实施阶段的进度，包括控制现有测绘资料准备的工作进度、项目技术设计方案的工作进度、现场施测进度、分阶段测绘成果质量检查工作进度等。

2. 项目技术设计进度控制的任务

项目技术设计进度控制的任务，是依据测绘项目委托合同及技术方案设计工作进度的要求来控制设计工作进度，这是项目技术设计履行合同的义务。另外，项目技术设计应尽可能使项目技术设计工作的进度与施测和仪器设备准备等工作进度相协调。

3. 测绘项目施测方进度控制的任务

测绘项目施测方进度控制的任务，是依据测绘项目任务委托合同及施测进度的要求来控制项目施测进度，这是项目施测方履行合同的义务。在进度计划编制方面，项目施测方应视项目的特点和项目施测进度控制的需要，编制深度不同的控制^性、指导性和实施性的施工进度计划，以及按不同计划周期（年度、季度、月度和旬）的施测计划等。将编制的各项计划付诸实施并控制其执行。

二、常用进度控制管理的方法

测绘工程项目进度管理是指项目管理者围绕目标工期要求编制的项目进度计划，在付诸实施的过程中经常检查计划的实际执行情况，分析进度偏差原因，并在此基础上不断调整、修改直至工程项目进度计划全过程的各项管理工作。

通过对影响项目进度的因素实施控制及协调、综合运用各种可行的方法、措施，将项目的计划工期控制在事先确定的范围之内，在兼顾成本和质量控制目标的同时，努力缩短工程项目的实际工期。

（一）测绘工程项目进度管理的具体含义

①测绘工程项目进度管理涵盖下列不同主体实施的进度管理活动：发包单位、测绘项目承包单位、测绘项目验收单位；

②测绘工程项目进度管理要求将项目的合同工期作为其管理实施对象，而合同工期的基础是项目的外业施测、内业测图工期、竣工验收及归档。

合同工期是指测绘项目从合同签订开始到测绘成果验收合格并交付使用的时间。

外业施测、内业测图工期是以测绘项目的工程量为计算对象，从测绘合同签订日算起到完成全部测绘工程项目所规定的内容并达到国家验收标准为止所需要的全部日历天数。

测绘企业在合同工期的基础上确定的目标工期是工程项目进度管理的控制标准。项目管理实践中，目标工期的确定通常取决于测绘项目承包企业所做出的如下选择：以预期利润标准确定目标工期，以费用、工期标准确定目标工期，以资源、工期标准确定目标工期；

③测绘工程项目进度管理是以项目进度计划为管理中心，其本身体现为不断编制、执行、检查、分析和调整计划的动态循环过程。因此，在工程项目进度管理过程中，应始终遵循系统原理和动态原理的要求；

④为了取得预期的管理实效，测绘工程项目进度管理要求密切结合不同的进度影响因素，充分协调项目实施过程中的各种关系。

测绘工程项目的进度影响因素可按产生根源、引起理由等进行责任区分，并根据处理办法的不同作多种形式的分类。

测绘工程项目进度管理中的关系协调，是指着眼于工程进度管理目标的实现而进行的各种人际关系、工作关系、资源关系和现场关系的有效协调；

⑤作为一项牵涉面广的管理活动，工程项目进度管理要求综合运用各种行之有效的管理方法和措施。

测绘工程项目进度管理的方法主要包括行政方法、经济方法和管理技术方法。

测绘工程项目进度管理的措施主要包括组织措施、技术措施、合同措施、经济措施和信息管理措施；

⑥测绘工程项目进度、质量、成本目标的对立统一关系是工程项目进度管理的实施基础，是提出与解决进度管理问题的出发点与最终归宿。因此，工程进度管理必须满足工程质量。成本目标约束条件要求做到"在兼顾质量、成本目标要求的同时，努力缩短项目工期"。

（二）进度控制的方法

1. 组织措施

①建立进度控制目标体系，明确工程现场组织机构中进度控制人员及其职责分工；

②建立工程进度报告制度及进度信息沟通网络；

③建立进度计划审核制度和进度计划实施中的检查分析制度；

④建立进度协调会议制度包括协调会议举行的时间、地点、协调会议的参加人员等。

2. 经济措施

经济措施是目标控制的必要措施，一项测绘工程项目的完成，归根结底是一项投资的实现，从项目的提出到项目的实现，始终贯穿着资金的筹集和使用工作。其措施包括：

①测绘工程项目进度控制的经济措施涉及资金需求计划、资金供应的条件和经济激励措施等；

②为确保进度目标的实现，应编制与进度计划相适应的资源需求计划（资源进度计划），包括资金需求计划和其他资源（人力和仪器设备资源）需求计划，以及反映项目实施的各时段所需要的资源。通过资源需求的分析，可发现所编制的进度计划实现的可能性。若资源条件不具备，则应调整进度计划；

③资金供应条件包括可能的资金总供应量、资金来源（自有资金和外来资金）以及资金供应的时间；

④在项目预算中应考虑加快项目进度所需要的资金，其中包括为实现进度目标将要采取的经济激励措施所需要的费用，例如给按期或提前完成目标的班组和个人给予一定的奖励，对没有完成任务的给予一定处罚等。

3. 技术措施

技术措施是目标控制的必要措施，控制在很大程度上是要通过技术来解决问题，其措施包括：

①涉及对实现进度目标有利的测绘方案设计技术和施测技术的选用；

②不同的测绘技术方案会对项目进度产生不同的影响。在设计工作的前期，特别是在测绘技术设计方案选用时，应对设计技术与工程进度的关系作分析比较。在工程进度受阻时，应分析是否存在设计技术的影响因素，为实现进度目标有无技术设计方案变更的可能性；

③项目施测方案对工程进度有直接的影响。在决策其选用时，不仅应分析技术的先进性和经济的合理性，还应考虑其对进度的影响。在项目进度受阻时，应分析是否存在施测技术的影响因素，为实现进度目标有无改变施测技术、施测方法和施测仪器设备的可能性。

4. 合同措施

①加强合同管理，协调合同工期与进度计划之间的关系，保证合同中进度目标的实现；

②严格控制合同变更，对各方提出的工程变更，应严格审查后再补人合同文件之中；

③加强风险管理，在合同中应充分考虑风险因素及其对进度的影响，以及相应的处理方法；

④加强索赔管理，公正地处理索赔。

三、测绘工程进度计划卖施中的监测与调整

（一）进度计划的编制与实施

测绘工程项目实施期间的进度计划编制是项目顺利达到预定目标的一个重要组成部分。所谓项目实施时期（可称为投资时期），是指从正式确定测绘项目（测绘合同的签订）到项目测绘成果验收合格这段时间。这一时期包括项目施测技术方案制订、资金筹集安排、施测准备、外业施测，内业测图、成果自查、项目成果验收等各个工作阶段。这些阶段的各项活动和各个工作环节，有些是相互影响、前后紧密衔接的，也有些是同时开展、相互交叉进行的。因此，在可行性研究阶段，需要将项目实施时期各个阶段的各个工作环节进行统一规划、综合平衡，做出合理而又切实可行的安排。

1. 项目实施的各阶段

(1) 建立项目实施管理机构。根据项目施测工期、项目标准等，安排专门技术人员成立项目实施管理机构，一般分为技术组、外业施测组、内业测图组、质量监督自查组等，实行项目负责制。

(2) 项目施测技术方案制订。由项目技术组根据项目的合同工期、合同规定的项目成果标准、仪器设备的配备、技术人员的安排、不可避免的各种不可预见性影响因素等方面制订出切实可行的项目施测技术方案，并确定项目的预期工期。

(3) 资金筹集安排。项目资金的落实包括：总投资费用（固定资产投资和流动资金）的估算基本符合要求，资金来源有充分的保证。在项目进度计划编制阶段要编制费用估算，并在考虑了各种可行性的资金渠道情况下，提出适宜的资金筹措规划方案。在正式确定测绘项目和明确总投资费用及其分阶段使用计划之后，即可立即着手筹集资金。

(4) 施测准备。施测准备主要包括技术人员的培训、项目现场资料的整理、测区的划分、外业施测人员的现场生活安排和测绘仪器设备及辅助材料的检定等。

(5) 外业施测、内业测图。外业施测工作包括：现场实地数据的采集和数据成图工作，外业施测工作完成后要进行现场自查工作，查漏补缺，并形成外业施测人员的自查报告。

根据外业施测成果、本次测绘项目的技术要求及标准，对测绘成果进行内业测图、整理，形成规范的测绘成果。

这两项工作可以分阶段同时进行，以有效地缩短工期。

(6) 成果自查。项目质量监督自查组根据规范和本次测绘项目的技术要求及标准对形成的初步测绘成果进行全面的质量检查，形成检查报告和整改报告，最终形成项目的全部成果资料。这项工作也可分阶段与外业施测、内业测图这两项工作同时进行。

(7) 项目成果验收。把全部成果在规定的时间内交甲方验收。

2. 测绘项目进度计划的编制方法

(1) 测绘项目进度管理的计划系统。测绘项目进度计划是测绘项目进度管理始终围绕的核心。因此，事先编制各种相关进度计划便成为测绘项目进度管理工作的首要环节。按管理主体的不同，工程项目进度计划可分为业主单位及项目施测单位等不同主体所编制的不同种类计划。这些计划既互相区别又互有联系，从而构成了测绘项目进度管理的计划系统，其作用是从不同的层次和方面共同保证工程项目进度管理总体目标的顺利实现。

(2) 测绘项目进度计划的编制方法。编制测绘项目进度计划一般可借助于两种方式，即文字说明和进度计划图表。常用的进度计划图表有下述几种：

① 横道图。横道图又称甘特 (Gantt) 图，是应用广泛的进度表达方式。横道图的左侧通常垂直向下依次排列测绘项目的各项工作名称，在与之紧邻的右边时间进度表中，逐项绘制横道线，从而使每项工作的起止时间均可由横道线的两个端点来表示。

这种表达方式直观易懂，易被接受，可形成进度计划与资源资金使用计划及其各种组合，使用方便。但是，横道图进度计划表示也存在一些问题，如不能明确表达测绘项目各项工作之间的各种逻辑关系；不能表示影响计划工期的关键工作；不便于进行计划的各种时间参数计算；不便于进行计划的优化、调整。

鉴于上述特点中的不足之处，横道图一般适用于简单、粗略的进度计划编制，或作为网络计划分析结果的输出形式；

② 斜线图。斜线图是将横道图中的水平工作进度线改绘为斜线，在图左侧纵向依次排列各项目工作活动所处的不同空间位置，在图右侧时间进度表中，斜向画出代表各种不同活动的工作进度直线，是一种与横道图含义类似的进度图表。

斜线图一般仅用于表达流水施工组织方式的进度计划安排。用这种方式可明确表达不同施测过程之间的分段流水、搭接施测情况，并能直观反映相邻两施测过程之间的流水步距。同时，工作进度直线斜率可形象表示活动的进展速率。但是，斜线图进度表示同样存在一些类同横道图的问题；

③线型图。线型图是利用二维直角坐标系中的直线、折线或曲线来表示完成一项工作所需时间，或在一定时间内所完成工程量的一种进度计划表达方式。一般分为时间 – 距离图和时间 – 速度图等不同形式。

用线型图表示工程项目进度计划，概括性强，效果直观。但是，线型图绘图操作较困难，用线型图表示进度易产生阅读不便问题；

④网络图。网络图是利用箭头和节点所组成的有向、有序的网状图形来表示总体工程任务各项工作流程或系统安排的一种进度计划表达方式。

用网络图编制工程项目进度计划，其特点是：能正确表达各工作之间相互作用、相互依存的关系。通过网络分析计算，能够确定哪些工作是不容延误必须按时完成的关键工作，哪些工作则被允许有机动时间以及有多少机动时间，从而使计划管理者充分掌握工程进度控制的主动权，能够进行计划方案的优化和比较，选择优化方案，能够运用计算机手段实施辅助计划管理。

3. 测绘项目进度计划的实施

测绘项目进度计划的实施就是具体施测活动的进展，也就是用项目进度计划指导施测活动的落实和完成。测绘项目进度计划逐步实施的进程是测绘项目的逐步完成过程。为了保证测绘项目进度计划的实施，保证各进度目标的实现，应做好下面的工作。

(1) 测绘项目进度计划的贯彻。检查各层次的计划，形成严密的计划保证系统。测绘项目的所有施测进度计划（施测总进度计划、分部分项工程施测进度计划等），都是围绕一个总任务而编制的，高层次的计划为低层次计划的依据，低层次计划是高层次计划的具体化。在其贯彻执行时应当首先检查是否协调一致，计划目标是否层层分解、互相衔接，应组成一个计划实施的保证体系，以施测任务书的方式下达施测班组，以保证实施。

层层下达施测任务书。施测项目负责人和作业班组之间分别签订施测任务计划，按计划目标明确规定施测工期和承担的经济责任、权限和利益。或者采用下达施测任务书的方式，将作业下达到施测班组，明确具体施测任务、技术措施、质量要求等内容，使施测班组保证按作业计划时间完成规定的任务。

计划全面交底，发动群众实施计划。项目进度计划的实施是全体工作人员的共同行动，要使有关人员都明确各项计划的目标、任务、实施方案和措施，使管理层和作业层协调一致，将计划变成群众的自觉行动，充分发动群众，发挥群众的干劲和创造精神。在计划实施前要进行计划交底工作，可以根据计划的范围召开职工代表会议或各级生产会议进行交底落实。

（2）测绘项目进度计划的实施。编制月（旬）作业计划。为了实施项目进度计划，将规定的任务结合现场施测条件，如测区的自然地理情况、测区作业复杂程度、施测人员技术状况、仪器设备等资源条件和施测的实际情况，在施测开始前和过程中不断地编制本月（旬）的作业计划，使得项目计划更具体、切合实际和可行。在月（旬）计划中要明确本月（旬）应完成的任务、所需要的各种资源量、提高劳动生产率及节约的措施等。

签发施测任务书。编制好月（句）作业计划以后，将每项具体任务通过签发施测任务书的方式使其进一步落实。施测任务书是向班组下达任务，实行责任承包、全面管理的综合性文件。施测班组必须保证指令任务的完成。它是计划和实施的纽带。

做好施测进度记录。填好施测进度统计表，在计划任务完成的过程中，各施测进度计划的执行者都要做好施测记录，记载计划中的每项工作的开始日期、工作进度和完成日期，为测绘项目进度检查分析提供信息。因此，要求实事求是记载，并填好有关图表。

做好施测过程中的调度工作。施测过程中的调度是组织施测过程中的各阶段、环节、专业的互相配合、进度协调的指挥核心。调度工作是使项目进度计划实施顺利进行的重要手段。其主要任务是：掌握计划实施情况，协调各方面关系，排除各种矛盾，加强各薄弱环节，实现动态平衡，保证完成作业计划和实现进度目标。

调度工作内容主要有：监督作业计划的实施、调整与协调各方面的进度关系。监督检查施测准备工作，督促资源供应单位按计划供应劳动力、仪器设备、其他辅助工具等，并对临时出现的问题采取调配措施，按施测技术方案管理各个施测班组，结合实际情况进行必要调整。及时发现和处理施测过程中的各种事故和意外事件。定期召开现场调度会议，贯彻项目主管人员的决策，发布调度令。

（二）测绘项目进度计划的检查

在测绘项目的施测进程中，为了进行进度控制，进度控制人员应经常、定期地跟踪检查施测实际进度情况，主要是收集施测项目进度材料，进行统计整理和对比分析，确定实际进度与计划进度之间的关系，其主要工作有下述几个方面。

1. 跟踪检查施测实际进度

跟踪检查施测实际进度是测绘项目进度控制的关键措施，其目的是收集实际施测进度的有关数据。跟踪检查的时间和收集数据的质量，直接影响控制工作的质量和效果。

一般检查的时间间隔与测绘项目的类型、规模、施测条件和对进度执行要求程度有关。通常可以确定每月、半月、句或周进行一次。若在施测过程中遇到天气、资源供应等不利因素的严重影响，检查的时间间隔可临时缩短，次数应频繁，甚至可以每日进行检查，或派人员驻现场督阵。检查和收集资料的方式一般采用进度报表方式或定期召开进度工作汇报会。为了保证汇报资料的准确性，进度控制的工作人员，要经常到现场查看施测项目的实际进度情况，从而保证准确掌握测绘项目的实际进度。

2. 整理统计检查数据

对收集到的测绘项目实际进度数据进行必要的整理和按计划控制的工作项目进行统计，形成与计划进度具有可比性的数据以及形象进度。一般可以按施测工程量、工作量和劳动消耗量以及累计百分比整理和统计实际检查的数据，以便与相应的计划完成量相对比。

3. 对比实际进度与计划进度

将收集的资料整理和统计成具有与计划进度可比性的数据后，对测绘项目实际进度与计划进度进行比较。通过比较得出实际进度与计划进度相一致、超前、拖后三种情况。

4. 施工项目进度检查结果的处理

对于施工项目进度检查的结果，需按照检查报告制度的规定，形成进度控制报告并向有关主管人员和部门汇报。

进度控制报告是把检查比较的结果，有关施测进度的现状和发展趋势，提供给项目负责人及各级业务职能负责人的最简单的书面形式报告。

进度控制报告是根据报告的对象不同，确定不同的编制范围和内容而分别编写的。一般分为项目概要级进度控制报告、项目管理级进度控制报告和业务管理级进度控制报告。

项目概要级的进度报告是报给项目负责人、企业负责人或业务部门以及业主单位。它是以整个测绘项目为对象说明进度计划执行情况的报告。

项目管理级的进度报告是报给项目负责人及企业的业务部门的。它是以单位工程或项目分区为对象说明进度计划执行情况的报告。

业务管理级的进度报告是就某个重点部位或重点分项项目为对象编写的报告，供项目管理者及各业务部门为其采取应急措施而使用的。

进度报告由计划负责人或进度管理人员与其他项目管理人员协作编写。报告时间一般与进度检查时间相协调，也可按月、旬、周等检查时间进行编写上报。

进度控制报告的内容主要包括：项目实施概况、管理概况、进度概要，项目施测进度、检查进度及简要说明，施测技术方案提供进度，作业技术人员、仪器设备、其他辅助工具供应进度，劳务记录及预测，日历计划等。

（三）进度计划的调整方法

测绘项目进度计划的调整，一般主要有以下两种方法：

1. 改变某些工作间的逻辑关系

若实际施测进度产生的偏差影响了总工期，在工作之间的逻辑关系允许改变的条件下，可以采取改变关键线路和非关键线路上的有关工作之间的逻辑关系，达到缩短工期的目的，用这种方法调整的效果是很显著的。譬如，可以把依次进行的有关工作改为平行的或互相搭接的方式，可以达到缩短工期的目的。

某地籍调查项目，在进度检查过程中发现权属调查的进度与项目进度计划产生了偏差，从而进一步影响了项目外业测绘的进度计划，这两者之间是依次进行的工作关系。调整的方法可以是把这两项工作改为互相搭接的工作关系，即把外业施测和权属调查错开并同时进行。如测区内划分为若干个作业区，在一个作业区，外业班组施测完成后，权属调查作业班组进行工作的同时，外业施测班组同时进行下一个作业区的施测工作，这样可以很明显地达到缩短工期的目的。

2. 缩短某些工作的持续时间

这种方法是不改变工作之间的逻辑关系，而是通过缩短某些工作的持续时间，使项目进度加快实现计划工期的方法。这些被压缩持续时间的工作是位于由于实际工作进度的拖延而引起总工期增长的关键线路和某些非关键线路上的工作。同时，这些工作又是可压缩持续时间的工作。

缩短某些工作的持续时间，一般会改变资源（人力、设备）和费用的投入，增大资源、费用投入的概率。

第四节　测绘工程的质量控制

一、质量术语

质量，是一个企业的生命，是一个地区、一个行业经济振兴和发展的基石，也是一个国家科技水平和管理水平的综合表征，是一个民族、一个国家素质的反映。

同时，质量也是质量管理基本概念中一个最基本、最重要的概念。为此，首先应该弄清质量及其有关的一些术语。

（一）质量

一组固有特性满足明示的、通常隐含的或必须履行的需求或期望的程度。

（二）质量管理体系

在质量方面指挥和控制组织的管理体系。

（三）质量策划

策划是质量管理的一部分，致力于制定质量目标并规定必要的运行过程和相关资源以实现质量目标。编制质量计划可以是质量策划的一部分。

理解要点：

①质量活动是从质量策划开始的，质量策划包括规定质量目标，为实现质量目标而规定所需的过程和资源；

②质量策划是组织的持续性活动，要求组织进行质量策划并确保质量策划在受控状态下进行；

③质量策划是一系列活动（或过程），质量计划是质量策划的结果之一。质量策划、质量控制、质量改进是质量管理大师朱兰提出的质量管理的三个阶段。

（四）质量控制

质量控制是质量管理的一部分，致力于满足质量要求。

理解要点：

①质量控制的目标是确保产品、过程或体系的固有特性达到规定的要求；

②质量控制的范围应涉及与产品质量有关的全部过程。以及影响过程质量的人、机、料、法、环、测等因素。

（五）质量保证

质量保证是质量管理的一部分，致力于提供质量要求会得到满足的信任。

理解要点：

①质量保证的核心在于提供足够的信任使相关方（包括顾客、管理者或最终消费者等）确信组织的产品能满足规定的质量要求；

②组织应建立、实施、保持和改进其质量管理体系，以确保产品符合质量要求；

③提供必要的证据，证实建立的质量管理体系满足规定的要求，使顾客或其他相关方相信，组织有能力提供满足规定要求的产品，或已提供了符合规定要求的产品侦

（六）质量改进

质量管理的一部分，致力于增强满足质量要求的能力。要求可以是有关任何方面的，如有效性、效率或可追溯性。

理解要点：

①影响质量要求的因素会涉及组织的各个方面，在各个阶段、环节、职能、层次均有改进机会，因此组织的管理者应发动全体成员并鼓励他们参与改进活动；

②改进的重点是提高满足质量要求的能力。

（七）质量保证

质量保证指为使人们确信某一产品、过程或服务的质量所必需的全部有计划有组织的活动。也可以说是为了提供信任表明实体能够满足质量要求，而在质量体系中实施并根据需要进行证实的全部有计划和有系统的活动。

质量保证就是按照一定的标准生产产品的承诺、规范、标准。由国家质量技术监督局提供产品质量技术标准。即生产配方、成分组成，包装及包装容量多少、运输及贮存中注意的问题，产品要注明生产日期、厂家名称、地址等，经国家质量技术监督局批准这个标准后，公司才能生产产品。国家质量技术监督局就会按这个标准检测生产出来的产品是否符合标准要求，以保证产品的质量符合社会大众的要求。

为使人们确信某实体能满足质量要求，而在质量体系中实施并根据需要进行证实的全部有计划、有系统的活动，称为质量保证。显然，质量保证一般适用于有合同的场合，其主要目的是使用户确信产品或服务能满足规定的质量要求。如果给定的质量要求不能完全反映用户的需要，则质量保证也不可能完善。质量控制和质量保证是采取措施，以确保有缺陷的产品或服务的生产和设计符合性能要求。其中质量控制包括的原材料，部件，产品和组件的质量监管，与生产相关的服务和管理，生产和检验流程。

二、质量体系的建立与实施

质量管理体系是企业内部建立的、为保证产品质量或质量目标所必需的、系统的质量活动。它根据企业特点选用若干体系要素加以组合，加强从设计研制、生产、检验、销售、使用全过程的质量管理活动，并予制度化、标准化，成为企业内部质量工作的要求和活动程序。客观地说，任何一个企业都有其自身的质量管理体系，或者说都存在着质量管理体系，然而企业传统的质量管理体系能否适应市场及全球化的要求，并得到认可却是一个未知数。因此，企业建立一个国际通行的质量管理体系并通过认证是提升企业质量管理水平，增强自身竞争力的第一步。

（一）质量管理体系的建立与实施

质量管理体系的建立与实施所包含的内容很多，主要包括以下几个方面：

1. 质量方针和质量目标的确定

根据企业的发展方向、组织的宗旨，确定与之相适应的质量方针，并做出质量承诺。在质量方针提供的质量目标框架内明确规定组织以及相关职能等各层次上的质量目标，同时要求质量目标应当是可测量的。

2. 质量管理体系的策划

组织依据质量方针和质量目标，应用过程方法对组织应建立的质量管理体系进行策划。在质量管理体系策划的基础上，还应进一步对产品实现过程和相关过程进行策划。策划的结果应满足企业的质量目标及相应的要求。

3. 企业人员职责与权限的确定

组织依据质量管理体系以及产品实现过程等策划的结果，确定各部门、各过程及其他与质量有关的人员所应承担的相应职责，并赋予其相应的权限，确保其职责和权限得以沟通。

4. 质量管理体系文件的编制

组织应依据质量管理体系策划以及其他策划的结果确定管理体系文件的框架和内容，在质量管理体系文件的框架内，明确文件的层次、结构、类型、数量、详略程度，并规定统一的文件格式。

5. 质量管理体系文件的学习

在质量管理体系文件正式发布前，认真学习质量管理体系文件对质量管理体系的真正建立和有效实施起着至关重要的作用。只有企业各部门、各级人员清楚地了解到质量管理体系文件对本部门、本岗位的要求以及与其他部门、岗位之间的相互关系的要求，才能确保质量管理体系在整个组织内得以有效实施。

6. 质量管理体系的运行

质量管理体系文件的签署意味着企业所规定的质量管理体系正式开始实施运行。质量管理体系运行主要体现在两个方面：一是组织所有质量活动都依据质量管理体系文件的要求实施运行。二是组织所有质量活动都在提供证据，以证实质量管理体系的运行符合要求并得到有效实施和保持。

7. 质量管理体系的内部审核

质量管理体系的内部审核是组织自我评价、自我完善的一种重要手段。企业通常在质量管理体系运行一段时间后，组织内审人员对质量管理体系进行内部审核，以确保质量管理体系的适用性和有效性。

8. 质量管理体系的评审

在内部审核的基础上，组织的最高管理者应就质量方针、质量目标，对质量管理体系进行系统的评审，一般也称为管理评审。其目的在于确保质量管理体系持续的适宜性、充分性、有效性。通过内部审核和管理评审，在确认质量管理体系运行符合要求并且有效的基础上，组织可向质量管理体系认证机构提出认证申请。

（二）质量管理体系认证的实施程序

质量管理体系认证的实施程序：

1. 提出申请

申请单位向认证机构提出书面申请。

经审查符合规定的申请要求，则决定接受申请，由认证机构向申请单位发出"接受申请通知书"，并通知申请方下一步与认证有关的工作安排，预交认证费用。若经审查不符合规定的要求，认证机构将及时与申请单位联系，要求申请单位作必要的补充或修改，符合规定后再发出"接受申请通知书"。

2. 认证机构进行审核

认证机构对申请单位的质量管理体系审核是质量管理体系认证的关键环节，其基本工作程序是：

①文件审核；②现场审核；③提出审核报告。

3. 获准认证后的监督管理

认证机构对获准认证（有效期为3年）的供方质量管理体系实施监督管理。这些管理工作包括：供方通报、监督检查、认证注销、认证暂停、认证撤销，认证有效期的延长等。

（三）质量管理体系的认证

质量管理体系认证是指依据质量管理体系标准，经认证机构评审，并通过质量管理体系注册或颁发证书来证明某企业或组织的质量管理体系符合相应的质量管理体系标准的活动。

质量管理体系认证由认证机构依据公开发布的质量管理体系标准和补充文件，遵照相应认证制度的要求，对申请方的质量管理体系进行评价，合格的由认证机构颁发质量管理体系认证证书，并实施监督管理。

认证所遵循原则包括：

1. 坚持自愿申请的原则

除强制性的认证及特殊领域的质量体系的认证外，质量管理体系认证坚持自愿申请的原则，但企业在认证机构颁发认证证书和标志后应接受其严格的监督管理。

2. 坚持促进质量管理体系有效运行的原则

认证的最终目的是提高企业产品质量和市场竞争力，质量管理体系的有效运行是促进企业不断完善质量管理体系的根本保障。

3. 积极采用国际标准，消除贸易技术壁垒的原则

贸易技术壁垒是指各国、地区制定或实施了不恰当的技术法规、标准、合格评定程序等，给国际贸易造成的障碍。只有消除不必要的技术壁垒，才能达到质量认证的另一目的，即促进市场公平、公开和公正的质量竞争。

4. 坚持透明的原则

质量管理体系认证由具有法人地位的第三方认证机构承担，并接受相应的监督管理，依靠其公正、科学和有效的认证服务取得权威和信誉，认证规则、程序、内容和方法均公开、透明，避免认证机构之间的不正当竞争。

三、影响测绘工程质量因素的控制

影响工程质量的因素主要有"人、机、料、法、环"等因素。在测绘工程质量管理中，影响质量的因素主要有"人、仪器和环境"三方面。因此，事先对这三方面的因素严格予以控制，是保证测绘工程项目质量的关键。

（一）人的控制

人，指直接参与测绘工程实施的决策者、组织者、指挥者和操作者。人，作为控制的对象，是避免产生失误，作为控制的动力，是充分调动人的积极性，发挥人的因素第一的主导作用。

为了避免人的失误，调动人的主观能动性，增强人的责任感和质量观，达到以工作质量保工序质量，促工程质量的目的，除了加强政治思想教育、劳动纪律教育、职业道德教育、专业技术知识培训，健全岗位责任制，改善劳动条件，公平合理的激励外，还需根据测绘工程项目的特点，从确保质量出发，本着适才适用，扬长避短的原则来控制人的使用。

在测绘工程质量控制中，应从以下几方面来考虑人对质量的影响：
①领导者的素质；②人的理论、技术水平；③人的心理行为；④人的错误行为；⑤人的违纪违章。

（二）仪器设备的控制

仪器设备的选择，应本着因工程制宜，按照技术上先进，经济上合理，生产上适用，性能上可靠，操作上方便等原则。

　　测绘工程必须采用一定的仪器或工具，而每一种仪器都具有一定的精密度，这使观测结果受到相应的影响。此外仪器本身也有一定的误差，必然会对测绘工程的观测结果带来误差。

（三）环境因素的控制

　　环境因素对测绘工程质量的影响，具有复杂多变的特点，如气象条件就变化万千，温度、湿度、大气折光、大风、暴雨、酷暑、严寒都对观测成果质量产生影响。因此，观测值也就不可避免地存在着误差。

　　在测绘工程的整个过程中，不论观测条件如何，观测结果都含有误差。但粗差在测量结果中是不允许存在的，它会严重影响观测成果的质量，因此要求测量人员要具有高度的责任心和良好的工作作风，严格执行国家规范，坚持边工作边检查的原则，避免粗差的发生。为了杜绝粗差，除认真仔细地进行作业外，还要采取必要的检查措施。如对未知量进行多余观测，以便用一定的几何条件检验或用统计方法进行检验。

四、测绘工程实施过程中的质量控制

　　测绘工程生产质量是测绘工程质量体系中一个重要组成部分，是实现测绘产品功能和使用价值的关键阶段，生产阶段质量的好坏，决定着测绘产品的优劣。测绘工程生产过程就是其质量形成的过程，严格控制生产过程各个阶段的质量，是保证其质量的重要环节。

（一）测绘工程质量的特点及控制方针

1. 测绘工程质量特点

　　测绘工程产品质量与工业产品质量的形成有显著的不同，测绘工程工艺流动，类型复杂，质量要求不同，操作方法不一。特别是露天生产，受天气等自然条件制约因素影响大，生产具有周期性。所有这些特点，导致了测绘工程质量控制难度较大。具体表现在：

　　①制约测绘工程质量的因素多，涉及面广。测绘工程项目具有周期性，人为和自然的很多因素都会影响到成果质量；

　　②生产质量的离散度和波动性大，测绘工程质量变异性强。测绘项目涉及面广、参与人员素质参差不齐，且一般具有不可重复性，使得测绘工程个体质量稍不注意即有可能出现质量问题，特别是关键位置的测绘质量将直接影响到整体工程质量；

　　③质量隐蔽性强。测绘工程大部分只能在工程完工后才能发现质量问题，因此，在测绘生产过程中必须现场管理，以便及时发现测绘质量问题。

　　所以，对测绘工程质量应加倍重视、一丝不苟、严加控制，使质量控制贯穿于测绘生产的全过程，对测绘工程量大、面广的工程，更应该注意。

2. 测绘工程质量控制的方针

　　质量控制是为达到质量要求所采取的作业技术和活动。它的目的在于，在质量形成过程中控制各个过程和工序，实现以"预防为主"的方针，采取行之有效的技术措施，达到规定要求，提高经济效益。

"质量第一"是我国社会主义现代化建设的重要方针之一，是质量控制的主导思想。测绘工程质量是国家建设各行各业得以实现的基本保证。测绘工程质量控制是确保测绘质量的一种有效方法。

（二）测绘工程质量控制的实施

1. 测绘生产质量控制的内容和要求

①坚持以预防为主，重点进行事前控制，防患于未然，把质量问题消除在萌芽状态；

②既应坚持质量标准，严格检查，又应热情帮助促进；

③测绘生产过程质量控制的工作范围、深度、采用何种工作方式，应根据实际需要，结合测绘工程特点、测绘单位的能力和管理水平等因素，事先提出质量检查要求大纲，作为合同条件的组成内容，在测绘合同中明确规定；

④在处理质量问题的过程中，应尊重事实，尊重科学，立场公正，谦虚谨慎，以理服人，做好协调工作。

2. 测绘人员的素质控制

人员的素质高低，直接影响产品的优劣。质量控制的重要任务之一就是推动测绘生产单位对参加测绘生产的各层次人员特别是专业人员进行培训。在分配上公正合理，并运用各种激励措施，调动广大人员的积极性，不断提高人员的素质，使质量控制系统有效地运行。在测绘生产人员素质控制方面，应主要抓三个环节。

(1) 人员培训。人员培训的层次有领导者、测量技术人员、队（组）长、操作者的培训。培训重点是关键测量工艺和新技术、新工艺的实施，以及新的测量规范、测量技术操作规程的操作等。

(2) 资格评定。应对特殊作业、工序、操作人员进行考核和必要的考试、评审，如对其技能进行评定，颁发相应的资格证书或证明，坚持持证上岗等。

(3) 调动积极性。健全岗位责任制，改善劳动条件，建立合理的分配制度，坚持人尽其才、扬长避短的原则，以充分发挥人的积极性。

3. 测绘生产组织设计的质量控制

测绘生产组织设计包括两个层次：一是测绘项目比较复杂，需要编制测绘生产组织总设计。就质量控制而言，它是提出项目的质量目标以及质量控制，保证重点工程质量的方法与手段等。二是工程测绘生产组织设计。目前，测绘单位普遍予以编制。

4. 测绘仪器的质量控制

测绘仪器的选型要因地制宜，因工程制宜。按照技术先进、经济合理、使用方便、性能可靠、使用安全、操作和维修方便等原则选择相应的仪器设备。对于工程测量，应特别着重对电磁波测距仪、经纬仪、水准仪以及相应配套附件的选型。对于平面定位而言，一般选用性能良好、操作方便的电子全站仪和 GPS 仪器较为合适。对高程传递，一般选择水准仪或用三角高程方法的电子全站仪。对保证垂直度，一般选择激光铅直仪、激光扫平仪。对变形监测，应选择相应的水平位移及沉陷观测遥测系统。任何产品都必须有准产证、性能技术指标以及使用说明书。一般应立足国内，当然也不排除选择国外的合格产品。随着测绘技术的发展，为提高速度和效益，自动化观测系统日益受到重视。

仪器设备的主要技术参数要有保证。技术参数是选择机型的重要依据。对于工程测量而言，应首先依据合理限差要求，按照事先设计的施工测量方法和方案，结合场地的具体条件，按精度要求确定好相应的技术参数。在综合考虑价格、操作方便的前提下，确定好相应的测量设备。如果发现某些测量仪器在施工期间有质量问题，必须按规定进行检验、校正或维修，确保其自始至终的质量等级。

5. 施工测量控制网和施工测量放样的质量控制

施工测量的基本任务是按规定的精度和方法，将建筑物、构造物的平面位置和高程位置放样（或称测设）到实地。因此，施工测量的质量将直接影响到工程产品的综合质量和工程进度。此外，为工程建成后的管理、维修与扩建，应进行竣工测量和质量验收。为测定建筑物及其地基在建筑荷载及外力作用下随时间变化的情况，还应进行变形观测。在这里，主要介绍一下在施工测量工作中，对测量质量的监控内容。

(1) 施工测量控制网。为保证施工放样的精度，应在建筑物场地建立施工控制网。施工控制网分为平面控制网和高程控制网。施工控制网的布设应根据设计总平面图和建筑物场地的地形条件确定。对于丘陵地区，一般用三角测量或三边测量方法建立。对于地面平坦而通视比较'困难的地区，例如在扩建或改建的工业场地，则可采用导线网或建筑方格网的方法。在特殊情况下，根据需要也可布置一条或几条建筑轴线组成简单图形作为施工测量的控制网。现在已经用 GPS 技术建立平面测量控制网。不管何种施工控制网，在应用它进行实际放样前，必须对其进行复测，以确认点位和测量成果的一致性及使用的可靠性。

(2) 工业与民用建筑施工放样。工业与民用建筑施工放样，应从设计总平面图中查得拟建建筑物与控制点间的关系尺寸及室内地平标高数据，取得放样数据和确定放样方法。平面位置检核放样方法一般有直角坐标法、极坐标法、角度交会法、距离交会法等，高程位置检核放样方法主要是水准测量方法。

放样内容要点是：房屋定位测量，基础施工测量，楼层轴线投测以及楼层之间高程传递。在高层楼房施工测量时，特别要严格控制垂直方向的偏差，使之达到设计要求。这可以用激光铅直仪方法或传递建筑轴线的方法加以控制。

(3) 高层建筑施工测量。随着我国社会主义现代化建设的发展，像电视发射塔、高楼大厦、工业烟囱、高大水塔等高耸建筑物不断兴建。这类工程的特点是基础面小，主体高，施工必须严格控制中心位置，确保主体竖直垂准。这类施工测量工作的主要内容是：

①建筑场地测量控制网（一般有田字形、圆形及辐射形控制网）；②中心位置放样；③基础施工放样；④主体结构平面及高程位置的控制；⑤主体建筑物竖直垂准质量的检

查；⑥施工过程中外界因素（主要指日照）引起变形的测量检查。

(4) 线路工程施工测量。线路工程包括铁路、公路、河道、输电线、管道等，施工测量复核工作大同小异，归纳起来有以下几项：

①中线测量，主要内容有起点、转点、终点位置的检核；②纵向坡度及中间转点高度的测量；③地下管线、架空管线及多种管线汇合处的竣工检核等。

（三）测绘产品质量管理与贯标的关系

1. 贯标

(1) 贯标的概念。通常所说的贯标就是指贯彻 ISO9001:2008 的关于质量管理体系的标准，其核心思想是以顾客为关注焦点，以顾客满意为唯一标准，通过发挥领导的作用，全员参与，运用过程方法和系统方法，持续改进工作的一种活动。加强贯标工作，是一个企业规避质量风险、品牌风险、市场风险的基础工作。

(2) 测绘质量管理体系运行中有关注意事项。测绘生产单位只有切实、有效地按照 ISO9000 系列标准建立质量管理体系并持续运行，才能够通过贯标活动改进内部质量管理。因此，在体系运行中要抓好以下控制环节：

①统一思想认识，尤其是领导层，树立"言必信，行必果"的工作作风；②党政工团组织发挥作用，协同工作，使全体人员具有浓厚的质量意识；③使每个人员明确其质量职责；④规定相应的奖惩制度；⑤协调内部质量工作，明确规定信息渠道。

2. 测绘质量监督管理办法

国家测绘局、国家技术监督局在联合发布的《测绘质量监督管理办法》（国测国字〔1997〕28号）中明确规定了测绘产品质量检验方法及质量评判规则；"测绘产品质量监督检查的主要方式为抽样检验，其工作程序和检验方法，按照《测绘产品质量监督检验管理办法》执行。"2010年国家测绘局印发了《测绘成果质量监督抽查管理办法》（国测国发〔2010〕19号）。

测绘产品必须经过检查验收，质量合格的方能提供使用。检查验收和质量评定，执行《测绘产品检查验收规定》和《测绘产品质量评定标准》。

测绘产品质量检验有监督检验和委托检验两种不同类型，它们的区别主要表现在以下方面：

①检验机构服务的主体不同。监督检验服务的主体是审批、下达监督检验计划的测绘主管部门和技术监督行政管理部门。委托检验服务的主体是用户或委托方；

②检验根据不同。监督检验依据的是国家有关质量的法律，地方政府有关质量的法律、法规、规章，国民经济计划和强制性标准。委托检验依据的一般是供需双方合同约定的技术标准；

③检验经费来源不同。监督检验所需费用一般由中央或地方财政拨款。委托检验费用则由生产成本列出；

④取样母本不同。监督检验的样本母体是验收后的产品。委托检验的样本母体是生

产单位最终检查后的产品；

⑤责任大小不同。监督检验承检方需对批量产品质量结论负责，委托检验则根据抽样方式决定承检方责任大小。如果是委托方送样，承检方仅对来样的检验结论负责。若是承检方随机抽样，则应对批产品质量结论负责；

⑥质量信息的作用不同。监督检验反馈的质量信息供政府宏观指导参考，奖优罚劣。委托检验的质量信息仅供委托方了解产品质量现状，以便采取应对措施。

上述区别，决定了产品质量监督检验和委托检验采用的质量检验方法和质量评判规则的不同。在市场经济体制下，测绘产品质量委托检验在质检机构的业务份额中占据的比重越来越大。质检机构在承检委托检验业务时的首项工作，就是确定检验技术依据，而采用何种检验技术依据，一般应由委托方提出。检验技术依据选择的正确与否，将直接关系到产品质量判定的准确性。因此，质检机构的检验工作都是在确立的检验技术依据的基础上进行的，如检验计划的制定、检验计划的实施以及产品质量的判定等。因此，正确地选用检验技术依据就显得尤为重要。

第五章 地理信息系统基础

第一节 地理信息系统的概念

地理信息系统是信息化的核心技术。地理信息系统的概念和技术发展证明它是以需求为驱动，以技术为导引的。地理信息系统技术的应用也不是孤立的，需要与其他相关技术进行集成和协同运行。本章从地理信息系统的概念出发，介绍并讨论其内涵和技术演进历程，地理信息系统组成，建立地理信息系统的目的和作用，与相关学科的关系，地理信息系统产生和发展科学基础以及对这些学科发展的作用；简要介绍了与地理信息系统应用密切相关的一些技术，如数据采集技术、计算机网络工程技术、通信技术、软件工程技术、信息传输、信息安全技术、虚拟现实与仿真技术等。

地理信息系统的概念含义和组成内容不断发生变化，作为信息应用科学，证明了其与需求和技术发展的密切关系。

一、地理信息系统的定义

地理信息系统（Geo-spatial Information System，GIS）是对地理空间实体和地理现象的特征要素进行获取、处理、表达、管理、分析、显示和应用的计算机空间或时空信息系统。

地理空间实体是指具有地理空间参考位置的地理实体特征要素，具有相对固定的空间位置和空间相关关系、相对不变的属性变化、离散属性取值或连续属性取值的特性。在一定时间内，在空间信息系统中仅将其视为静态空间对象进行处理表达，即进行空间建模表达。只有在考虑分析其随时间变化的特性时，即在时空信息系统中，才将其视为动态空间对象进行处理表达，即时空变化建模表达。就属性取值而言，地理实体特征要素可以分为离散特征要素和连续特征要素两类。离散特征要素如城市的各类井、电力和通信线的杆塔、山峰的最高点、道路、河流、边界、市政管线、建筑物、土地利用和地表覆盖类型等，连续特征要素如温度、湿度、地形高程变化、NDVI 指数、污染浓度等。

地理现象是指发生在地理空间中的地理事件特征要素，具有空间位置、空间关系和属性随时间变化的特性。需要在时空信息系统中将其视为动态空间对象进行处理表达，即记录位置、空间关系、属性之间的变化信息，进行时空变化建模表达。这类特征要素如台风、洪水过程、天气过程、地震过程、空气污染等。

空间对象是地理空间实体和地理现象在空间或时空信息系统中的数字化表达形式。具有随着表达尺度而变化的特性。空间对象可以采用离散对象方式进行表达，每个对象对应于现实世界的一个实体对象元素，具有独立的实体意义，称为离散对象。空间对象也可以采用连续对象方式进行表达、每个对象对应于一定取值范围的值域，称为连续对象，或空间场。

离散对象在空间或时空信息系统中一般采用点、线、面和体等几何要素表达。根据表达的尺度不同，离散对象对应的几何元素会发生变化，如一个城市，在大尺度上表现为面状要素，在小尺度上表现为点状要素；河流在大尺度上表现为面状要素，在小尺度上表现为线状要素等这里尺度的概念是指制图学的比例尺，地理学的尺度概念与之相反。

连续对象在空间或时空信息系统中一般采用栅格要素进行表达。根据表达的尺度不同，表达的精度会随栅格要素的尺寸大小变化。这里、栅格要素也称为栅格单元，在图像学中称为像素或像元。数据文件中栅格单元对应于地理空间中的一个空间区域，形状一般采用矩形。矩形的一个边长的大小称为空间分辨率。分辨率越高，表示矩形的边长越短，代表的面积越小，表达精度越高；分辨率越低，表示矩形的边长越长，代表的面积越大，表达的精度越低。

地理空间实体和地理现象特征要素需要经过一定的技术手段，对其进行测量，以获取其位置、空间关系和属性信息、如采用野外数字测绘、摄影测量、遥感、GPS 以及其他测量或地理调查方法，经过必要的数据处理，形成地形图，专题地图、影像图等纸质图件或调查表格，或数字化的数据文件。这些图件、表格和数据文件需要经过数字化或数据格式转换，形成某个 GIS 软件所支持的数据文件格式。目前，测绘地理信息部门所提倡的内外业一体化测绘模式，就是直接提供 GIS 软件所支持的数据文件格式的产品。

对于获取的数据文件产品，虽然在格式上支持 GIS 的要求，但它们仍然是地图数据，不是 GIS 地理数据.将地图数据转化为 GIS 地理数据，还需要利用 GIS 软件，对其进行处理和表达。不同的商业 GIS 软件，对地图数据转化为 GIS 地理数据的处理和表达方法存在差别。

GIS 地理数据是根据特定的空间数据模型或时空数据模型，即对地理空间对象进行概念定义、关系描述、规则描述或时态描述的数据逻辑模型，按照特定的数据组织结构，即数据结构，生成的地理空间数据文件。对于一个 GIS 应用来讲，会有一组数据文件，称为地理数据集。

一般来讲，地理数据集在 GIS 中多数都采用数据库系统进行管理，但少数也采用文件系统管理。这里，数据管理包含数据组织、存储、更新、查询、访问控制等含义。就数据组织而言，数据文件组织是其内容之一，地理数据集是地理信息在 GIS 中的数据表达形式：为了地理数据分析的需要，还需要构造一些描述数据文件之间关系的一些数据文件，如拓扑关系文件、索引文件等，这些文件之间也需要进行必要的概念、关系和规则定义，这形成了数据库模型，其物理结构称为数据库结构数据模型和数据结构是文件级的，数据库模型和数据库结构是数据集水平的，理解上应加以区别。但在 GIS 中，由于它们之间存在密切关系，一些教科书往往会将其一起讨论，不做明显区分。针对一个特定的 GIS 应用，数据组织还应包含对单个数据库中的数据分层、分类、编码、分区组织以及多个数据库的组织内容。

空间分析是 GIS 的重要内容。地理空间信息是首先对地理空间数据进行必要的处理和计算，进而对其加以解释产生的一种知识产品一些对地理空间数据处理的方法形成了 GIS 的空间分析功能。

显示是对地理空间数据的可视化处理。一些地理信息需要通过计算机可视化方式展现出来，以帮助人们更好地理解其含义。

应用指的是地理信息如何服务于人们的需要。只有将地理信息适当应用于人们的认识行为、决策行为和管理行为，才能满足人们对客观现实世界的认识、实践、再认识、再实践的循环过程，这正是人们建立 CIS 的根本目的所在。

从上述概念的解释我们可以看出，地理信息系统具有以下五个基本特点：

第一，地理信息系统是以计算机系统为支撑的，地理信息系统是建立在计算机系统架构之上的信息系统，是以信息应用为目的的。地理信息系统由若干相互关联的子系统构成，如数据采集子系统、数据管理子系统、数据处理和分析子系统、图像处理子系统、数据产品输出子系统等'这些子系统功能的强弱，直接影响在实际应用中对地理信息系统软件和开发方法的选型由于计算机网络技术的发展和信息共享的需求，地理信息系统发展为网络地理信息系统是必然的。

第二，地理信息系统操作的对象是地理空间数据。地理空间数据是地理信息系统的主要数据来源，具有空间分布特点就地理信息系统的操作能力来讲，完全适用于操作具有空间位置，但不是地理空间数据的其他空间数据，空间数据的最根本特点是，每一个数据都按统一的地理坐标进行编码，实现对其定位、定性和定量描述。只有在地理信息系统中，才能实现空间数据的空间位置、属性和时态三种基本特征的统一。

第三，地理信息系统具有对地理空间数据进行空间分析、评价、可视化和模拟的综合利用优势。由于地理信息系统采用的数据管理模式和方法具备对多源、多类型、多格式等空间数据进行整合、融合和标准化管理能力，为数据的综合分析利用提供了技术基础，可以通过综合数据分析，获得常规方法或普通信息系统难以得到的重要空间信息，实现对地理空间对象和过程的演化、预测、决策和管理能力。

　　第四，地理信息系统具有分布特性。地理信息系统的分布特性是由其计算机系统的分布性和地理信息自身的分布特性共同决定的。地理信息的分布特性决定了地理数据的获取、存储和管理、地理分析应用具有地域上的针对性，计算机系统的分布性决定了地理信息系统的框架是分布式的。

　　第五，地理信息系统的成功应用更强调组织体系和人的因素的作用，这是由地理信息系统的复杂性和多学科交叉性所要求的，地理信息系统工程是一项复杂的信息工程项目，兼有软件工程和数字工程两重性质。在工程项目的设计和开发时，需要考虑二者之间的联系：地理信息系统工程涉及多个学科的知识和技术的交叉应用，需要配置具有相关知识和技术能力的人员队伍。因此，在建立实施该项工程的组织体系和人员知识结构方面，需要充分认识其工程活动的这些特殊性要求。

二、为什么需要地理信息系统

　　当遇到下述问题时，就需要建立地理信息系统来解决问题。

1.地理数据维护管理不善

2.制图和统计分析方法落后

3.难以提供准确的数据和信息

4.缺乏数据恢复服务

5.缺乏数据共享服务

　　一旦建立了 GIS，可以取得以下若干效益：

1.地理数据以标准格式得到有效维护管理

2.修订和更新变得容易

3.地理数据和信息容易被搜索、分析和描述

4.更多的地理信息附加值产品

5.地理信息可以被自由地共享和交换

6.员工的生产力得到提高和更有效

7.节省时间和资金投入

8.可以提高决策管理水平

　　使用和不使用 GIS 来管理和处理空间数据，也可以从表 5-1 得到基本答案。

表 5-1　GIS 与人工操作比较

地图	GIS 操作	人工操作
存储	标准化和集成	不同的标准下的不同尺度
恢复	数字化的数据库	纸质地图、调查数据、表格
更新	计算机搜索	人工检查
叠置	系统执行	成本高和费时
空间分析	非常快	费时费力
显示	容易、低成本和快速	复杂和昂贵

三、地理信息系统的组成

地理信息系统不同于一般意义上的信息系统，对地理空间数据进行处理、管理、统计、显示和分析应用，比传统的管理信息系统（MIS，非空间型信息系统）、CAD 系统要复杂得多，特别是在数据管理、显示和空间分析方面，在系统的组成方面是多种技术应用的集成体。

（一）信息系统的概念及其类型

信息系统是具有采集、管理、分析和表达数据能力，并能回答用户一系列问题的系统。

在计算机信息时代，信息系统部分或全部由计算机系统支持，并由硬件、软件、数据和用户四大要素组成。计算机科学意义上的信息系统可由图 5-1 描述。计算机硬件包括各类计算机处理及终端设备；软件是支持数据采集、存储、加工、再现和回答问题的计算机软件系统；数据则是系统分析与处理的对象，构成系统的应用基础，用户是信息系统服务的对象。另外，智能化的信息系统还应包括知识。

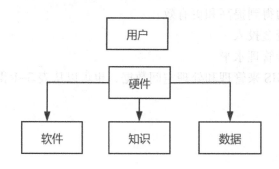

图 5-1　计算机科学意义上的信息系统

根据信息系统所执行的任务，信息系统可分为事务处理系统（Transaction Process System,TPS）、决策支持系统(Decision Support System,DSS)、管理信息系统(Management Information System，MIS)、人工智能和专家系统（Expert System，ES）。事务处理系统强调的是对数据的记录和操作，主要用以支持操作层人员的日常活动，处理日常事务，民航订票系统是其典型事例之一。决策支持系统是用以获得辅助决策方案的交互计算系统，一般由语言系统、知识系统和问题处理系统共同组成。管理信息系统需要包含组织中的事务处理系统，并提供了内部综合形式的数据，以及外部组织的一般范围的数据。人工智能和专家系统是模仿人工决策处理过程的计算机信息系统。它扩大了计算机的应用范围，将其由单纯的资料处理发展到智能推理上来。

完整的地理信息系统主要由五个部分组成，即硬件系统、软件系统、数据、空间分析和人员等。

硬件系统是 GIS 的支撑，软件是系统的功能驱动，硬件和软件系统决定 GIS 的框架，数据是系统操作的对象，空间分析是其重要的功能，为 GIS 解决各类空间问题提供分析应用工具，人员主要由系统管理人员、系统开发人员、数据操作处理、数据分析人员组成和终端用户等，他们共同决定系统的工作方式和信息表示方式。

（二）地理信息系统硬件组成

计算机硬件系统是计算机系统中的实际物理设备的总称，是构成 G1S 的物理架构支撑。根据构成 GIS 规模和功能的不同，它分为基本设备和扩展设备两大部分。基本设备部分包括计算机主机（含鼠标、键盘、硬盘、图形显示器等），存储设备（光盘刻录机、磁带机、光盘塔、活动硬盘、磁盘阵列等），数据输入设备（数字化仪、扫描仪、光笔、手写笔等），以及数据输出设备（绘图仪、打印机等）。扩展设备部分包括数字测图系统、图像处理系统、多媒体系统、虚拟现实与仿真系统、各类测绘仪器、GPS、数据通信端口、计算机网络设备等。它们用于配置 GIS 的单机系统、网络系统（企业内部网和因特网系统）、集成系统等不同规模模式，以及以此为基础的普通 GIS 综合应用系统（如决策管理 GIS 系统）、专业 GIS 系统（如基于位置服务的导航、物流监控系统）、能够与传感器设备联动的集成化动态监测 GIS 应用系统（如遥感动态监测系统），或以数据共享和交换为目的的平台系统（如数字城市、智慧城市共享平台）。

1.GIS 的单机系统结构模式

从结构模式上讲，单机系统模式的 GIS 是一种单层的结构，GIS 的五个基本组成部分集中部署在一台独立的计算机设备上，提供单用户使用系统的所有资源的一种方式。早期的单机系统模式是部署在一台小型计算机系统上，虽然小型机可以提供多用户操作系统，供多个用户同时操作一个 GIS 软件，但所有的任务都是由一台计算机完成，用户终端不负责数据处理和计算任务，仅支持与用户的命令交互对话和图形显示功能。随着个人计算机（PC 机）技术的发展，GIS 开始部署在 PC 机上，是一个彻头彻尾的单机单用户系统，这样的单机系统如图 5-2 所示。

图 5-2 单机系统模式的硬件配置

图 5-2 中列出的设备对构成单机系统模式的 GIS 都是有效的。在实际的应用系统选型时，可根据构成系统的规模和需要增减，如磁盘阵列、光盘塔，只有在数据存储量大、系统备份频繁时选用。因特网的连接设备也是可选项。

2.GIS 企业内部网系统结构模式

由计算机企业内部网、服务器集群、客户机群、磁盘存储系统(磁盘阵列)、输入设备、输出设备等支持的客户/服务器（C/S）模式的 GIS，如图 5-3 所示根据当前网络技术的标准，构成局域网的网络协议标准为 TCP/IP 协议，由相关的网络设备组建的局域网络，称为企业内部网。企业内部网是一个企业级计算机局域网络，提供一个企业机构内的多用户共享操作服务。系统的结构模式是一个二层结构，GIS 的资源和功能被适当地分配在服务器和客户机两端，所有的客户端通过企业内部网，共享网络资源，进行信息共享和交换。

GIS 的企业内部网模式，通过局域网络，将存储系统、服务器系统(或集群服务器)、输入和输出设备、客户机终端进行网络互连，实现数据资源、软硬件设备资源、计算资源的共享，其规模可以根据需要进行配置。因此，图 5-3 中列出的有效设备的具体选择数量和类型由具体 G1S 应用系统决定。因特网的连接仍然是可选项。

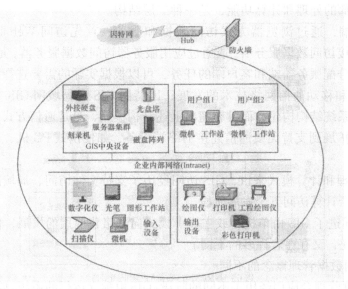

图 5-3 GIS 企业内部网系统模式的硬件配置

3. GIS 的因特网结构模式

由因特网、服务器集群、客户机群、磁盘存储系统（磁盘阵列）、输入设备、输出设备等支持的浏览器/服务器（B/S）模式的 GIS，提供因特网上许可用户的多用户操作。这一般是一种由企业内部网和外部网共同组成的客户/服务器、浏览器/服务器的混合模式。GIS 的因特网结构模式是三层结构模式，由 GIS 服务器、Web 服务器和客户端浏览器构成。客户端浏览器需要经过 Web 服务器才能访问 GIS 服务器的资源。

GIS 的因特网结构模式是一种分布式计算模式。这种分布式结构通过分布在不同地点的 GIS 服务器、Web 服务器，构建多级服务器体系结构，GIS 服务器、Web 服务器共同组成服务站点，如使用 ATM 网络进行通信连接，通过服务注册和服务绑定的方式，向用户提供资源服务。

服务器节点可以是由 GIS 服务器、Web 服务器组成的简单节点，也可以是由企业内部网 GIS 构成的复杂节点。前者如谷歌、百度和天地图等电子地图服务网络，后者如数字城市、智慧城市、数字流域等共享平台。

现有商业化的 GIS 软件，一般都支持构建 GIS 的因特网结构模式，如 ArcGIS 软件，目前已经由 SOM-SOC 容器结构模式发展到支持云计算结构的 Site 站点模式，后者是更直有弹性的结构模式。

C/S 客户端可以通过局域网，用数据库驱动连接方式，直接访问 GIS 数据服务器，也可以通过 GIS 软件提供的软件服务器，先访问应用服务器，再访问数据服务器。GIS 软件通过应用服务器，将数据和计算处理功能，发布在应用服务器，供用户使用。用户客户端的计算和处理功能全部或部分由服务器承担，客户端负责部分或不负责任何处理和计算功能。直接访问数据服务器的连接方式，其数据处理和计算功能部署在客户端，客户端负责全部的处理和计算功能，是一种二层结构。

B/S 客户端，通过浏览器方式访问数据和服务，首先访问 Web 服务器，再通过 Web 服务器直接访问数据服务器，或通过应用服务器访问数据服务器，是一种三层结构。

究竟如何分配服务器端和客户端的任务，可以根据实际的需要选择配置。

随着无线和移动通信网络技术的发展，因特网 GIS 和局域网 GIS 得到了快速应用和发展二但在系统结构构建方面没有超出上述结构模式，只是通信方式由有线到无线的变化，客户端扩展到支持无线通信连接的终端设备，如便携式 PC 机、平板电脑和智能手机等。

就数据管理和计算模式来讲，GIS 访问经历了支持文件访问、局域网访问、因特网访问和网格、云计算访问五个发展阶段。

WebGIS 促进了 GIS 由单机（或主机）模式向网络化应用的发展，但网格 GIS 技术与 WebGIS 相比，又存在着许多的不同。

（1）空间数据管理概念的不同

GIS 的数据管理合应用经历了不同的阶段，GIS 由独立运行的系统，向着局域网系统、因特网系统和网格系统发展，其根本的区别是数据管理和应用计算模式的根本变化。

在单机模式下，数据和应用程序处于同一台计算机系统，提供单用户计算模式。在局域网模式下，数据集中存储于网络服务器，客户通过局域网协议访问数据，在同构环境下，提供多用户资源的共享计算模式。在因特网模式下，数据分布存储于网络数据中心或本地局域网服务器，提供异构环境的资源共享和多用户计算模式，数据多以集中式管理服务为主。在网格模式下，数据的存储分布于各类网格节点，计算模式由集中式充分转向分布式方式，提供多用户、多级的复杂 C/S、B/S 混合计算模式。

（2）异构环境下的互操作能力不同

由于 WebGIS 多是根据特定的 GIS 数据和应用开发的系统，相对封闭，不同系统之间的沟通和协作存在一定难度。WebGIS 的数据来源仍以单一数据提供者为主，提供数据访问的互操作。网格系统中不仅数据的提供者是多源的、地理位置是分布的，而且空间数据源之间能够进行无缝集成和分布式协同处理，提供数据和分析的更完整意义的互操作

（3）系统的跨平台性能不同

WebGIS 虽然也基于 RM1、CQRBA、DCOM 等中间件技术提供良好的网络服务，但一般要求服务器和客户端之间有更紧密的耦合，这在一定程度上影响了跨平台的数据访问性能。网格系统由于要求网格节点之间的相对独立性，当系统处理用户请求时，可以将各分节点上部分或全部的资源调用到最合适的计算节点，将计算处理后的结果反馈给用户，从而增强了系统之间的跨平台能力。

（4）网络数据的传输能力不同

网格 GIS 的特定结构和技术标准体系，确保了节点之间网络数据访问和计算的负载平衡，其网络化的数据存储体系和数据传输机制，能够提供海量的数据传输保证。而

WebGIS 则很难根除大数据量的传输瓶颈问题。

（5）利用网络资源的能力不同

一种 WebGIS 的配置只能使用其所有的各种资源，而很难与其他资源有效集成利用。而网格 GIS 则具有更开放的结构，可以充分利用网上的各类资源。

（6）资源的动态性具有区别

网格 GIS 具有资源动态管理的特性，包括网络环境中的资源存在是动态的，数据是动态变化的，GIS 应用工具也是动态变化的，网格中的资源某一时刻可能是有效的，下一时刻则可能因某种原因被停用，网格中的资源也可能不断地被加入进来。但网格系统能很好地实现资源的转移和资源的融入。数据资源的注册和撤销反映了数据的动态变化。各类网络设备、软件的融入机制也使得网格 GIS 的工具处于动态变化之中。

（7）系统的开放性程度区别

网格 GIS 不是建立在一个封闭系统或平台之上，这是其系统的特性决定的。网格系统的政策和原则确立了它并不为某一个组织或公司所有，其服务是面向广大用户的。网格系统是建立在异构系统之上的分布式计算平台，其服务协议和服务接口与平台无关。

云计算模式是在网格计算模式上发展起来的一种更开放的大规模分布式计算模式，比网格数据计算更具有效率和弹性，更强调服务的作用。

（三）GIS 软件组成

GIS 的软件组成构成了 GIS 的数据和功能驱动系统，关系到 GIS 的数据管理和处理分析能力。它是由一组经过集成，按层次结构组成和运行的软件体系。

最下面两层与系统的硬件设备密切相关，故称为系统软件。它连同标准软件，共同组成保障 GIS 正常运行的支撑软件。上面三层主要实现 GIS 的功能，满足用户的特定需求，代表了 GIS 的能力和用途。GIS 可能运行在不同的操作系统上，如 Unix 系统、Windows 系统等。由于 GIS 可能部署在计算机网络系统，因而关于网络管理和通信的软件是必要的，如 TCP/IP、HTTP、HTML、XML、GML 等协议、标准及有关网络驱动和管理软件。GIS 也可能与其他的软件集成，形成功能更强大的软件系统，如 ERDAS、PCI、NV 等遥感数据处理系统。GIS 需要使用第三方的数据库管理系统进行数据管理，因此需要配置像 ORACLE，SQL SERVER、DB2 等关系数据库软件。

一般而言，一个商业化的 GIS 软件，提供的是面向通用功能的软件，针对用户的具体和特殊需要，需要在此基础上进行二次开发，对商业化的 GIS 软件进行客户化定制。需要配置开发环境支持的程序设计软件，如 J2EE、Viso.NET、C# 等，以及支持 GIS 功能实现的组件库，如 ArcGIS 的 AML、MapObjecl、ArcObject、ArcEngine 组件库，以及 Mapinfo 软件的 MapX 等。

根据 G1S 的概念和功能，GIS 软件的基本功能由六个子系统（或模块）组成，即空间数据输入与格式转换子系统、图形与属性编辑子系统、空间数据存储与管理子系统、空间数据处理与空间分析子系统、空间数据输出与表示子系统和用户接口。

第一，空间数据输入与格式转换子系统。主要功能是将系统外部的原始数据（多种来源、多种类型、多种格式）传输给系统内部，并将格式转换为 GIS 支持的格式。

数据来源主要有多尺度的各种地形图、遥感影像及其解译结果、数字地面模型、GPS 观测数据、大地测量成果数据、与其他系统交换来的数据、社会经济调查数据和属性数据等。数据类型有矢量数据、栅格数据、图像数据、文字和数字数据等。数据格式有其他 GIS 系统产生的数据格式、CAD 格式、影像格式、文本格式、表格格式等。

数据输入的方式主要有三种形式，一是手扶跟踪数字化仪的矢量跟踪数字化，主要通过人工选点和跟踪线段进行数字化，主要输入有关图形的点、线、面的位置坐标；二是扫描数字化仪的矢量数字化，将图形栅格化后，通过矢量化软件将纸质图形输入系统，或将图片扫描输入系统；三是键盘输入或文件读取方式，通过键盘直接输入坐标、文本和数字数据，或通过文件读取，并经过格式转换输入系统，数据格式的转换包括数据结构不同产生的转换和数据形式不同产生的转换，前者由系统采用的数据模型决定；后者主要是矢量到栅格、栅格到矢量的转换，是由数据的性质决定的。有时也使用光笔输入，例如签名等操作。数据格式的转换一般由 GIS 软件提供的数据互操作工具或功能模块实现。

第二，数据存储与管理处理。它涉及矢量数据的地理要素（点、线、面）的位置、空间关系和属性数据，以及栅格数据、数字高程数据以及其他类型的数据如何构造和组织与管理等。主要由特定的数据模型或数据结构来描述构造和组织的方式，由数据库管理系统（DBMS）进行管理在 GIS 的发展过程中，数据模型经历了由层次模型、网络模型、关系模型、地理相关模型、面向对象的模型和对象－关系模型（地理关系模型），它们分别代表着空间数据和属性数据的构造和组织管理形式。

第三，图形与属性的编辑处理。GIS 系统内部的数据是由特定的数据结构描述的，图形元素的位置必须符合系统数据结构的要求，所有元素必须处于统一的地理参照系中，并经过严格的地理编码和数据分层组织，因此需要进行拓扑编辑和拓扑关系的建立，进行图幅接边、数据分层、进行地理编码、投影转换、坐标系统转换、属性编辑等操作。除此之外，它们一方面还要修改数据错误，另一方面还要对图形进行修饰，设计线型、颜色、符号、进行注记等。这些都要求 GIS 提供数据编辑处理的功能。

第四，数据分析与处理—它提供了对一个区域的空间数据和属性数据综合分析利用的能力。通过提供矢量、栅格、DEM 等空间运算和指标量测，达到对空间数据的综合利用的目的。如基于栅格数据的算术运算、逻辑运算、聚类运算等，提供栅格分析；通过图形的叠加分析、缓冲区分析、统计分析、路径分析、资源分配分析、地形分析等，提供矢量分析，并通过误差处理、不确定性问题的处理等获得正确的处理结果。

第五，数据输出与可视化它是将 GIS 内的原始数据，经过系统分析、转换、重组后以某种用户可以理解的方式提交给用户：它们可以是地图、表格、决策方案、模拟结果显示等形式。当前 CIS 可以支持输出物质信息产品和虚拟现实与仿真产品。

第六，用户接口。它主要用于接收用户的指令、程序或数据，是用户和系统交互的工具，主要包括用户界面、程序接口和数据接口。系统通过菜单方式或解释命令方式接收用户的输入，由于地理信息系统功能复杂，无论是 GIS 专业人员还是非专业人员，提供操作友好的界面都可以提高操作效率当前，Windows 风格的菜单界面几乎成了 GIS 的界面标准。

（四）地理空间数据库

数据是 G1S 的操作对象，是 GIS 的"血液"，它包括空间数据和属性数据。数据组织和管理质量，直接影响 GIS 操作的有效性在地理数据的生产中，当前主要是 4D 产品，即数字线划数据（Digital Line Graph，DLG）、数字栅格数据（Digital Raster Graph，DRG）、数字高程模型（Digital Elevation Model，DOM）、数字正射影像（Digital Ortho Map，D0M）。空间数据质量通过准确度、精度、不确定性、相容性、一致性、完整性、可得性、现势性等指标来度量。

GIS 的空间数据均在统一的地理参照框架内，对整个研究区域进行了空间无缝拼接，即在空间上是连续的，不再具有按图幅分割的迹象。空间数据和属性数据进行了地理编码、分类编码和建立了空间索引，以支持精确、快速的定位、定性、定量检索和分析。其数据组织按工作区、工作层、逻辑层、地物类型等方式进行。

地理空间数据库是地理数据组织的直接结果，并提供数据库管理系统进行管理。通过数据库系统，对数据的调度、更新、维护、并发控制、安全、恢复等提供服务。根据数据库存储数据的内容和用途，可分为基础数据库和专题数据库，前者反映基础的地理、地貌等基础地理框架信息，如地图数据库、影像数据库、土地数据库等；后者反映不同专业领域的专题地理信息，如水资源数据库、水质数据库、矿产分布数据库等。由于测绘和数据综合技术的原因，当前 GIS 只能对多比例尺测绘的地图数据分别建立对应的数据库。由于上述原因，在一个地理信息系统中，可能存在多个数据库。这些数据库之间还要经常进行相互访问，因此会形成数据库系统，又由于地理信息的分布性，还会形成分布式数据库系统。为了支持数据库的数据共享和交换，并支持海量数据的存储，需要使用数据存储局域网、数据的网络化存取系统及数据中心等数据管理方案。

数据库管理系统提供在一个 GIS 工程中，对空间和非空间数据的产生、编辑、操纵等多项功能。主要功能包括：

1. 产生各种数据类型的记录，如整型、实型、字符型、影像型等
2. 操作方法，如排序、删除、编辑和选择等
3. 处理，如输入、分析、输出，格式重定义等
4. 查询，提供 SQL 的查询
5. 编程，提供编程语言
6. 建档，元数据或描述信息的存储

（五）空间分析

GIS 空间分析是 GIS 为计算和回答各种空间问题提供的有效基本工具集，但对于某一专门具体计算分析，还必须通过构建专门的应用分析模型，例如土地利用适宜性模型、选址模型、洪水预测模型、人口扩散模型、森林增长模型、水土流失模型、最优化模型

和影响模型等才能达到目的，这些应用分析模型是客观世界中相应系统经由概念世界到信息世界的映射，反映了人类对客观世界利用改造的能动作用，并且是 GIS 技术产生社会经济效益的关键所在，也是 GIS 生命力的重要保证，因此在 GIS 技术中占有十分重要的地位。

（六）人员

人员是 GIS 成功的决定因素，包括系统管理人员、数据处理及分析人员和终端用户。在 GIS 工程的建设过程中，还包括 GIS 专业人员、组织管理人员和应用领域专家。什么人使用 GIS 呢？可分为以下一些群体：

1.GIS 和地图使用者。他们需要从地图上查找感兴趣的东西

2.GIS 和地图生产者他们编辑各种专题或综合信息地图

3.地图出版者。他们需要高质量的地图输出产品

4.空间数据分析员。他们需要根据位置和空间关系完成分析任务

5.数据录入人员。他们完成数据编辑

6.空间数据库设计者。他们需要实现数据的存储和管理

7.GIS 软件设计与开发者。他们需要实现 GIS 的软件功能

四、地理信息系统的空间分析能力

地理信息系统的空间分析能回答和解决以下五类问题：

第一，位置问题。解决在特定的位置有什么或是什么的查询问题。位置可表示为绝对位置和相对位置，前者由地理坐标确定，后者由空间关系确定。如河流、道路、房屋的位置问题由坐标确定，某个省相邻的省有哪些？某个阀门连接了哪些管道？从某地出发可否到达另一地点？等等，均可由空间关系解决。多用于研究地理对象的空间分布规律和空间关系特性，需要借助 GIS 的查询分析功能实现。

第二，条件问题。解决符合某些条件的地理实体在哪里空间分析的问题，如选址、选线问题。用于需要借助空间数据建模解决的问题，如描述性数据分析方法。

第三，变化趋势问题。利用综合数据分析，识别已发生或正在发生的地理事件或现象，或某个地方发生的某个事件随时间变化的过程，需要空间数据分析的方法解决问题，如回归分析方法。

第四，模式问题。分析已发生或正在发生事件的相关因素（原因）。例如，某个交通路口经常发生交通事故，某个地区犯罪率经常高于其他地区，生物物种非正常灭绝等问题，分析造成这种结果的因果关系如何，需要借助空间数据挖掘算法解决的问题，如探索性空间数据分析方法。

第五，模拟问题。某个地区如果具备某种条件，会发生什么的问题。主要是通过模型分析，给定模型参数或条件，对已发生或未发生的地理事件、现象、规律进行演变、推演和反演等，如对洪水发生过程、地震过程、沙尘暴过程等模拟。需要使用虚拟现实

和仿真技术和方法，如时空动态模拟方法等。

这五类问题，可以进一步归纳为两大类问题，即科学解释和空间管理决策。科学解释发生在地理空间中现象、规律、事件发生的因果关系、条件关系和相关关系等。对人类干预或科学开发利用地理信息资源进行宏观管理决策和微观管理决策。前者注重于战略部署，后者注重战术部署。

五、地理信息系统与相关学科的关系

地理信息系统的理论和技术是与多个学科和技术交叉发展产生的。因此，设计、开发地理信息系统与这些学科和技术密切相关。

其中，地理学为研究人类环境、功能、演化以及人地关系提供了认知理论和方法。大地测量学、测量学、摄影测量与遥感等测绘学为获取这些地理信息提供了测绘手段。应用数学，包括运筹学、拓扑数学、概率论与数理统计等，为地理信息的计算提供了数学基础。

系统工程为 GIS 的设计和系统集成提供了方法论。计算机图形学、数据库原理、数据结构、地图学等为数据的处理、存储管理和表示提供了技术和方法。软件工程、计算机语言为 GIS 软件设计提供了方法和实现工具。计算机网络、现代通信技术、计算机技术是 GIS 的支撑技术，管理科学为系统的开发和系统运行提供组织管理技术，而人工智能、知识工程则为形成智能 GIS 提供方法和技术。

第二节 地理信息系统的科学基础

在人类认识自然、改造自然的过程中，人与自然的协调发展是人类社会可持续发展的最基本条件。从历史发展的角度看，人类活动对地球生态的影响总体是向着变坏的方向发展，人口、资源、环境和灾害是当今人类社会可持续发展所面临的四大问题。人类活动产生的这种变化和问题，日益成为人们关注的焦点。地球科学的研究为人类监测全球变化和区域可持续发展提供了科学依据和手段。地球系统科学、地球信息科学、地理信息科学、地球空间信息科学是地球科学体系中的重要组成部分，它们是地理信息系统发展的科学基础、根源。地理信息系统是这些大学科的交叉学科、边缘学科，反过来，又促进和影响了这些学科的发展。

一、地球系统科学

地球系统科学（Earth System Science）是研究地球系统的科学。地球系统，是指由大气圈、水圈、土壤岩石圈和生物圈（包括人类自身）四大圈层组成的作为整体的地球。

地球系统包括了自地心到地球的外层空间的十分广阔的范围，是一个复杂的非线性系统。在它们之间存在着地球系统各组成部分之间的相互作用，物理、化学和生物三大基本过程之间的相互作用，以及人与地球系统之间的相互作用。地球系统科学作为一门新的综合性学科，将构成地球整体的四大圈层作为一个相互作用的系统，研究其构成、运动、变化、过程、规律等，并与人类生活和活动结合起来，借以了解现在和过去，预测未来。地球科学作为一个完整的、综合性的观点，它的产生和发展是人类为解决所面临的全球性变化和可持续发展问题的需要，也是科学技术向深度和广度发展的必然结果。

就解决人类当前面临的人与自然的问题而言，如气候变暖、臭氧洞的形成和扩大、沙漠化、水资源短缺、植被破坏和物种大量消失等，已不再是局部或区域性问题。就学科内容而言，它已远远超出了单一学科的范畴，而涉及大气、海洋、土壤、生物等各类环境因子，又与物理、化学和生物过程密切相关。因此，只有从地球系统的整体着手，才有可能弄清这些问题产生的原因，并寻找到解决这些问题的办法。从科学技术的发展来看，对地观测技术的发展，特别是由全球定位系统（Globe Positioning System，GPS）、遥感（Remote Sensing，RS）、地理信息系统（Geographic Information System，GIS）组成的对地观测与分析系统，提供了对整个地球进行长期的立体监测能力，为收集、处理和分析地球系统变化的海量数据，建立复杂的地球系统的虚拟模型或数字模型提供了科学工具。

由于地球系统科学面对的是综合性问题，应该采用多种科学思维方法，这就是大科学思维方法，包括系统方法、分析与综合方法、模型方法。

系统方法，是地球系统科学的主要科学思维方法。这是因为地球系统科学本身就是将地球作为整体系统来研究的。这一方法体现了在系统观点指导下的系统分析和在系统分析基础上的系统综合的科学认识的过程。

分析与综合方法，是从地球系统科学的概念和所要解决的问题来看的，是地球系统科学的科学思维方法。包括从分析到综合的思维方法和从综合到分析的思维方法，实质上是系统方法的扩展和具体化。

模型方法，是针对地球系统科学所要解决的问题及其特点，建立正确的数学模型，或地球的虚拟模型、数字模型，是地球系统科学的主要科学思维方法之一。这对研究地球系统的构成内容的描述、过程推演、变化预测等是至关重要的。

关于地球系统科学的研究内容，目前得到国际公认的主要包括气象和水系、生物化学过程、生态系统、地球系统的历史、人类活动、固体地球、太阳影响等。

综上所述，可以认为，地球系统科学是研究组成地球系统的各个圈层之间的相互关系、相互作用机制、地球系统变化规律和控制变化的机理，从而为预测全球变化、解决人类面临的问题建立科学基础，并为地球系统科学管理提供依据。

二、地球信息科学

地球信息科学（Geo-Informatics，或Geo Information Science，GISci）是地球系统科学的组成部分，是研究地球表层信息流的科学，或研究地球表层资源与环境、经济与社会的综合信息流的科学。就地球信息科学的技术特征而言，它是记录、测量、处理、分析和表达地球参考数据或地球空间数据学科领域的科学。

"信息流"这一概念是陈述彭院士早在1992年针对地图学在信息时代面临的挑战而提出的。他认为，地图学的第一难关是解决地球信息源的问题。在16世纪以前，人类主要是通过艰苦的探险、组织庞大的队伍和采用当时认为是最先进的技术装备来解决这个问题；到了16～19世纪，地图信息源主要来自大地测量及建立在三角测量基础上的地形测图；20世纪前半叶，地图信息源主要来自航空摄影和多学科综合考察；20世纪后半叶，地图信息源主要来自卫星遥感、航空遥感和全球定位系统（GPS）。可以预见，21世纪，地图信息源将主要来自由卫星群、高空航空遥感、低空航空遥感、地面遥感平台，并由多光谱、高光谱、微波以及激光扫描系统、定位定向系统（POS）、数字成像成图系统等共同组成的星、机、地一体化立体对地观测系统；可基于多平台、多谱段、全天候、多分辨率、多时相对全球进行观测和监测，极大地提高了信息获取的手段和能力。但明显的事实是，无论信息源是什么，其信息流程都明显表示为：信息获取→存储检索→分析加工→最终视觉产品。在信息化时代、网络化时代，信息更不是静止的，而是动态的，还应表现在信息获取→存储检索→分析加工→最终视觉产品→信息服务的完整过程。

地球信息科学属于边缘学科、交叉学科或综合学科。它的基础理论是地球科学理论、信息科学理论、系统理论和非线性科学理论的综合，是以信息流作为研究的主题，即研究地球表层的资源、环境和社会经济等一切现象的信息流过程，或以信息作为纽带的物质流、能量流，包括人才流、物流、资金流等的过程。这些都被认为是由信息流所引起的。

国内外的许多著名专家都认为，地球信息科学的主要技术手段包括遥感（RS）、地理信息系统（GIS）、和全球定位系统（GPS）等高新技术，即所谓的3S技术。或者说，地球信息科学的研究手段，就是由RS、GIS和GPS构成的立体的对地观测系统。其运作特点是，在空间上是整体的，而不是局部的；在时间上是长期的，而不是短暂的；在时序上是连续的，而不是间断的；在时相上是同步的、协调的，而不是异相的、分属于不同历元的；在技术上不是孤立的，而是由RS、GIS和GPS三种技术集成的。它们共同组成对地观测系统的核心技术。

在对地观测系统中，遥感技术为地球空间信息的快速获取、更新提供了先进的手段，并通过遥感图像处理软件、数字摄影测量软件等提供影像的解译信息和地学编码信息，地理信息系统则对这些信息加以存储、处理、分析和应用，而全球定位系统则在瞬间提供对应的三维定位信息，作为遥感数据处理和形成具有定位定向功能的数据采集系统、具有导航功能的地理信息系统的依据。

三、地理信息科学

地理信息科学（Geographic information Science）是信息时代的地理学，是地理学信息革命和范式演变的结果。它是关于地理信息的本质特征与运动规律的一门科学，它研究的对象是地理信息，是地球信息科学的重要组成成分。

地理信息科学的提出和理论创建，来自两个方面，一是技术与应用的驱动，这是一条从实践到认识，从感性到理论的思想路线；二是科学融合与地理综合思潮的逻辑扩展，这是一条理论演绎的思想路线。在地理信息科学的发展过程中，两者相互交织、相互促动，共同推进地理学思想发展、范式演变和地理科学的产生和发展。地理信息科学本质上是在两者的推动下地理学思想演变的结果，是新的技术平台、观察视点和认识模式下的地理学的新范式，是信息时代的地理学。人类认识地球表层系统，经历了从经典地理学、计量地理学和地理信息科学的漫长历史时期。不同的历史阶段，人们以不同的技术平台，从不同的科学视角出发，得到关于地球表层不同的认知模型。

地理信息科学主要研究在应用计算机技术对地理信息进行处理、存储、提取以及管理和分析过程中所提出的一系列基本理论和技术问题，如数据的获取和集成、分布式计算、地理信息的认知和表达、空间分析、地理信息基础设施建设、地理数据的不确定性及其对于地理信息系统操作的影响、地理信息系统的社会实践等，并在理论、技术和应用三个层次，构成地理信息科学的内容体系。

四、地球空间信息科学

地球空间信息科学（Geo-Spatial Information Science，Geomatics）是以全球定位系统（GPS）、地理信息系统（GIS）、遥感（RS）为主要内容，并以计算机和通信技术为主要技术支撑，用于采集、量测、分析、存储、管理、显示、传播和应用与地球和空间分布有关数据的一门综合和集成的信息科学和技术。地球空间信息科学是地球科学的一个前沿领域，是地球信息科学的一个重要组成部分，是以3S技术为其代表，包括通信技术、计算机技术的新兴学科。其理论与方法还处于初步发展阶段，完整的地球空间信息科学理论体系有待建立，一系列基于3S技术及其集成的地球空间信息采集、存储、处理、表示、传播的技术方法有待发展。

地球空间信息科学作为一个现代的科学术语，是20世纪80年代末90年代初才出现的。而作为一门新兴的交叉学科，由于人们对它的认识又各不相同，出现了许多相互类似，但又不完全一致的科学名词，如：地球信息机理（Geo-Infonnatics）、图像测量学（Iconicmetry）、图像信息学（Iconic Infonnatics）、地理信息科学（Geographic Information Science）、地球信息科学（Geo Information Science）等。这些新的科学名词的出现，无一不与现代信息技术，如遥感、数字通信、互联网络、地理信息系统的发展密切相关。

地球空间信息科学与地理空间信息科学在学科定义和内涵上存在重叠，甚至人们认为是对同一个学科内容，从不同角度给出的科学名词。从测绘的角度理解，地球空间信息科学是地球科学与测绘科学、信息科学的交叉学科。从地理科学的角度理解，地球空间信息科学是地理科学与信息科学的交叉学科，即被称为地理空间信息科学。但地球空间信息科学的概念要比地理信息科学要广，它不仅包含了现代测绘科学的全部内容，还包含了地理空间信息科学的主要内容，而且体现了多学科、技术和应用领域知识的交叉与渗透，如测绘学、地图学、地理学、管理科学、系统科学、图形图像学、互联网技术、通信技术、数据库技术、计算机技术、虚拟现实与仿真技术，以及规划、土地、资源、环境、军事等领域。研究的重点与地球信息科学接近，但它更侧重于技术、技术集成与应用，更强调"空间"的概念。

第三节　地理信息系统的技术基础

地理信息系统是一项多种技术集成的技术系统，数据采集技术（包括遥感技术（RS）、全球定位系统（GPS）、三维激光扫描技术、数字测图技术等）、现代通信技术、计算机网络技术、软件工程技术、虚拟现实与仿真技术、信息安全技术、网络空间信息传输技术等构成了 GIS 技术体系的主要技术。这些技术在这里进行简要介绍，而地理信息系统技术则是本书详细介绍的内容。

一、地理空间数据采集技术

地理空间信息的获取与更新是 GIS 的关键，也是瓶颈。以现代遥感技术（RS）、全球定位系统（GPS）、三维激光扫描技术、数字测图技术等构成的空间数据采集技术体系构成了 GIS 数据采集与更新技术体系的主要内容。

星、机、地一体化的遥感立体观测和应用体系集成了"高分辨率、多时相遥感影像的快速获取和处理技术"，这里"高分辨"可理解为高空间分辨率和高辐射分辨率（即高光谱分辨率），GPS 技术、三维激光扫描技术等多项技术。它们构成了不同的采集平台和数据处理系统。

（一）卫星遥感

在卫星遥感平台方面，可以通过建立静止气象卫星数据地面接收系统（如 GMS）、极轨气象卫星数据地面接收系统（如 NOAA、FY-1）等低分辨率系统，中分辨率卫星数据地面接收系统（如 EOS MODIS）等接收宏观遥感信息。

通过高分辨率卫星数据订购系统，购买 LANDSAT 影像数据、TM/ETM 数据、SPOT HRV/HRVIR 数据、I KONOS 数据、QuickBird 数据等。

（二）航空遥感和低空遥感

通过航空平台，如机载光学航空相机系统、机载雷达系统、机载数字传感器系统获取重点地区的高空间分辨率的航空影像（0.01 ~ 1m）和 SAR 影像以及 DEM，实现无地面控制点或少量地面控制点的遥感对地定位和信息获取。

机载光学航空相机系统，由航空数字相机和 GPS 系统组成，提供 GPS 辅助的解析空中摄影测量服务。

机载雷达系统由 GPS 和机载侧合成孔径视雷达传感器、实时成像器组成，提供雷达影像服务。

机载数字传感器系统包括机载激光扫描地形测图系统、机载激光遥感影像制图系统。前者由动态差分 GPS 接收机，用于确定扫描装置投影中心的空间位置；姿态测量装置，一般采用惯性导航系统或多天线 GPS，用于测定扫描装置主光轴的姿态参数；INS/GPS 复合姿态测量；三维激光扫描仪，用于测定传感器到地面的距离；一套成像装置，用于记录地面实况，实现对生成的 DEM 产品质量进行评价的目的。后者的前两部分与机载激光扫描地形测图系统一致，后一项与前者的最大区别是：将激光扫描仪与多光谱扫描成像仪器共用一套光学系统，通过硬件实现了 DEM 和遥感影像的精确匹配（包括时间和空间），可直接生成地学编码影像（正射遥感影像）。

在 GIS 数据采集技术的最新发展方面，LIDAR（Light Detection And Ranging，LIDAR）技术是最令人瞩目的成就：这种集三维激光扫描、全球定位系统（GPS）和惯性导航系统（INS）三种技术与一体的空间测量系统，其应用已超出传统测量、遥感，及近景所覆盖的范围，成为一种独特的数据获取方式，已有十年的成功使用经验。

LIDAR 系统由 GPS 提供系统的定位数据，由 INS 提供姿态定向数据，由激光发射器、激光接收器、时间计数器和微型计算机构成可接收地面多次激光反射回波的数字激光传感器系统它具有以下的特点：

1. 高密度，充分获取目标表面特征，能够提供密集的点阵（或点云）数据（点间距可以小于 1m）

2. 能够穿透植被的叶冠

3. 实时、动态系统，主动发射测量信号，不需要外部光源

4. 不需要或很少需要进入测量现场

5. 可同时测量地面和非地面层

6. 数据的绝对精度在 0.30m 以内

7. 24 小时全天候工作

8. 具有迅速获取数据的能力

LIDAR 系统获取的高密度点云数据，可用来重建地面三维立体目标。

地面车载遥感数据采集系统，是以数字 CCD 相机、GPS、INS 和 GIS 为基础的移动式地面遥感数据采集系统，用于地面微观特定信息的采集，如采集城市部件信息和三维街景数据等。

低空遥感是由低空系统完成的，主要包括飞行平台、成像系统和数据处理软件三个部分。低空飞行平台主要有固定翼无人机、旋转翼无人机（无人直升机）、长航时无人机、无人飞艇和低空有人驾驶飞机等最为常用。

无人机的升空方式主要有滑行方式、手抛方式、弹射方式和火箭助推方式等。

在成像系统方面，可以搭载的传感器包括可见光数码相机、多光谱相机、激光扫描仪、无线数码摄像机以及 POS 系统等。数码相机包括普通定焦型、普通单反型、可量

测单反型、高分辨率工业相机，以及为了扩大视场角而研制的双拼、四拼组合相机等。

（三）数字测图技术

数字测图技术是常规的现代地形图测绘技术。数字测图系统主要由全站仪、三维激光扫描仪或其他联机测角仪器和数字测图记录、处理软件组成，提供地形的地面实测信息。

利用地面三维激光扫描仪获取局部地形信息可与 CCD 相机、GPS 等构成地面立体测图系统，如快速获取道路沿线的地形景观信息，快速获取城市街道立面图等，为数字城市建设服务。获取的地形信息还可用于滑坡监测等。

（四）GPS 技术采集 GIS 数据

GPS 技术除了与其他技术结合，起到空间定位和组成采集、监测系统外，本身也是一种快速的数据采集系统：美国 NAVSTAR GPS 系统由空间系统、控制系统合用户系统三部分组成。空间系统由绕地球飞行的 24 颗卫星组成它们大约运行于 2 万米的高度上。

卫星分别在六个不同的轨道运行。每颗卫星发射一个唯一的编码信号（PRN），并被调制为 L1 和 L2 两个载波信号。控制系统受美国国防部的监督，提供标准定位服务（SPS）和精密定位服务（PPS）。用户系统由所使用的 GPS 地面接收机及观测计算系统组成。目前 GPS 接收机的类型分为基于码的和基于载波相位的两种类型。基于码的 GPS 接收机利用光速和信号从卫星到接收机的时间间隔来计算两者之间的距离（可提供亚米级精度）。

虽然比基于载波相位的接收机精度低，但成本低廉、易于携带，因而被广泛使用。基于载波相位的接收机是通过确定载波信号的整波长和半波长的数目，来计算卫星与接收机的距离。这种双频接收机广泛用于控制测量和精密测绘，可提供亚厘米级的差分精度。差分 GPS（DGPS）可以有限消除 SA 政策的影响。DGPS 需要将测量用的差分 GPS 接收机放在一个经度、纬度和高度已知的基站上，且基站上天线的位置必须精确确定，另外，基站 GPS 接收机应该具有存储测量数据或通过广播发送修正值的功能。

GPS 采集 GIS 数据可迅速获取一些关键点、线、变化区域的边界数据。用户只需持 GPS 接收机沿地面移动，就可快速获取所过之处的地理坐标。

第六章 空间数据模型与数据结构

第一节 数据模型与空间数据模型

一、数据模型

模型是对现实世界的简化表达，其构建的目的是为了揭示客观实体的本质特征以及实体之间错综复杂的关系。

数据模型是对客观实体及其关系的认识和数学描述，是数据特征的抽象。它是通过对现实世界的抽象化表达，把现实世界的客观事物组织成有用且能反映真实信息的数据集，从抽象层次上描述了系统的静态特征、动态行为和约束条件，所描述的内容有数据结构、数据操作和数据约束三部分。计算机对数据的管理经历了三个阶段：程序管理阶段、文件管理阶段以及数据库管理阶段，其中的数据库管理阶段是数据管理的高级阶段，因此传统数据模型也多被称为数据库数据模型。

数据库数据模型可以简要归纳为两大类：基于对象的数据模型和基于记录的数据模型。基于对象的数据模型用于在概念和视图抽象级别上的数据描述，具有相当灵活的结构和较强的表达能力，允许明确地定义完整性约束，如实体——联系模型（简称E-R）。基于记录的数据模型把数据库定义为多种固定格式的记录，每个记录由固定数量的域或属性构成，每个域或属性具有固定的长度。基于记录的数据模型是应用较为广泛的数据模型，包括了层次、网络和关系三种数据模型，下面简单介绍这三种数据模型。

（一）层次模型

层次模型是数据处理中发展较早、技术上也比较成熟的一种数据模型。它的特点是将数据组织成有序、有向的树结构。对层次模型反映了现实世界中实体间的层次关系，由处于不同层次的各个结点组成。除根结点外，其余各结点有且仅有一个上一层结点作为其"双亲"，而位于其下的较低一层的若干个结点作为其"子女"。结构中结点代表数据记录，连线描述位于不同结点数据间的从属关系（限定为一对多的关系）。层次结构是众多空间对象的自然表达形式，并在一定程度上支持数据的重构。

（二）网络模型

网络数据模型是数据模型的另一种重要结构，可以反映现实世界中实体之间更为复杂的联系，其基本特征是：结点数据间没有明确的从属关系，一个结点可与其他多个结点建立联系。

网络模型将数据组织成有向图结构，用连接或指针来确定数据间的显式连接关系，是具有多对多类型的数据组织方式，结构中结点代表数据记录，连线描述不同结点数据间的关系。网络模型可以描述现实生活中极为常见的多对多的关系，其数据存储效率高于层次模型，但其结构的复杂性限制了它在数据库中的应用。网络模型在一定程度上支持数据的重构，具有一定的数据独立性和共享特性，并且运行效率较高。

（三）关系模型

关系模型把数据的逻辑结构归结为满足一定条件的二维表形式。实体本身的信息以及实体之间的联系均表现为二维表，这种表就称为关系表。一个实体由若干个关系组成，而关系表的集合就构成关系模型。

在生活中表示实体间联系的最常用的方法就是表格。表格是同类实体的各种属性的集合，在数学上把这种二维表格叫作关系。二维表的表头，即表格的格式是关系内容的框架，这种框架叫作模式。关系由许多同类的实体所组成，每个实体对应于表中的一行，叫作一个元组。表中的每一列表示同一属性，叫作域。

二、空间数据模型

空间数据模型是关于现实世界中空间实体及其相互联系的描述，它为空间数据的组织和设计提供基本的思想和方法。空间数据模型建立在对地理空间的充分认识与完整抽象的地理空间认知模型的基础上，并用计算机能够识别和处理的形式化语言来定义和描述现实世界地理实体、地理现象及其相互关系，是现实世界到计算机世界的直接映射。空间数据模型为描述空间数据组织和设计空间数据库提供了基本方法，是 GIS 空间数据建模的基础。数据组织的优劣直接影响到空间数据库中数据查询、检索的方式、速度和效率。

根据空间实体的分布特征以及表达要求来看，空间数据模型大体上可以分为两种，即基于对象（要素）的模型和基于场（域）的模型。

（一）对象模型

基于对象的模型把地理空间看作不连续的、可观测的、具有地理参考的实体来处理，它强调对象的个体现象，以独立的方式或以与其他现象之间关系的方式来处理。

基于对象的模型把信息空间看作是许多对象（如城市、集镇、村庄等）的集合，而这些对象又具有自己的属性（如名称、边界、人口等）。这种模型中的实体可采用多种维度来定义属性，包括空间维、时间维、图形维和文本/数字维。在实际应用中，各种维度的属性是混合在一起的，如一个地块在不同时间可能有不同的形状、不同的利用方式、不同的所有者。因此，基于对象的建模方法往往是多维度的混合。

（二）场（域）模型

基于场（域）的模型是把空间存在的信息看作连续分布的空间信息的集合来处理，每个这样的分布可以表示为一个空间结构到属性域的数学函数。例如，大气污染物的分布、降雨范围及雨量、温度场、应力场等这些具有连续变化性质的空间现象最适合于用这种方法来处理和表示。

根据应用的不同，场（域）可以表现为二维或三维。一个二维场就是在二维空间中任何已知的地点上都有一个表征这一空间现象的值；而一个三维场就是在三维空间中对应于任何位置来说都有一个属性值。在问题研究中有不少空间现象，如大气污染物的分布，在本质上是三维空间现象，但往往可以用一个二维场来表示。

对于空间数据建模来说，场模型和对象模型的方法并不相互排斥，两者在许多情况下可以共存、共用，以发挥各自的长处。在 GIS 的数据结构设计和应用中，经常采用这两种模型的集成。例如，降雨量分布在特征上是场（域）模型，而降雨量数据的监测点在空间上是分散的、无规律的对象模型。

三、基本的空间数据模型

一种空间数据模型可以选择不同的建模方式来表达，利用不同的数据结构来进行数据的组织，而每一种数据结构又可能有多种文件格式进行存储。为了满足各种应用以及对较为复杂数据的组织和存储的需要，各种信息的数据模型（如面向对象的数据模型、3D 数据模型以及时空数据模型）也不断出现，其中栅格模型、矢量模型和不规则三角网模型是其中最为基本和常用的三种。

（一）栅格数据模型

栅格数据模型比较适宜于表示连续铺盖的空间对象，如温度场、重力场等。在栅格模型中点是一个像元，线由一串彼此相连的像元组成。当像元太粗糙而不能与空间目标相吻合时，就可能会丢失对象的某些细节信息。栅格模型中每一个栅格像元记录着不同的属性，像元的大小是一致的。像元的形状通常是正方形，有时也可以用等边三角形、矩形或六边形表达。

栅格的空间分辨率是指一个像元在地面所代表的实际面积的大小。对于一个面积为 100 km2 的区域，以 10 m 的分辨率来表示则需要有 10 000×10 000 个栅格，即一亿个像元。如果每个像元占一个计算机存储单元，即一个字节，那么这幅图像就要占用 100 兆字节的存储空间，这是相当大的。随着分辨率的提高，需要的存储空间将呈几何级数增加。因此，在栅格模型中，选择空间分辨率时需要考虑存储空间和处理时间，而且需要借助某种数据结构来压缩数据量，以节省存储空间。

栅格数据模型的一个优点是对不同类型的空间数据层可以进行叠加操作，不需要经过复杂的几何计算。但对于一些求交点、交换、运算（如比例尺变换、投影变换等）则不方便。

（二）矢量数据模型

矢量数据模型适合表达图形对象特征和进行高精度制图。

在矢量数据模型中，空间实体由点、线和面等实体及其集合来表示。在小比例尺图中，城镇这类对象可以用点表示，道路和河流由线表示。在较大比例尺图中，城镇被表示为一定形状的多边形，包括建筑物的边界、公园、道路等实体。

在矢量模型中，点实体为一个空间坐标对，线实体由点坐标串组成，构成多边形的折线是由首尾相连两点坐标表达，因此称为矢量。

（三）不规则三角网模型

不规则三角网（TIN）模型采用不规则三角形拟合地表或其他不规则表面，是建立数字地面模型或数字高程模型的主要方法之一。在 TIN 模型中，采样（数据）点的位置控制着三角形的顶点，这些三角形应尽可能接近等边三角形。TIN 的一个优点是其三角形大小随点的密度变化而自动变化，当数据点密集时生成的三角形小，对不规则表面的拟合精度就高。当需要把 TIN 转化为栅格，包括需要生成平滑的平面来消除三角面之间的不连续性时，可以通过线性或非线性内插的方法实现。

（四）面向对象的数据模型

虽然关系数据模型得到了普遍应用，但越来越多的数据类型对数据的存储提出了更高要求，如图形、图像以及声音等更加复杂的数据的表示、存储和管理；支持历史数据的存储表示和数据的版本化等等。对于这些要求，传统数据模型或者不支持，或者存在一些应用上的缺陷。人们普遍感到原有的数据模型已难以适应新的要求，迫切需要寻找新的数据模型来替代关系数据模型。因此，人们提出了采用面向对象和对象关系数据模型来建立空间数据库。

1. 面向对象方法中的基本思想

面向对象是一种方法学，它比较自然地模拟了人们认识客观世界的方式，能够建立比较完整的、易于人们理解的软件系统概念和机制，并且成为软件系统设计和实现的软件工程方法。面向对象的基本思想包括：

①从问题域中客观存在的事物出发来构造软件系统，用对象作为对这些事物的抽象表示，并以此作为系统的基本构成单位。

②事物的静态特征（可以用数据来表达的特征）用对象的属性来表示，事物的动态特征（事物的行为）用对象的服务或方法来表示。

③对象的属性与服务结合为一体，成为一个独立的实体，对外屏蔽其内部细节（即封装）。

④对事物进行分类，把具有相同属性和相同特征的对象归为一类。类是这些对象的抽象描述，每个对象是它的类的一个实例。

⑤通过在不同程度上运用抽象的原则，可以得到较一般的类和较特殊的类。特殊类继承一般类的属性与服务。

⑥复杂的对象可以用简单的对象作为其构成部分（即聚集）。

⑦对象之间通过消息进行通信，以实现对象之间的动态联系。

从以上可以看出，面向对象的方法以类的形式描述，并通过对类的引用而创建对象，它是系统的基本构成单元。这些对象对应着问题域中的各个事物，它们内部的属性与服务刻画了事物的静态特征和动态特征。类之间的继承关系、聚集关系、消息和联合真实地表达了问题域中事物之间的各种关系。这种分类结构能够直接模拟人们认识过程中由一般到特殊的演绎功能和由特殊到一般的归纳功能。

GIS 中经常要遇到多个继承的问题，这里举例说明两个不同的体系形成的多个继承。一个由人工和自然形成的交通线，另一个是以水系为主线。运河具有两方面的特性，即人工交通线和水系；而可航行的河流也有两方面的特性，即河流和自然交通线。其他一些类型如高速公路和池塘仅属于其中某一个体系。

2. 面向对象的几何抽象类型

考察 GIS 中的各种地物，在几何性质方面不外乎表现为四种类型，即点状地物、线状地物、面状地物以及由它们混合组成的复杂地物，因而这四种类型可以作为 GIS 中各种地物类型的超类。从几何位置抽象，点状地物为点，具有（x，y，z）坐标；线状地物由弧段组成，弧段由结点组成；面状地物由弧段和面域组成；复杂地物可以包含多个同类或不同类的简单地物（点、线、面），也可以再嵌套复杂地物。因此弧段聚集成线状地物，简单地物组合成复杂地物，结点的坐标由标识号传播给线状地物和面状地物，进而还可以传播给复杂地物。为了描述空间对象的拓扑关系，除了点、线、面、复杂地物外，还可以再加上结点、弧段等几何元素。

在定义一个地物类型时，除按属性类别分类外，还要声明它的几何类型。例如定义建筑物类时，声明它的几何类型为面状地物，此时它自动连接到面状地物的数据结构，继承超类的几何位置信息及有关对几何数据的操作。这种连接可以通过类标识和对象标识实现。

3. 面向对象的属性数据类型

关系数据模型和关系数据库管理系统基本上能够满足 GIS 中属性数据的表达与管理。但如果采用面向对象数据模型，语义将更加丰富，层次关系也更明了。与此同时，它又能吸收关系数据模型和关系数据库的优点，或者说它在包含关系数据库管理系统的功能基础上，在某些方面加以扩展，增加面向对象模型的封装、继承、信息传播等功能。

GIS 中的地物可根据国家分类标准或实际情况划分类型。如一个校园 GIS 的对象可分为建筑物、道路、绿化、管线等几大类，地物类型的每一大类又可以进一步分类，如建筑物可再分成教学楼、科研实验楼、行政办公楼、教工住宅、学生宿舍、后勤服务建筑、体育楼等子类；管线可再分为给水管道、污水管道、电信管道、供热管道、供气管道等。另外，几种具有相同属性和操作的类型可综合成一个超类。

（五）3D 数据模型

地理空间本质上就是三维的，但在过去的几十年里，二维地图是人们认识三维世界的工具，不同领域的人们大都无意识地接受了将三维现实世界、地理空间简化为二维投影的概念模型。

但随着应用的深入和实践的需要，人的认识空间（三维世界）与所用工具处理问题的方法空间（二维地图）不一致的矛盾日益突出，二维 GIS 简化世界和空间的缺陷渐渐暴露。现在 GIS 的研究人员和开发者们不得不重新思考地理空间的二维本质特征及在三维空间概念模型下的一系列处理方法。若从三维 GIS 的角度出发考虑，地理空间应有如下不同于二维空间的三维特征：①几何坐标上增加了第三维信息，即垂向坐标信息；②垂向坐标信息的增加导致空间拓扑关系的复杂化，其中突出的一点是无论零维、一维、二维还是三维对象，在垂向上都具有复杂的空间拓扑关系；如果说二维拓扑关系是在平面上呈圆状发散伸展的话，那么三维拓扑关系则是在三维空间中呈球状向无穷维方向伸展；③三维地理空间中的三维对象还具有丰富的内部信息（如属性分布、结构形式等）。目前研究较多的 3D 数据模型有三维体元充填模型、结构实体几何模型、边界表示模型、面向对象模型、拓扑数据模型等。

（六）时空数据模型

时空数据模型是一种有效组织和管理时态地理数据，属性、空间和时间语义更完整的地理数据模型。时空数据模型不仅要处理属性数据和空间数据，还要处理时间维上的空间属性状态及其变化，以及变化的过程与趋势。面向不同应用的时空数据管理变化要求，由于主要功能目的差异，需要选择不同的数据组织方式与时空数据模型。因此，围绕时空 GIS 的空间、属性、时态三者之间的复杂关系和组织结构，人们研究提出了多种时空数据模型，概括起来，大致可以分为 4 类：将时间作为属性的附加项、将时间作为新的维数、面向对象建模、基于状态和变化的统一建模，此处不再赘述。

第二节　空间数据结构与数据编码

数据结构即数据本身的组织形式，是指适合于计算机存储、管理和处理的数据逻辑结构形式，是数据模型和数据文件格式的中间媒介。

对现实世界的数据进行组织需要选择一种数据模型，数据模型需要通过数据结构来表达。同一种数据模型可以用多种数据结构表达。数据模型是数据表达的概念模型，数据结构是数据表达的物理实现，前者是后者的基础，后者是前者的实现。数据结构的选择取决于数据的类型、性质以及使用的方式，同时可以视不同的目标任务，选择最有效的、最合适的数据结构。

空间数据结构是指描述地理实体的空间数据本身的组织方法。矢量和栅格是最基本的两种数据结构。矢量结构是通过记录地理实体坐标的方式精确地表示点、线、面等实体的空间位置和形状。栅格结构是以规则的阵列来表示空间地物或现象分布的数据组织，结构中的每个数据表示地物或现象的非几何属性特征。

数据编码是实现空间数据的计算机存储、处理和管理，将空间实体按一定的数据结构转换为适合于计算机操作的过程。

一、矢量数据结构及其编码

矢量数据结构是指通过记录坐标的方式尽可能精确地表示点、线、面（多边形）等地理实体的数据组织形式。

（一）矢量数据结构编码的基本内容

1. 点实体

点是空间上不可再分的地理实体，可以是具体的也可以是抽象的，如地物点、文本位置点或线段网络的结点等。

点实体包括由单独一对 (x, y) 坐标定位的一切地理对象。在矢量数据结构中，除表达点实体的 (x, y) 坐标以外，还可以根据需要存储一些与点实体有关的信息来描述点实体的名称、类型、符号和显示要求等。

2. 线实体

线实体主要用来表示线状地物（公路、水系、山脊线）、符号线和多边形边界，有时也称为"弧""链""串"等。线实体由两对以上的 (x, y) 坐标串来定义，也可以定义为直线段组成的各种线性要素。弧、链是 $n\,(n \geq 2)$ 个坐标对的集合，这些坐标可以描述任何连续而又复杂的曲线。组成曲线的线元素越短，(x, y) 坐标数量越多，就越逼近于一条复杂曲线。弧和链的存储记录中也要加入线的符号类型等信息。

最简单的线实体只存储它的起止点坐标、属性、符号样式等有关数据。

其中，唯一标识是系统识别号。线标识码可以标识线的类型，起始点和终止点可以用点号或直接用坐标表示，显示信息是线的文本或符号等；与线实体相关联的非几何属性可以直接存储于线文件中，也可单独存储，而由标识码连接查找。

3. 面实体

面实体（有时又称为多边形、区域）数据通常用来表示自然或者人工的封闭多边形，如行政区、土地类型、植被分布等。一般表现为首尾相连的 (x, y) 坐标串来定义其边界信息，是描述地理空间信息最重要的一类数据。

多边形矢量编码，不但要表示位置和属性（名称、分类等），更重要的是能表达区域的拓扑特征，如形状、邻域和层次结构等。由于要表达的信息十分丰富，基于多边形的运算多而复杂，因此多边形矢量编码比点和线实体的矢量编码要复杂得多，也更为重要。

（二）矢量数据结构编码的方法

矢量数据结构的编码方式可分为实体式、索引式、双重独立式和链状双重独立式。

（1）实体式

实体式数据结构是以多边形为组织单元，对构成多边形的边界的各个线段进行组织。按照这种数据结构，边界坐标数据和多边形单元实体一一对应，各个多边形边界都单独编码。

这种数据结构具有编码容易、数字化操作简单和数据编排直观等优点，但这种方法也有明显缺点：

①相邻多边形的公共边界要数字化两遍，造成数据冗余存储，可能导致输出的公共边界出现间隙或重叠。

②缺少多边形的邻域信息和图形的拓扑关系。

③岛只作为一个单个图形，没有建立与外界多边形的联系。

因此，实体式编码只用在简单的系统中。

（2）索引式

索引式数据结构采用树状索引方式组织数据以达到减少数据冗余并间接增加邻域信息的目的。具体方法是对所有边界点进行数字化，将坐标对以顺序方式存储，由点索引与边界线号相联系，以线索引与各多边形相联系，形成树状索引结构。

树状索引结构消除了相邻多边形边界的数据冗余和不一致的问题，在简化过于复杂的边界线或合并多边形时可不必改造索引表，邻域信息和岛状信息可以通过对多边形文件的线索引处理得到，但是比较烦琐，因而给邻域函数运算、消除无用边、处理岛状信息以及检查拓扑关系等带来一定的困难，而且两个编码表都要以人工方式建立，工作量大且容易出错。

（3）双重独立式

双重独立式（DIME）数据结构最早由美国人口统计局为了进行人口普查分析和制图而专门研制的，其以直线段（城市街道）为编码主体，特点是采用了拓扑编码结构，最适合于城市信息系统。

在双重独立式数据结构中，节点与节点或者面域与面域之间为邻接关系，节点与线段或者面域与线段之间为关联关系。这种邻接和关联的关系称为拓扑关系。利用这种拓扑关系来组织数据，可以有效地进行数据存储正确性检查，同时便于对数据进行更新和检索。

此外，这种数据结构除了线 —— 多边形、线 —— 点关系之外，还需要表达点 —— 点、多边形 —— 线的关系，这里不再列出。

（4）链状双重独立式

链状双重独立式数据结构是 DIME 数据结构的一种改进。在 DIME 中，一条边只能用直线两端点的序号及相邻的面域来表示，而在链状数据结构中，将若干直线段合为一个弧段（或链段），每个弧段可以有许多中间点。

在链状双重独立数据结构中，主要有四个文件：多边形文件、弧段文件、弧段坐标文件、结点文件。多边形文件主要由多边形记录组成，包括多边形号、组成多边形的弧段号以及周长、面积、中心点坐标及有关"洞"的信息等；多边形文件也可以通过软件自动检索各有关弧段生成，并同时计算出多边形的周长和面积以及中心点的坐标；当多边形中含有"洞"时则此"洞"的面积为负，并在总面积中减去，其组成的弧段号前也冠以负号。弧段文件主要由弧记录组成，存储弧段的起止结点号和弧段左右多边形号。弧段坐标文件由一系列点的位置坐标组成，一般从数字化过程获取，数字化的顺序确定了这条链段的方向。结点文件由结点记录组成，存储每个结点的结点号、结点坐标及与该结点连接的弧段。结点文件一般通过软件自动生成，因为在数字化过程中，由于数字化操作的误差，各弧段在同一结点处的坐标不可能完全一致，需要进行匹配处理。当其偏差在允许范围内时，可取同名结点的坐标平均值。如果偏差过大，则弧段需要重新数字化。

二、栅格数据结构及其编码

（一）栅格结构的图形表示

栅格结构是最简单、最直观的空间数据结构，又称像元结构，是指将地球表面划分为大小均匀、紧密相邻的网格阵列，每个网格作为一个像元或像素，由行号、列号定义，并包含一个代码表示该像素的属性类型或量值，或仅仅包含指向其属性记录的指针。点实体在栅格数据结构中表示为一个像元；线实体则表示为在一定方向上连接成串的相邻像元集合；面实体由聚集在一起的相邻像元集合表示。

（二）栅格结构编码方法

鉴于栅格数据的数据量非常大，冗余数据很多，栅格结构的编码方法多采取数据压缩的方法。压缩编码有信息保持编码和信息不保持编码两种。信息保持编码指编码过程中没有信息损失，通过解码操作可以恢复原来的信息；信息不保持编码是指为了最大限度地压缩数据，在编码过程中要损失一部分不太重要的信息，解码时这部分信息难以恢复。GIS 中多采用信息保持编码，而对于原始遥感图像进行压缩编码时，有时也采用信息不保持的压缩编码方法。

1. 直接栅格编码

直接栅格编码就是将栅格看作一个数据矩阵，逐行逐个记录代码数据。可以每行都从左到右，也可奇数行从左到右，或者采用其他特殊的方法。

2. 行程编码

又称为游程长度编码，是栅格数据压缩的重要编码方法，也是图像编码中比较简单的方式之一。所谓的行程就是指行（或列）上具有相同属性值的相邻像元的个数。在行程编码中，将原图只表示属性的数据阵列变成数据对（A，P），其中 A 为属性值，P 表示行程。

这种编码在栅格加密时，数据量不会明显增加，压缩效率高，它最大限度地保留了原始栅格结构，编码解码运算简单，且易于检索、叠加、合并等操作，因而这种压缩编码方法得到了广泛的应用。

3. 块码

块码是行程编码向二维扩展的情况，又称二维行程编码，采用方形区域作为记录单元，每个记录单元包括相邻的若干栅格，数据结构由初始位置（行、列号）和半径，再加上记录单元的代码组成。

一个多边形所包含的正方形越大，多边形的边界越简单，块状编码的效率就越好。块状编码对大而简单的多边形有效，而对那些碎部较多的复杂多边形效果并不好。块状编码在合并、插入、检查延伸性、计算面积等操作时有明显的优越性，而对某些运算不适应，必须转换成简单数据形式才能顺利进行。

4. 链式编码

链式编码又称为弗里曼（Freeman）编码或边界链码，它将线状地物或区域边界表示为由某一起始点和在某些基本方向上的单位矢量链组成。单位矢量的长度为一个栅格单元，每个后续点可能位于其前继点的 8 个基本方向之一。

5. 四叉树编码

四叉树实际上是栅格数据结构的一种压缩数据的编码方法，其基本思想是将一幅栅格地图或图像等分为四部分，逐块检查其格网属性值（或灰度）。如果某个子区的所有格网都具有相同的值，则这个子区就不再继续分割，否则还要把这个子区再分割成四个子区。这样递次地分割，直到每个子块都只含有相同的属性值或灰度为止。

四叉树结构按其编码的方法不同又分为常规四叉树和线性四叉树。

常规四叉树除了记录叶结点之外，还要记录中间结点。结点之间借助指针联系，每个结点需要用六个量表达：四个子结点指针，一个父结点指针和一个结点的属性或灰度值。这些指针不仅增加了数据存储存量，而且增加了操作的复杂性。常规四叉树主要在数据索引和图幅索引等方面应用。

线性四叉树只存储最后叶结点的信息，包括结点的位置、深度和本结点的属性或灰度值。所谓深度是指处于四叉树的第几层上。由于线性四叉树只存储每个叶结点的三个量，数据量比常规四叉树大为减少，因而应用广泛。

线性四叉树叶结点的编号需要遵循一定的规则，这种编号称为地址码，它隐含了叶结点的位置和深度信息。最常用的地址码是四进制或十进制的 Morton 码。

（1）基于四进制的线性四叉树编码

对一个 $n \times n (n=2^k, k>1)$ 的栅格方阵组成的区域作四叉树编码，其中 k 称为分辨率。第一分割四个子象限，它们分别包括：

$$\left.\begin{array}{l} P_0 \supset P[i,j]\left(i=1,\dfrac{n}{2}; j=1,\dfrac{n}{2}\right) \\[4mm] P_1 \supset P[i,j]\left(i=1,\dfrac{n}{2}; j=\dfrac{n}{2}+1,n\right) \\[4mm] P_2 \supset P[i,j]\left(i=\dfrac{n}{2}+1; j=1,\dfrac{n}{2}\right) \\[4mm] P_3 \supset P[i,j]\left(i=\dfrac{n}{2}+1; j=\dfrac{n}{2}+1,n\right) \end{array}\right\}$$

$$（6-1）$$

如果要再分割下一层，其子象限分别为：

$$\left.\begin{array}{l} P_{00} \supset P[i,j]\left(i=1,\dfrac{n}{4}; j=1,\dfrac{n}{4}\right) \\[4mm] P_{01} \supset P[i,j]\left(i=1,\dfrac{n}{4}; j=\dfrac{n}{4}+1,\dfrac{n}{2}\right) \\[2mm] \cdots\cdots \\[2mm] P_{10} \supset P[i,j]\left(i=1,\dfrac{n}{4}; j=\dfrac{n}{2}+1,\dfrac{3}{4}n\right) \\[2mm] \cdots\cdots \\[2mm] P_{33} \supset P[i,j]\left(i=\dfrac{3}{4}n+1; j=\dfrac{3}{4}n+1,n\right) \end{array}\right\}$$

$$（6-2）$$

式中，"⊃"表示包含；标号0、1、2、3分别表示左上、右上、左下、右下四个子象限。

根据上述公式可以求得任意一个小象限在全区的位置。在分割过程中，标号的位置不断增加，其标号即为四进制 Morton 码，用 MQ 表示。MQ 的每一位都是不大于3的四进制数，并且每经过一次分割增加一位数字。分割的次数越多，所得到的子区就越小，相应的 MQ 位数越多。最后叶结点的 Morton 码是所有各位上相应的象限值相加，即：

$$M_Q = q_1q_2q_3\cdots q_k = q_1 \times 10^k + q_2 \times 10^{k-1} + \cdots + q_k$$

$$(6-3)$$

如前所述，这种自上而下分割的方法需要大量重复运算，因而应用得比较少。对于自下而上合并的方法，则是将二维矩阵的每个元素的下标转换成 Morton 地址码，并将元素按码的升序排列成线性表。其建立的过程如下：

先将十进制的行列号转换成二进制表示，然后按下式计算每个栅格单元对应的 Morton 码：

$$M_Q = 2I_b + J_b$$

$$(6-4)$$

式中，Ib 为二进制行号；Jb 为二进制列号。

在排好序的线性表中，依次检查四个相邻的 MQ 码对应的栅格值，如果相同则可合并为一个大块，否则将四个格网值记盘，内容包括 MQ 码、深度和格网值。这一轮检测完成后依次检查四个大块的格网值，如相同就再合并，不同则分别记盘。如此循环，直到没有能够合并的子块为止。

（2）基于十进制的线性四叉树编码

基于四进制的线性四叉树虽然直观上很切合四叉树的分割，但是大部分语言不支持四进制变量，需要用十进制的长整型量表示 Morton 码，这是一种浪费；同时线性表的排序过程也要花费较多的时间，因此逐渐采用十进制的 Morton 码作为线性四叉树的地址码，并且采用自下而上的合并方法建立四叉树。这种十进制的 Morton 码（简称 MD 码）是从 0 ~ M 的自然数，合并过程的扫描方法可直接按这种自然码的顺序进行。前后两个码之差即代表了叶结点的大小，因此也就省去了叶结点深度的存储。

计算 MD 码的方法很多，在此只介绍一种按位操作的计算法。设十进制表示的行、列号在计算机内部的二进制数分别为：

$$II = i_n i_{n-1}\cdots i_3 i_2 i_1, JJ = j_n j_{n-1}\cdots j_3 j_2 j_1$$

十进制的 Morton 码实际上是 II、JJ 的二进制数字交叉结合的结果，即：

$$M_D = i_n j_n i_{n-1} j_{n-1} \cdots i_3 j_3 i_2 j_2 i_1 j_1$$

$$(6-5)$$

将得到的 MD 由二进制数再转换为十进制数即可。用类似的方法，也可以由 MD 码反求栅格单元的行列号。

三、栅格 ——矢量数据结构互相转换

（一）矢量、栅格数据结构比较

矢量数据结构表示的数据量小而精度高，易于建立和分析图形的拓扑关系和网络关系。但是它在空间分析运算上比较复杂，特别是缺乏与遥感数据、数字高程数据直接结合的能力。

栅格数据结构在空间运算方面要简单得多，且较容易与遥感数据和数字高程数据直接结合。但它的数据量相对较大，精度相对较低，难以建立空间实体间的拓扑关系，不利于目标的检索等。

这两种结构各有优缺点，也有各自的特点（表6-1）。因此在当前的地理信息系统中，呈现出两种数据结构并存的局面，并可以通过计算机软件实现两种结构的高效转换。

表 6-1　栅格、矢量数据结构特点比较

内容	矢量格式	栅格格式
数据量	小	大
图形精度	高	低
图形运算	复杂、高效	简单、低效
遥感影像格式	不一致	一致或接近
输出表示	抽象、昂贵	直观、便宜
数据共享	不易实现	容易实现
拓扑和网络分析	容易实现	不易实现

（二）矢量、栅格数据结构相互转换

1. 矢量向栅格的转换

矢量数据的坐标是平面直角坐标（X，Y），其坐标起始点一般取图的左下方；栅格数据的基本坐标是行和列（I，J），其坐标起始点是图的左上方。两种数据变换时，令直角坐标系 X 轴、Y 轴分别与行和列平行。由于矢量数据的基本要素是点、线、面，矢量向栅格的转换实际就是实现点、线和面向栅格的转换。

（1）确定栅格单元的大小

栅格单元的大小即栅格数据的分辨率，应根据原图的精度、变换后的用途及存储空间等因素来决定。如果变换后要和卫星图像匹配，最好采用与卫星图像相同的分辨率。如果要作为地形分析用，地形起伏变化小时，分辨率可以低些，栅格单元就可大些；而地形变化大时，分辨率就应当高些，栅格单元就要小些。

栅格单元的边长在坐标系中的大小用 ΔX 和 ΔY 表示。设 X_{max}、X_{min} 和 Y_{max}、Y_{min} 分别表示全图 X 坐标和 Y 坐标的最大值和最小值，I、J 表示全图格网的行数和列数，它们之间的关系为：

$$\begin{cases} \ddot{A}X = \dfrac{X_{max} - X_{min}}{J} \\ \ddot{A}Y = \dfrac{Y_{max} - Y_{min}}{I} \end{cases}$$

$$(6-6)$$

行数和列数根据分辨率确定，取整数。

（2）点的变换

点 (x, y) 的变换很简单，只要点落在某个栅格中，就属于那个格网单元，其行列号 i、j 可由下式求出：

$$\begin{cases} i = 1 + INT\left(\dfrac{Y_{max} - Y}{\ddot{A}Y}\right) \\ j = 1 + INT\left(\dfrac{X - X_{min}}{\ddot{A}x}\right) \end{cases}$$

$$(6-7)$$

式中，INT 表示取整函数。栅格点的值用点的属性表示。

（3）线的变换

曲线可以近似地看成是由多个直线段组成的折线，因此曲线的转换实质就成了构成曲线的直线段集合的转换。

直线段的转换除了计算直线段的起点和终点的行列号之外，还需要求出该直线段中间经过哪些格网单元。

假设某线段两端点的坐标为 (X_1, Y_1)，(X_2, Y_2)，两个端点的行、列号已经求出，其行号分别为 3 和 7，则中间网格的行号必为 4、5、6。其网格中心线的坐标应为：

$$Y_i = Y_{max} - \ddot{A}Y \cdot \left(i - \dfrac{1}{2}\right)$$

$$(6-8)$$

而与直线段交点的 X 坐标为：

$$X_i = \frac{X_2 - X_1}{Y_2 - Y_1}(Y_i - Y_1) + X_1$$

（6-9）

由 X 值再根据式（6-7）求出这一点的列号 J。依次求出直线经过的每一个网格单元，并用直线的属性值去充填这些网格，就完成了线段的转换。整个曲线或多边形边界经分段连续运算即可以完成曲线或多边形边界的转换。与此类似，也可以先计算出两端点的列数，知道直线要经过哪些列，然后计算各列中心线的 Y 值，再求相应的行数 I。

（4）面的充填

在矢量结构中，面域用边界线段表示，面域中间则是空白的。而在栅格结构中，整个面域所在的栅格单元都要用属性值充填，而不能用背景值。因此边界线段转换后，多边形面域中，还必须用属性值充填。

充填的方法很多，而关键问题是使计算机能正确判断哪些栅格单元在多边形之内，哪些在多边形之外。为此，多边形必须严格封闭，没有缝隙。面域充填的方法主要有：

①射线算法

该算法中常用的有平行线扫描法和铅垂线跌落法。前一种方法是从待检验的栅格单元作一条平行于 X 轴的扫描线，当与多边形相交的点数为偶数时，则该栅格在多边形之外，当交点为奇数时，则该栅格在多边形之内。

为了避免误判，可以同时采用这两种方法检验，只要一种方法交点为奇数，该点就在多边形之内。遍历所有栅格单元，凡在多边形内的点均充填同一属性值。

②边界点跟踪算法（扫描算法）

多边形边界的栅格单元确定后，从边界上的某栅格单元开始，按顺时针方向跟踪单元格，以保证多边形位于前进方向的右方。

③内部点扩散算法

在多边形边界栅格确定后，寻找多边形中的一个栅格作为种子点，然后向其相邻的八个方向扩散。如果被扩散的栅格是边界栅格，就不再作为种子点向外扩散，否则继续作为种子点向外扩散，重复上述过程直到所有种子点填满该多边形为止。

④复数积分算法

对全部栅格阵列逐个栅格单元判断栅格归属的多边形编码，判别方法是由待判点对每个多边形的封闭边界计算复数积分，对某个多边形，如果积分值为 23，则该待判点属于此多边形，赋予多边形编号，否则在此多边形外部，不属于该多边形。

⑤边界代数算法

边界代数多边形填充算法（BAF），是任伏虎博士等设计并实现的一种基于积分思想的矢量格式向栅格格式转换算法。它适合于记录拓扑关系的多边形矢量数据转换为栅格结构。

事实上，每幅数字地图都是由多个多边形区域组成的。如果把不属于任何多边形的区域（包括无穷远点）看成一个编号为零的特殊区域，则每一条边界弧段都与两个不同编号的多边形相邻，按边界弧段的前进方向分别称为左、右多边形，可以证明，对于这种多个多边形的矢量向栅格转换问题，只需要对所有多边形的边界弧段做如下运算而不需要考虑排列次序：当边界弧段上行时，该弧段与左图框之间栅格增加一个值（左多边形编号减去右多边形编号）；当边界弧段下行时，该弧段与左图框之间栅格增加一个值（右多边形编号减去左多边形编号）。

边界代数法与其他算法的不同之处在于它不是逐点搜寻判别边界，而是根据边界的拓扑信息，通过简单的加减代数运算将拓扑信息动态地赋予各栅格点，实现了矢量格式到栅格格式的转换。由于不需考虑边界与搜索轨迹之间的关系，因此算法简单，可容性好，而且由于仅采用加减代数运算，每条边界仅计算一次，免去了公共边界重复运算，又可不考虑边界存放的顺序，因此运算速度快，同时较少受内存容量的限制。

2. 栅格向矢量的转换

栅格向矢量的转换过程比较复杂，它有两种情况：①待转换的栅格数据为遥感影像或栅格化的分类图，在矢量化之前需要先将它处理成二值图像（简称二值化），然后再将它转换成坐标表达的矢量数据；②待转换的栅格数据来自线划图的二值化扫描，二值化后的线划宽度往往占据多个栅格，这时需要进行细化处理后才能矢量化。具体的步骤为：

（1）边界提取

边界提取是图像处理中的一个专门问题，方法较多，这里介绍一种简单方法。这种方法是用一个 2×2 栅格的窗口，按顺序沿行列方向对栅格图像进行扫描。如果窗口内的四个格网点值相同，它们就属于一个等值区，而无边界通过，否则就存在多边形的边界或边界结点。如果窗口内有两种栅格值，这四个栅格均标识为边界点，同时保留原栅格的值，如果窗口内有三个以上不同的值，则标识为结点。对于对角线上两两相同的情况，由于造成多边形边界的不连通，也作为边界处理。

边界搜索按线段逐个进行。从搜索到的某一边界窗口开始，下一点组的搜索方向由进入当前点组的搜索方向和将要搜索的后续点的可能走向决定。

（2）二值化

所谓二值化就是将图像中的灰度取一个阈值，凡高于阈值的灰度取 1，低于阈值的灰度取 0。设阈值为 V，则二值化后的像元灰度值为：

$$T(i,j) = \begin{cases} 1 & 当 f(i,j) \geqslant \tau 时 \\ 0 & f(i,j) < \tau 时 \end{cases}$$

（6-10）

（3）细化

细化也称为栅格数据的轴化，就是将占有多个栅格宽的图形要素缩减为只有单个栅格宽的图形要素的过程。细化的方法很多，这里介绍两种较常用的细化方法。

①剥皮法

剥皮的概念就是每次删掉外层的一些栅格，直到最后只留下彼此连通的由单个栅格组成的图形。剥皮的方法也有多种，其中一种的具体做法是：用一个 3×3 的栅格窗口，在栅格图上逐个检查每个栅格单元，被查栅格能否删去，其原则是不允许剥去会导致图形不连通的栅格，也不能在图形中形成孔。

②骨架法

这种方法就是确定图形的骨架，而将非骨架上的多余栅格删除。具体做法是扫描全图，凡是像元值为 1 的栅格都用 V 值取代。V 是该栅格与北、东和北东三个相邻栅格像元之和，即：

$$V = f(i,j) + f(i-1,j) + f(i,j+1) + f(i-1,j+1)$$

$$(6-11)$$

（4）矢量化

栅格数据矢量化的过程如下：第一步类似于栅格采用链码的栅格跟踪过程，找出线段经过的栅格；第二步将栅格（i，j）坐标变成直角坐标（X，Y），每个网格中心的坐标为：

$$\begin{cases} X = X_{min} + \left\{ Äx \times j - \dfrac{Äx}{2} \right\} \\ Y = Y_{min} + \left\{ Äy \times i - \dfrac{Äy}{2} \right\} \end{cases}$$

$$(6-12)$$

矢量结构的数据点不需要像栅格那样充满路径，因此对于多余的中间点可以删除。可以用每三个点是否在一条线上作为检查，如在一条线上，则中间点可删除。对于曲线弧段，必要时还可用其他方法删除过多的中间点。

四、栅矢一体化数据结构

（一）栅矢一体化结构的基本概念

多数 GIS 软件都同时具有矢量和栅格两种数据结构，并能实现两种数据结构之间的转换。但这需要增加更多的存储空间和运算处理时间，因而并非理想的方案。为使系统能用于多种目的，需要研究一种同时具有矢量和栅格两种特性的一体化数据结构。

点状目标在矢量结构中用坐标对（x，y）来表达，在栅格结构中用栅格元子表达；线状目标在矢量结构中用（x，y）坐标串来显示，在栅格结构中一般用在一定方向上连接成串的相邻像元集合来填满整个路径；对于面状空间目标，基于矢量结构的表达主要使用边界表达的方法，而在栅格结构中，它一般用聚集在一起的相邻像元集合填充表达的方式。因此，为了能够将矢量和栅格的概念统一起来，发展矢量栅格一体化的数据结构，可以将矢量方法表示的点、线和面目标也用元子空间填充表达，这样的数据就具有矢量和栅格双重性质。一方面它保留了矢量数据的全部特性，目标具有明显的位置信息，并能建立拓扑关系；另一方面又建立了栅格和地物的关系，即路径上的任一点都与目标直接建立了联系。

为了实现地理数据的矢栅一体化的存储，这里对点、线和面的基本类型作如下约定：

①地面上的点状地物是地球表面上的点，它仅有空间位置，没有形状和面积，在计算机内部仅有一个数据位置。

②地面上的线状地物是地球表面的空间曲线，它有形状但没有面积。它在平面上的投影是一条连续不间断的直线或曲线。

③地面上的面状地物是地球表面的空间曲面，有形状和面积。

（二）细分格网

矢栅一体化存储的关键是栅格数据的存储，但栅格数据存储的首要任务是栅格空间分辨率大小的确定。栅格单元划分得过细，存储空间过大；栅格单元划分得粗略，就难以满足栅格数据精度表达的要求。

为了解决这个矛盾，可利用基本格网和细分格网的方法，来提高点、线（包括面状目标边界线）数据表达的精度。①基本格网划分。将全图划分成空间分辨率较低的基本格网栅格阵列，在该栅格矩阵中，每个像元所占用的实际范围较大，栅格阵列的栅格数量较少，每一栅格称为基本格网单元；②细分格网。在有地理实体（点、线目标等）通过的基本格网内，再根据精度表达的需求进行细分，精度要求高时，可以分成256×256个细格网；精度要求较低时，可分成16×16个细格网。

为使数据格式一致，基本格网和细分格网都采用线性四叉树的编码方法，将采样点和线性目标与基本格网的交点用两个Morton码表示（均用十进制Morton码，简称M码）。前一个M1码表示该点所在的基本格网的地址码，后一个M2表示该点对应的细分格网的Morton码，亦即将一对(X, Y)坐标转换成两个Morton码。例如$X=210.00$，$Y=172.32$，可以转换成为$M_1=275$，$M_2=2690$。

这种方法可以将栅格数据的精度提高256倍，而存储量仅在有点、线通过的格网上增加两个字节。当细分格网为16×16时，精度提高16倍，存储量仅增加一个字节。

（三）栅矢一体化数据结构设计

1. 点状地物和结点的数据结构

根据基本约定，点仅有位置，没有形状和面积，不必将点状地物作为一个覆盖层分解成四叉树，只要将点的坐标转化为Morton地址和，而不管整个构形是否为四叉树。这种结构简单灵活，不仅便于点的插入和删除操作，而且能处理一个栅格内包含多个点状目标的情况。所有点状地物以及弧段之间的结点可以用一个文件表示，其结构如表6-2所示。这种结构几乎与矢量数据结构完全一致。

表 6-2　点状地物和结点的数据结构

点标识号	M_1	M_2	高程 Z
…	…	…	…
10025	43	4082	432
10026	105	7725	463
…	…	…	…

2. 线状地物的数据结构

根据对线状地物的约定，线状地物有形状而没有面积，并且表达形状应包含整个路径。没有面积意味着线状地物和点状地物一样不必用一个完全的覆盖层分解为四叉树，而只要用一串数字来表达每个线状地物的路径即可，亦即把该线状地物所经过的栅格地址全部记录下来。一个线状地物可能由几条弧段组成，所以应先建立弧段的数据文件，如表 6-3 所示。

表 6-3　弧段的数据结构

弧标识号	起始点号	终结点号	中间点串（M_1, M_2, M_3）
…	…	…	…
20078	10025	10026	58, 7749, 435, 92, 4377, 439…
20079	10026	10032	90, 432, 502, 112, 4412, 496…
…	…	…	…

表 6-3 中的起结点和终结点是该弧段的两个端点，它们与表 6-2 联结可以建立起弧段和结点之间的拓扑关系。表中的中间点串不仅包含了原始取样点（已转换成用 M1 和 M2 表示），而且包含了该弧段路径通过的所有网格边的交点，它所包含的码填满了整个路径。这种结构也顾及了线性地物在地表的空间特征。

虽然这种数据结构比单纯的矢量结构增加了一定的存储量，但它解决了线状地物的四叉树表达问题，使它能与点状和面状地物一起建立统一的基于线性四叉树编码的数据结构体系，从而使点状地物与线状地物相交、线状地物相互之间相交、线状地物与面状地物相交的查询总是变得相当简单和快速。

有了弧段的数据文件，线状地物的数据结构只是它的集合表示，如表 6-14 所示。

表 6-4　线状地物的数据结构

线标识号	...	300031	30032	...
弧段标识号	...	20078，20079	20092，20098，20099	...

3.面状地物的数据结构

按照基本约定，一个面状地物应包含边界和边界所包围的整个面域。面状地物的边界由弧段组成，它同样可用表 6-3 那样的数据文件表示。此外，它还应包含面域的信息，而这种信息则由线性四叉树或二维行程编码表示。

各类不同的地物可以形成多个覆盖层，例如建筑物、广场等可为一个覆盖层，土地类型和煤层分布又可形成另外两个覆盖层。这里规定每个覆盖层都是单值的，即每个栅格内仅有一个面状地物的属性值，每个层可用一棵四叉树或一个二维行程编码来表示。叶结点的值可以是属性值，也可以是目标的标识号，并且可以用循环指针指向将同属于一个目标的叶结点链接起来，形成面向地物的结构。表 6-5 是对应的二维线性表。表中的循环指针指向该地物的下一个子块的记录（或地址码），并在最后指向该地物本身。如表中的 0、2、4、6、8 为地物的属性值，其余数字均为循环指针。只要进入第一块就可以顺着指针直接提取该地物的所有子块，避免像栅格矩阵那样为了查询某一个目标而遍历整个矩形，从而大大加速了查询速度。

表 6-5　带指针的二维行程表

二维行程 M 码	循环指针属性值	二维行程 M 码	循环指针属性值
0	8	32	38
7	12	36	39
8	16	38	40
12	17	39	4
16	0	42	2
17	36	48	8
25	48		

对于面状地物中的边界格网，采用以面积为指标的四舍五入的方法确定其格网值，即两地物的公共格网值取决于地物面积比重大的格网。如果要求更精确地进行面积计算或叠置运算，则可进一步引用弧段的边界信息。

表 6-3 的弧段文件和表 6-5 的二维行程编码文件是面状地物数据结构的基础。文

件结构如表6-6所示。

表6-6　面状地物的数据结构

面标识号	弧标识号串	面块头指针
4001（A）	2001，2002，2003	0
4001（B）	2002，2004	16
4003	2004，…	64
…	…	…

可见这种数据结构是面向目标的，并具有矢量的特点。此外，通过面状地物的标识号可以找到它的边界弧，并顺着指针可提取出所有中间面块。同时这种结构又具有栅格的全部特征。表6-5中的M码表达了位置的相互关系，前后两个M码之间隐含了该子块的大小。一个覆盖层形成一个二维行程表，全部记录表示的面块覆盖了研究区域的整个平面。给出任意一点的位置，都可以从表中顺着指针找到面状地物的标识号，并确定是哪一类地物。

五、镶嵌数据结构

镶嵌是一个很活跃的研究领域，近年来各国学者围绕镶嵌理论、技术与方法进行了大量研究，包括地图的矢量分割与栅格分割、2D镶嵌与3D镶嵌等。有学者对空间镶嵌进行了分类研究，提出特征为主和空间为主的两种镶嵌单元，其中前者主要是不规则形状的，后者则可以分为无约束和受约束两类（受约束类镶嵌可以是层次的或非层次的）。

镶嵌数据结构是基于连续铺盖的，即用二维铺盖或划分来覆盖整个区域。镶嵌是矢量结构的逻辑对偶，有时也称为多边形网格模型。铺盖的特征参数包括尺寸、形状、方位和间距。对同一现象可以有若干不同尺度、不同聚分性的铺盖。镶嵌数据结构包括规则镶嵌数据结构和不规则镶嵌数据结构，特别适应于三维离散点状空间数据的表达。规则镶嵌最典型的应用模型是格网数字高程模型，其中基于正方形铺盖的栅格数据结构为规则铺盖的特例；不规则镶嵌最典型的数据结构是Voronoi图和Delaunay不规则三角网，可以当作拓扑多边形处理。

（一）规则镶嵌数据结构

所谓规则镶嵌数据结构，即用规则的小面块集合来逼近自然界不规则的地理单元。在二维空间中虽有多种可能的规则划分方法，但为了便于有效地寻址，网格单元必须具有简单的形状和平移不变性。

构造规则镶嵌的具体做法是：用数学手段将一个铺盖网格叠置在所研究的区域上，把连续的地理空间离散为互不覆盖的面块单元（网格）。划分之后，简化了空间变化的描述，同时也使得空间关系（如毗邻、方向和距离等）明确，可进行快速的布尔集合运算。在这种结构中每个网格的有关信息都是基本的存储单元。

从数据结构上看，规则网格系统的主要优点在于其数据结构为通常的二维矩阵结构，每个网格单元表示二维空间的一个位置，不管是沿水平方向还是沿垂直方向均能方便地遍历这种结构。处理这种结构的算法很多，并且大多数程序语言中都有矩阵处理功能。此外，以矩阵形式存储的数据具有隐式坐标，不需要进行坐标数字化；规则网格系统还便于实现多要素的叠置分析。因而，规则铺盖是一种重要的空间数据处理工具。

（二）不规则镶嵌数据结构

不规则镶嵌数据结构是指用来进行镶嵌的小面块具有不规则的形状或边界，其典型数据结构是 Voronoi 图和 Delaunay 不规则三角网。

如果把空间邻接定义为多边形邻接，并把围绕各物体的 Voronoi 多边形的边界用等距离准则来确定，则所有地图上的物体（此处为点和线段）就具有明确的邻居关系。从这一思想出发，就可导出一种统一的途径来处理许多空间问题。

Delaunay 三角网是 Voronoi 图的对偶，是将 Voronoi 图中各多边形单元的内点连接后得到一个布满整个区域而又不互相重叠的三角网结构。

Voronoi 多边形是一种重要的混合结构：融图论与几何问题求解为一体，是矢／栅空间模型的共同观察途径。在二维空间，Voronoi 多边形在求解"全部最近邻居问题"、构造凸壳、构造最小扩展树以及求解"最大空圆"等问题中，被用做优化算法的第一个步骤。在模式识别中，Voronoi 多边形的应用也越来越广泛。Voronoi 多边形的建立也是计算两个平面图形集合之间最小距离优化算法的预处理步骤。Voronoi 多边形在地理学、气象学、结晶学、天文学、生物化学、材料科学、物理化学等领域均得到广泛应用（晶体生长模型、天体的爆裂等）。例如，在考古学中，用 Voronoi 多边形作为绘制古代文化中心的工具，以及用 Voronoi 多边形来研究竞争的贸易中心地的影响；在生态学中，一种生物体的幸存者依赖于邻居的个数，它一定要为食物和光线而斗争，森林种类和地区动物的 Voronoi 图被用来研究太拥挤的"后果"。

Voronoi 多边形是不规则的、最基本的和最重要的几何构造。Voronoi 多边形的边数多少与周围数据点的个数有关。这种多边形具有下列特性：

①多边形的边界线为两邻近数据点连线的垂直二等分线。

②每个多边形包含一个原始数据点。

③多边形内的任何点比多边形外的任何其他点更靠近于多边形内的数据点（只有一个）。

在不少情况下，不规则网格具有某些优越性，主要表现在：可以消除数据冗余，网格的结构本身可适应于数据的实际分布。这种模型是一种变化分辨率的模型，因为基本多边形的大小和密度在空间上是变动的。

不规则网格能进行调整，以反映空间每一个区域中的数据事件的密度。这样，每个单元可定义为包含同样多数据事件，其结果是数据越稀，则单元越大；数据越密，则单元越小。

单元的大小、形状和走向反映着数据元素本身的大小、形状和走向，这对于目测分析不同类型是很有用的。

Voronoi 多边形可以很有效地用于计算机处理中的许多问题，诸如邻接、接近度和可达性分析等，以及解决最近点问题、最小封闭圆问题。

尽管各种不规则网格能很好地适用于特定的数据类型和一些分析过程，但对于其他一些空间数据处理和分析任务却无能为力。例如，即便把两个不规则网格覆盖在一起也是极为困难的，生成不规则网格过程是相当复杂且很费时的。由于这两个原因，使许多不规则网格仅用于一些特定场合，作为数据库的数据模型需要作进一步的研究。

然而，将 Voronoi 多边形中参考点连接起来，即形成 Delaunary 三角网，可在地理信息系统或者数字高程模型 TIN 模块中广泛使用。Delaunary 三角网可以由 Voronoi 图构造，也可以根据离散点直接构造。

第三节　地理空间数据库与数据库管理系统

一、空间数据库的概念

空间数据库是地理信息系统的核心，地理信息系统几次重大的技术革命都是与空间数据库管理系统的技术发展相关的。20 世纪 80 年代，文件系统与关系数据库管理系统结合的空间数据管理方式和 90 年代末出现的对象关系数据库管理系统都代表着当时 GIS 软件的基本特征。

空间数据库具有通用数据库的基本内涵，它是大量具有相同特征数据集的有序集合，它需要数据库管理系统进行管理，需要有数据查询与浏览的界面，同时要考虑多用户访问的安全机制问题。它也遵循数据库的模式，具有物理模型、逻辑模型和概念模型，但是它不能直接采用通用数据库的关系模型。如果采用商用的关系数据库进行管理，也要对它进行扩展，使之成为对象关系数据模型进行存储管理。

从概念上分，地理空间数据可分为两大类：一类是空间对象数据，它是指具有几何特征和离散特点的地理要素，如点对象、线对象、面对象、体对象等；另一类是场对象数据，它是指在一定空间范围内连续变化的地理对象，如覆盖某一地理空间的格网数字高程模型、不规则三角网、栅格影像数据等。每个离散的空间对象可能有一个唯一的对象标识或相应的属性描述信息，而一个场对象通常作为一个整体，场内的局部特征已经由构造该数据场的节点特征表达，如一个格网点的高程表现了该点的起伏特征。由于离散的空间对象与场对象的特征不同，所以需要采用不同的方法进行处理和管理。

二、空间数据库的特征

空间数据库具有六个基本特征：

（一）空间特征

空间特征包括空间位置（坐标）和空间分布，这就要求 GIS 除了必须具备通用数据库管理系统或文件系统的关键字索引和辅助关键字索引之外，还需建立空间索引机制。

（二）非结构化特征

由于地理实体或地理现象的非结构化特征，决定了 GIS 中空间数据的非结构化特征。如一条弧段可能只有两个坐标对，也可能有千百个坐标对，因此弧段记录的长度是不定的；此外，一个多边形可能只由一条弧段封闭而成，也可能由若干条弧段首尾相连而成，因此多边形记录是多条弧段的嵌套。这种变长记录和不定结构的要求，是一般关系型数据库所不能满足的。

（三）空间关系特征

空间数据除了要描述地理实体的空间坐标和空间分布之外，还要描述地理实体之间的空间关系以及实体组成元素之间的拓扑关系（如点与线、线与面等）。这给空间数据的一致性和完整性维护增加了困难。特别是某些几何对象并不直接记录其坐标信息，如面状目标仅记录组成它的弧段标识，因而在查找、显示和分析时均要操纵和检索多个数据文件。

（四）分类编码特征

为了唯一识别地理实体和共享中间数据，每一个地理实体均分配一个分类编码，通过分类编码将空间数据和属性数据关联起来。这种编码可能是按国家标准、行业标准或地区标准进行的，也可能是全球性的。

（五）多尺度特征

由于空间认知水平、认知精度和比例尺等的不同，地理实体的表现形式也不相同。这就要求空间数据库具备有效的多尺度空间数据组织与管理功能，这也是一般关系型数据库所不具备的。

（六）海量性特征

由于地理区域的广大性、地理数据的多源性以及空间数据分辨率的不断提高，GIS 中的数据量往往要比一般事务性信息系统的数据量大得多。例如，一个城市 GIS 的数据量可能达几十吉字节，若考虑影像数据的存储，则可能超过几百吉字节。因为数据量巨大，需要在二维空间上划分为块和图幅，在垂直方向上划分为层来进行管理。

三、空间数据库结构模式

以地理空间数据存储和操作为对象的空间数据库，把被管理的数据从一维推向了二维、三维甚至更高维。由于传统数据库系统（如关系数据库系统）的数据模拟主要针对简单对象，因而无法有效地支持以复杂对象（如图形、影像等）为主体的工程应用，空间数据库系统必须具备对地理对象（大多为具有复杂结构和内涵的复杂对象）进行模拟和推理的功能。一方面可将空间数据库技术视为传统数据库技术的扩充；另一方面，空间数据库突破了传统数据库理论（如将规范关系推向非规范关系），其实质性发展必然导致理论上的创新。

空间数据库是一种应用于地理空间数据处理与信息分析领域的具有工程性质的数据库，它所管理的对象主要是地理空间数据（包括空间数据和非空间数据）。

目前，大多数商品化的 GIS 软件都不是采取传统的某一种单一的数据模型，也不是抛弃传统的数据模型，而是采用建立在关系数据库管理系统（RDBMS）基础上的综合的数据模型，归纳起来主要有以下三种。

（一）文件关系数据库混合结构模型

它的基本思想是用两个子系统分别存储和检索空间数据与属性数据，其中属性数据建立在 RDBMS 数据存储和检索比较可靠、有效；几何数据采用图形文件管理，功能较弱，特别是在数据的安全性、一致性、完整性、并发控制方面，比商用数据库要逊色得多。两个子系统之间使用一种标识符（如 ID）联系起来。在检索目标时必须同时询问两个子系统，然后将它们的回答结合起来。因为使用两个存储子系统，它们有各自的规则，查询操作难以优化，存储在 RDBMS 外面的数据有时会丢失数据项的语义；此外，空间数据分开存储，数据的完整性有可能遭到破坏，如在几何空间数据存储子系统中目标实体仍然存在，但在 RDBMS 中却已被删除。例如 Mapinfo 就是采用双数据库存储模式，空间数据和属性数据是分开存储的，空间数据存储在 .Map 文件中，属性数据存储在 .DAT 文件中，类似的存储方式还有 ArcGIS 的 Shp 文件等。

（二）扩展结构模型

混合结构模型的缺陷是因为两个存储子系统具有各自的职责，互相很难保证数据存储、操作的统一。扩展结构模型采用同一 DBMS 存储空间数据和属性数据，其做法是在标准的关系数据库上增加空间数据管理层，即利用该层将地理结构查询语言（GeoSQL）转化成标准的 SQL 查询，借助索引数据的辅助关系实施空间索引操作。

这种模型解决了空间数据变长记录的存储问题，由数据库软件商开发，效率较高，其优点是省去了空间数据库和属性数据库之间的烦琐联结，空间数据存取速度较快，但由于是间接存取，在效率上总是低于 DBMS 中所用的直接操作过程，且查询过程复杂，用户不能根据 GIS 要求进行空间对象的再定义，因而难以将设计的拓扑结构进行存储。这种模型的代表性 GIS 软件有 SYSTEM 9，SMALL WORLD 等。

（三）综合数据模型

这种综合数据模型不是基于标准的 RDBMS，而是在开放型 DBMS 基础上扩充空间数据表达功能。空间扩展完全包含在 DBMS 中，用户可以使用自己的基本抽象数据类型（ADT）来扩充 DBMS。在核心 DBMS 中进行数据类型的直接操作很方便、有效，并且用户还可以开发自己的空间存取算法。该模型的缺点是，用户必须在 DBMS 环境中实施自己的数据类型，对有些应用将相当复杂。

四、空间数据库管理系统

空间数据模型的发展是与数据库技术的发展密切相关的，空间数据库管理系统更是与数据库技术的发展密不可分。按发展的轨迹，可以将 GIS 空间数据管理系统分为文件——关系型、全关系型、对象——关系型和纯对象型 4 种类型。

（一）文件——关系型数据库管理系统

由于空间数据的复杂性，早期关系型数据库难以满足空间数据管理的要求。因此，大部分 GIS 软件采用混合管理的模式，即用文件系统管理几何图形数据，用商用关系型数据库管理属性数据，两者之间通过目标标识码或内部连接码进行连接。

在这一管理模式中，除通过 OID（Object ID）连接之外，图形数据和属性数据几乎是完全独立组织、管理与检索的。其中，图形系统采用高级语言编程管理，可以直接操纵数据文件，因而图形用户界面与图形文件处理是一体的，两者中间没有逻辑裂缝。但由于早期的数据库系统不提供高级语言接口，只能采用数据库操纵语言，因此图形用户界面和属性用户界面是分开的。在 GIS 中，通常需要同时启动图形文件系统和关系数据库系统，甚至两个系统来回切换，使用起来很不方便。

近年来，随着数据库技术的发展，越来越多的数据库系统提供了高级语言的接口，使得 GIS 可以在图形环境下直接操纵属性数据，并通过高级语言的对话框和列表框显示属性数据；或通过对话框输入 SQL 语句，并将该语句通过高级语言与数据库的接口来查询属性数据，然后在 GIS 的用户界面下显示查询结果。这种工作模式，图形与属性完全在一个界面下进行查询与维护，而不需要启动一个完整的数据库管理系统，用户甚至不知道何时调用了数据库系统。

在 ODBC（开放性数据库连接协议）推出之前，各数据库厂商分别提供一套自己的与高级语言的接口程序。因此，GIS 软件开发商就不得不针对每个数据库系统开发一套自己的接口程序，导致在数据共享（或数据复用）上受到限制。ODBC 推出之后，GIS 软件开发商只要开发 GIS 与 ODBC 的接口，就可以将属性数据与任何一个支持 ODBC 协议的关系型数据库管理系统连接。

无论是通过高级语言还是 ODBC 与关系型数据库连接，GIS 用户都是在同一个界面下处理图形和属性数据，称为混合方式。

采用文件——关系型模式还不能说是真正意义上的空间数据库管理系统。因为文件管理的功能较弱，不能方便地处理大区域图幅分割和地图拼接问题，特别是在数据的安全性、一致性、完整性以及数据损坏后的恢复方面缺少基本功能。在多用户操作的并行控制方面，要比商用数据库系统逊色得多。因此，许多 GIS 软件开发商一直在致力于寻找合适的商用数据库管理系统来同时管理图形数据与属性数据。

（二）全关系型数据库管理系统

全关系型数据库管理系统是指图形和属性数据都用某一关系数据库管理系统进行管理，GIS 软件开发商直接在某一关系型数据库管理系统的基础上进行开发，使所开发的GIS 不仅能管理结构化的属性数据，还能管理非结构化的图形数据。

用关系型数据库系统管理图形数据有两种方式：

1. 基于关系模型

该方式按关系数据模型组织图形数据。其缺点是：由于涉及一系列关系连接运算，查询分析相当费时，效率不高。

2. 将图形数据的变长部分处理成二进制 Block 字段

目前，大部分关系型数据库管理系统均提供了二进制块的字段域，以适应多媒体数据或可变长文本数据的管理。GIS 于是利用这种功能，把图形的坐标数据当作一个二进制块，交给关系型数据库管理系统进行管理。这种方式虽然省去了大量关系操作，但是二进制块的读写效率远比定长结构的属性字段慢得多，特别是涉及对象嵌套时，速度更慢。

（三）对象——关系型数据库管理系统

如上所述，采用全关系型模式管理 GIS 空间数据效率不高，而非结构化的空间数据管理对于数据库管理系统来说又十分重要。所以许多数据库管理系统软件厂商纷纷在关系数据库系统中进行扩展，使之能直接存储和管理非结构化的空间数据，如 Ingres、Informix 和 Oracle 等都推出了用于空间数据管理的专门模块，其中定义了操纵点、线、面、圆、矩形等空间对象的 API 函数。由于这些 API 函数将各种空间对象的数据结构进行了预定义，而且一般不带拓扑关系，用户使用时必须满足它的数据结构要求，即使是 GIS 开发商也不能根据 GIS 的要求对其进行再定义。

这种基于关系扩展的对象—关系型管理模式，主要解决了空间数据的变长记录问题，效率提高了很多，已经在 GIS 领域获得较多应用。但是，它仍然没有解决对象嵌套的问题，空间数据结构尤其是拓扑结构不能由用户进行定义，因此使用上仍然受到较大限制。

（四）纯对象型数据库管理系统

采用面向对象模型的纯对象型管理方式最适合空间数据的表达与管理，它不仅支持变长记录，而且支持对象嵌套、信息继承与传播。纯对象型空间数据管理系统允许用户定义对象和对象的数据结构（包括拓扑结构），以及它的操作。这种空间数据结构可以是不带拓扑关系的面条数据结构（如等高线），也可以是带拓扑关系的拓扑数据结构。当采用拓扑数据结构时，往往涉及对象的嵌套、连接和对象信息（包括属性，甚至操作）的继承与传播。

第七章 地球空间与空间数据基础

第一节 地球空间、地理空间与地理空间描述

一、地球空间和地理空间

地球空间是指靠近地球的、受太阳辐射变化直接影响的空间区域，它是由许多相互作用共同产生的区域，也是由许多边界决定的区域。这些相互作用包括：地球物质与太阳辐射的相互作用，太阳风和地磁场的相互作用，磁场与带电粒子的相互作用；这些边界包括：太阳风与地球物质的边界，由不同气流支配的各区域的边界等。

地理空间是地球上大气圈、水圈、生物圈、岩石圈和土壤圈交互作用的区域，主要涉及地球空间的表层部分。地球上的许多自然和生物现象，以及复杂的物理过程、化学过程、生物和生化过程大都发生在地理空间中。通常，地理空间被定义为绝对空间和相对空间两种形式。绝对空间是具有属性描述的空间位置的集合，它由一系列不同位置的空间坐标值组成；相对空间是具有空间属性特征的实体集合，它由不同实体之间的空间关系构成。

二、地理空间抽象过程

地理信息系统主要是针对地理空间而展开研究的。地理空间中存在着各种事物或现象，如山脉、水系、土地、城镇、资源分布、道路网络、环境变迁等，这些事物或现象被称为地理空间实体，它们的一个典型特征是与一定的地理空间位置有关，都具有一定的几何形态、分布状况以及彼此之间的相互关系。地理空间实体除了空间位置特征之外，还具有专题特征、时间特征和空间关系等。

地理空间认知是指人类对地理空间的理解以及据此进行地理分析和决策的一系列心理过程，其表达了人类如何认知自己赖以生存的地理环境。

由于地理空间信息的复杂性以及人们认识地理空间在观念或方法上的不同，对地理实体的抽象方式也存在一定的差别，使得不同的学科或部门具有不同的地理空间认知过程，从而可以按照各自的认识和思维方式构建不同的地理空间认知模型。在地理信息系统学科中，关于地理空间的认知主要包括 OGC 九层次、ISO-TC211 和三层次认知抽象过程。

（一）OGC 九层次抽象认知过程

为了使不同的地理信息系统之间具有良好的互操作性，以及在异构分布式数据库中实现信息共享，开放地理信息联盟（OGC）基于开放式地理信息系统（Open GIS）规范，建立了开放的、人们共同认可的、统一观点的地理空间认识模型，被称为 OGC 模型。该模型将对地理空间的认知抽象为九个层次。

①现实世界：实际存在的、复杂混沌的大千世界。

②概念世界：由人们认识并命名的事物组成的世界。

③地理空间世界：反映地图和 GIS 的世界，用抽象和符号的方式表达概念世界中与地图和地理数据有关的事物。

④尺度世界：经过量测可以确定几何特征和定位精度的地理空间世界。

⑤项目世界：是尺度地理空间世界的一个被选择部分，按照语义来构造。

⑥地理点列世界：在一个特殊的地理层中定义的点列，它们与软件系统相关联。

⑦地理几何特征世界：基于空间点列来构造的地理要素几何特征，它们与软件系统相关联。

⑧地理要素世界：地理要素由几何特征、属性特征及空间参考系统组成，它为地理信息处理提供一个开放界面。

⑨地理要素集合世界：由单个要素组成。

以上从第二层到第九层，每一层都由前一层派生而来。前五个层次（现实、概念、地理空间、尺度、项目）均是对现实世界的抽象，也称为感知世界，不进行软件建模。后四个层次（地理点列、地理几何特征、地理要素、地理要素集合）均是对现实世界的数学和符号描述，也可以称为 GIS 工程世界，易于进行软件建模。在这九个层次之间通过接口相连接，实现了由现实世界到 GIS 工程世界或地理要素集合世界的转换。

（二）ISO/TC211

国际标准化组织（ISO）的地理信息标准化技术委员会（TC211）为了促进人们对地理空间信息有一个统一的认识和一致的使用方法，以及加强地理信息系统的互操作性，也制定了地理空间认知的概念模式。该模型是在明确地理空间论域的基础上，实现了概念模式的建立，基于人们认知特点与计算机处理的需求，构成既方便人们认识又适合计算机解释和处理的实现模式。该模型展现了层次化的特点，规范了以数据管理和数据交换为目的的地理信息基本语义和结构，从而达到准确描述地理信息、规范管理地理数据的目的。

（三）三层次认知抽象过程

为了更简单地描述 GIS 世界，使认知抽象过程更具有可操作性，有的学者从感性认识、知性认识和理论认识的认识三层次出发，对 OGC 模型、ISO/TC211 等模型进行简化，将地理空间认知过程归纳为三个层次来进行抽象。

概念数据模型是地理空间中实体与现象的抽象概念集，是地理数据的语义解释，从计算机系统的角度来看，它是抽象的最高层。构造概念模型应该遵循的基本原则是：语义表达能力强；作为用户与 GIS 软件之间交流的形式化语言，应易于用户理解；独立于具体计算机实现；尽量与系统的逻辑模型保持同一表达形式，不需要任何转换，或者容易向逻辑数据模型转换。

逻辑数据模型是 GIS 对地理数据表示的逻辑结构，是系统抽象的中间层，由概念模型转化而来，它是用户通过 GIS 看到的现实世界地理空间。逻辑数据模型的建立既要考虑用户易理解，又要考虑易于物理实现，易于转换成物理数据模型。

物理数据模型是概念模型在计算机内部具体的存储形式和操作机制，是系统抽象的最底层。

以上的三种模型各有特点，OGC 九层次模型的抽象层次不仅细致，而且比较烦琐，具体应用不方便；ISO/TC211 的抽象化过程重点强调了数据管理和数据交换，难以构成完整的地理空间认识模型。相对来说，三层次模型能较为简单和明晰地描述 GIS 抽象过程。

地球表面上的各种地理现象和物体错综复杂，用不同的方法、角度或视图来理解地理空间，可能产生不同的概念模型。许多方法局限于某一范围或反映地理空间的某一侧面，因此，形式的概念模型只能体现地理空间的某一方面。

三、地理空间认知模型

根据 GIS 数据的组织和处理方式，目前地理空间认知模型大体上分为三类：基于对象、基于网络和基于域的认知模型。

（一）基于对象（目标）的模型

基于对象（目标）的模型将研究的地理空间看成一个空域，地理实体和现象作为独立的对象分布在该空域中。在二维空间中可以按照其空间特征分为点、线、面三种基本对象，多个对象可以构成复杂对象，并且与其他分离的对象保持特定的关系，如包含、邻接和关联等。每个对象对应着一组相关的属性以区分各个不同的对象。

（二）基于网络的模型

网络是地理空间中通过"通道"互相连接的一组地理空间位置。网络模型是由一系列节点和环链组成，可以看成由点对象、线对象以及它们之间的拓扑空间关系构成的对象模型。

现实世界许多地理事物和现象可以用网络模型来表达，如公路、铁路、通信线路、管道、自然界中的物质流、能量流和信息流等，都可以表示成相应的点之间的连线，由此构成现实世界中多种多样的地理网络。

（三）基于域（场）的模型

基于域（场）的空间模型把地理空间中的事物作为连续的变量或体来看待，例如大气污染程度、地表温度分布、大面积空气和水域的流速和方向等。域可以根据不同的应用领域表示成二维和三维地理空间。

类似于基于对象的模型，基于网络的模型也是描述不连续的地理现象，不同之处在于它需要考虑多个地理对象之间通过路径相互连接的情况。因此有的学者将网络模型视为对象模型的一种特殊形式，将空间数据模型归结为基于对象（目标）和基于域（场）的两种类型。需要指出的是，基于域的模型和基于对象的模型各有长处，在许多情况下需要综合应用这两种方法来建模，采用二者的集成。例如，为了描述区域降雨现象的特性变化，需要在采集各个降雨监测站点的降雨量数据的基础上，通过插值来分析和获取所研究区域降雨量的变化趋势和特点。因此，一个包含两个属性——采集数据点位置（对象）和平均降雨量（域）的空间认知模型，也许更适合于对区域降雨现象特性变化的描述。

四、地理空间的描述形式

地理空间可采用多种不同的方式进行描述，地图和遥感影像是其中最为常见的两种载体。

（一）地图对地理空间的描述

地图是现实世界的模型。它按照一定的比例、一定的投影原则，有选择地将复杂的三维现实世界的某些内容投影到二维平面上，并用符号将这些内容要素表现出来。地图上各种内容要素之间的关系，是按照地图投影建立的数学规则，使地面上各点和地图平面上的相应点保持一定的函数关系，从而在地图上准确地表达地表空间各要素的关系和分布规律，反映它们之间的方向、距离和面积。

在地图上，通过符号形状、大小、颜色的变化及地图注记对这些符号的说明、解释，不仅能表示实体的空间位置、形状、质量和数量特征，而且还可以表示各实体之间的相互关系，如相邻、包含、连接等。

地图学上把地理空间的实体分为点、线、面三种要素，分别用点状、线状、面状符号来表示。具体分述如下：

1. 点状要素

点状要素用来表达地面上那些面积较小、不能按比例尺表示又需要定位的事物，例如居民点、城镇点等。地面上真正的点状事物很少，一般都占有一定的面积，只是大小不同。

地图上对点状要素的质量和数量特征用点状符号表示。通常以点状符号的形状和颜色表示质量特征，以符号的尺寸表示数量特征，将点状符号定位于事物所在的相应位置上。

2. 线状要素

对于地面上呈线状或带状的事物如道路、河流、境界线、构造线等，在地图上均用线状符号表示。对线状和面状实体的区分，和地图比例尺有很大的关系。如河流，在小比例尺图上为线状地物，而在大比例尺地图上，则被表示成面状地物。

3. 面状要素

面状分布的地物很多，其分布状况各不相同，有连续分布的，如气温、土壤等；有非连续分布的，如森林、油田、农作物等。它们所具有的特征也不尽相同，有的是性质上的差别，如不同类型的土壤；有的是数量上的差异，如气温的高低等。因此，表示它们的方法也不尽相同。对于不连续分布或连续分布的面状事物的分布范畴和质量特征，一般可用面状符号表示。符号的轮廓线表示其分布位置和范围，轮廓线内的颜色、网纹或说明符号表示其质量特征。对于连续分布且逐渐变化的面状事物的数量特征及变化趋势，通常用一组线状符号——等值线来表示，如等温线、等高线、等降水量线等。

地图是地理实体的传播载体，具有存储、分析与显示地理信息的功能，因其具有直观、综合等特点，曾经是地理实体的主要载体，但随着人们对地理信息需求量的增加及质量需求的提高，以及计算机技术的发展，目前广泛使用计算机和地理信息系统来管理空间信息。

（二）遥感影像对地理空间的描述

随着航空和航天技术的快速发展，对地观测技术日益成熟，遥感影像已经成为描述地理空间信息的重要信息源，并且在国民经济、地学研究和军事等方面得到广泛应用。如监测全球资源环境变化，了解沙漠化、土壤侵蚀等缓慢变化，监控森林火灾、洪水和天气变化状况，进行农作物估产等。

遥感影像对地理空间信息的描述主要通过不同的颜色和灰度来表示。由于地物的结构、成分、分布等的不同，其反射和发射光谱特性也各不相同，传感器记录的各种地物在某一波段的电磁辐射反射能量也各不相同，反映在遥感影像上则表现为不同的灰度信息。所以，通过遥感可以获取大量的空间地物的特征信息。

（三）地理信息的数字化表述

随着信息时代的到来，用传统的手段（如地图和影像照片）描述地理信息已深感不足和不便。计算机软硬件技术、地理信息系统及图像处理技术的发展，使得利用计算机把地理信息数字化，并对其进行管理、处理和利用成为可能。

在计算机内描述空间实体有显式描述和隐式描述两种形式。地理实体的显式描述被称为栅格数据结构。在该种结构中，整个地理空间被规则地分为一个个栅格小块（通常为正方形），地理实体的位置是由小块的行列编码决定的，每个地理实体的形态是由栅格或网格中的一组点来构成。这种数据结构和遥感影像的数据组织方式类似。隐式描述也称矢量数据结构，在该结构中，地理实体的形状和位置是由一组坐标对来确定的，具体的描述类似于地图对地理信息的描述，一般也分为点、线、面三种地理实体。

第二节　地理空间坐标系与地图投影

位置信息是地理数据的重要组成部分，为了确定空间实体在地理空间中的位置，首要任务是建立地理空间坐标系。地理空间坐标系主要包括地理坐标系和投影坐标系两种。

一、地理坐标系

地理坐标系是球面坐标系统，是以经纬度为地图的存储单位，其使用基于经纬度坐标的坐标系统描述地球上某一点所处的位置，也就说空间地理要素在地球椭球面上的位置最直接的表示方法是用地理坐标（经度、纬度）和高程来表示。

我们要将地球上的数字化信息存放到球面坐标系统上，如何进行操作呢？地球是一个不规则的椭球，如何将数据信息以科学的方法存放到椭球上，这必然要求我们找到这样的一个椭球体——椭球体具有长半轴、短半轴、偏心率等可以量化计算的参数。以下几行便是 Krasovsky_1940 椭球及其相应参数：

Semimajor Axis：6378245.000000000000000000

Semiminor Axis：6356863.018773047300000000

Inverse Flattening（扁率）：298.300000000000010000

有了这个椭球体以后还不够，还需要一个大地基准面将这个椭球定位。地理坐标系是基于一个基准面来定义的，基准面是利用特定椭球体对特定地区地球表面的逼近，每个国家或地区均有各自的基准面。表 2-1 为我国所使用过的三个椭球体，基于这三个椭球，我国常用的地理坐标系为 GCS_WGS1984（基于 WGS84 基准面）、GCS_BEIJING1954（基于北京 1954 基准面）和 GCS_XIAN1980（基于西安 1980 基准面）。

表 7-1　我国使用的椭球体

椭球体	长半轴 a/m	短半轴 b/m
Krasovsky（北京 54 采用）	6 378 245	6 356 863.018 8
IAG 75（西安 80 采用）	6 378 140	6 356 755.288 2
WGS 84	6 378 137	6 356 752.314 2

有了椭球体和基准面两个基本条件，地理坐标系统便可以使用了。以下为 GCS_GCS_BEIJING1954 的完整参数：

Alias：

Abbreviation；

Remarks：

Angular Unit：Degree（0.017453292519943299）

Prime Meridian（起始经度）：Greenwich（0.000000000000000000）

Datum（大地基准面）：D_Beijing_1954

Spheroid（参考椭球体）：Krasovsky_1940

Semimajor Axis：6378245.000000000000000000

Semiminor Axis：6356863.018773047300000000

Inverse Flattening：298.300000000000010000（扁率）

二、投影坐标系

由于地理坐标是一种球面坐标，难以进行距离、方向、面积等参数的计算，因此最好采用平面直角坐标系（笛卡儿平面直角坐标系）把空间实体表示在平面上。要用平面坐标表示地面上点的位置，就需要运用地图投影的方法将地球曲面展开成平面，从而建立地球表面和平面上点的函数关系，使地面上任一个由地理坐标（经度、纬度）确定的点，在平面上必有一个与它相对应的点。

在数学中，投影的含义是指建立两个点集之间一一对应的映射关系。在地图学中，地图投影就是指建立地球表面上的点与投影平面上的点之间的一一对应关系。地图投影的基本原理就是利用一定的数学法则把地球表面上的经纬线网表示到投影平面上。在地理信息系统中恰当地选用地图投影可保证空间地学信息在地域上的完整性和正确关系。由于地球的椭球体表面是曲面，而地图通常是要绘制在平面图纸上，因而制图时要把曲面展开为平面。然而，球面是个不可展的曲面，如果把它直接展成平面时，将不可避免地要发生变形或破裂或褶皱。显然，使用具有破裂或褶皱的平面绘制地图是不实用的、不可取的。因此，必须采用某些特殊的方法将曲面展开，使之成为没有破裂或褶皱的平面，但产生一定的几何变形则是难免的。

投影坐标系是使用基于 X，Y 值的坐标系来描述地球上某个点所处的位置。这个坐标系是从地球的近似椭球体投影得到的，它对应于某个地理坐标系。投影坐标系由以下参数确定：①地理坐标系（由基准面确定，比如北京 54、西安 80.WGS84）；②投影方法（例如高斯——克吕格、Lambert 投影、Mercator 投影）。以下为 Gauss_Kruger 投影的参数信息：

_Easting：500000.000000

_Northing：0.000000

Central_Meridian：117.000000

Scale_Factor：1.000000

Latitude_Of_Origin：0.000000

Linear Unit：Meter（1.000000）

Geographic Coordinate System：

Name：GCS_Beijing_1954

Alias：

Abbreviation：

Remarks：

Angular Unit：Degree（0.017453292519943299）

Prime Meridian：Greenwich（0.000000000000000000）

Datum：D_Beijing_1954

Spheroid：Krasovsky_1940

Semimajor Axis：6378245.000000000000000000

Semiminor Axis：6356863.018773047300000000

Inverse Flattening：298.300000000000010000

三、地理信息系统与地图投影的关系

地图投影对地理信息系统的影响和作用渗透到各个方面。在地理信息系统中，数据采集、预处理、存储、应用、分析以及产品输出的每一个环节都需要考虑到地图投影的作用。数据采集阶段需广泛采用各种不同的地图资料，各种空间数据经系统处理之后又往往需要以地图的方式表示。这些地图资料数据进入 GIS 数据库时，首先必须进行转换，以统一在同一个地理定位框架之内，用共同的地理坐标系统和网络坐标系统作为参照系来记录存储各种信息要素的地理位置和属性，从而保证同一 GIS 内，甚至不同的 GIS 之间的信息数据能够实现交换、配准和共享。因此，统一的坐标系统是地理信息系统建立的基础，是构建地理信息系统需要首先考虑的因素。

四、GIS 中地图投影设计与配置的原则

考察国内外已经建立或正在建立的各种地理信息系统之后发现，各种地理信息系统中投影坐标系统的设计和配置有如下特征：

①所采用的投影系统与该国的基本地图系列所用的投影系统一致。

②各比例尺的 GIS 中投影系统与其相应比例尺的主要信息源地图所用的投影系统一致。

③各地区的 GIS 中投影系统与所在区域采用的投影系统一致。

④各种 GIS 一般采用一种或两种(最多三种)投影系统,以保证地理定位框架的统一。

五、中国 GIS 的地图投影选择

我国的地理信息系统建设既要符合国际标准,又要结合我国的国情实现标准化、规范化。在坐标系统和地图投影方面,我国所构建的各种地理信息系统大都采用了与我国基本地图系列一致的地图投影系统,即大比例尺图为高斯—克吕格投影(横轴等角圆柱投影),中小比例尺图为 Lambert 投影(正轴圆锥投影),具体情况如下:

①我国的基本比例尺地形图系列(1∶5 000.1∶1 万.1∶2.5 万、1∶5 万、1∶10万、1∶25 万、1∶50 万、1∶100 万)中除 1∶100 万外均采用高斯 —— 克吕格投影为地理基础;

②1∶100 万地形图采用 Lambert 投影,与国际地理学会规定的全球统一使用的国际百万分之一地图投影相一致。

③我国大部分省区图以及大多数这一比例尺的地图也多采用 Lambert 投影或属于 Lambert 投影系统的 Albers 投影(正轴等面积割圆锥投影)。

④在 Lambert 投影中,地球表面上两点间的最短距离(大圆弧线)表现为近于直线,这有利于 GIS 中的数据量测和空间分析操作。

第三节　空间数据特征和类型

一、空间数据的基本特征

人类所生活的地球"空间"包含有许多复杂的实体。所谓"实体"是指自然界、自然现象和社会经济事件中不能(或不需要)再分割的单元,如城市、河流、山脉等。需要说明的是,实体是和空间分辨率(或比例尺)相关的。例如,在小比例尺地图中北京市可以表达为点状实体;在大比例尺图中北京市可以划分为街道、建筑物等各种实体,甚至一幢房子也可以被细分成多个房间实体。为了对实体所构成的地理区域系统进行综合分析并服务于决策,对地理实体的特征、关系和行为进行必要的描述就成为构建 GIS 的首要任务。

空间数据特征可以概括为空间特征、属性特征和时间特征。空间特征表示地理实体或现象的空间位置和相互关系;属性特征表示其名称、类型、数量等;时间特征指实体或现象随时间的变化。

（一）空间实体的空间特征

实体的空间特征可从空间维数、空间特征类型、实体之间的空间关系和结合等方面来表达。空间实体主要有点、线、面和体等几种类型，基本特点如下：

1. 点

又称为元素或像元，是对点状地物、地形要素的几何描述，零维，以一对坐标（x，y）表示，有时对点实体的描述可附有高程（Z），甚至还需要一个方向，逻辑上是不能再分的。这里所指的点是抽象的点，它可以具体指某一个独立点，例如某个油井或钻孔；在小比例尺图或影像中也可以表示某个村落或某个城市。

2. 线

一维，是对线状空间实体的部分或全部的几何描述，有时也称为弧段，它由两个或两个以上的按顺序相连接的坐标序列表示。道路、河流、地形线、区域边界等均属于线状地物。线的形式有曲线、折线等类型，可以附有高程，也可以有方向，如河流的流水方向。

3. 面或多边形

二维，是由一条线或一系列线界定的几何表示，是对面状空间实体的几何描述。面可能是简单的，也可能是复杂的，可以是外轮廓线和内轮廓线组成的，也可以是由两个或两个以上的面相邻或叠加而成的。

4. 体

三维，是对空间三维实体或多面体的几何表示。有长、宽和高的目标，通常用来表示人工或自然的三维目标，如建筑、矿体等三维目标，其形状有简单的、复杂的和带空洞的实体。体类型对地质、采矿、海洋、建筑、土工、气象等领域的研究是很重要的几何表示方式。

在现实世界，地理实体并不是单独存在，它们常常组合在一起进行显示。分析点、线、面三种类型的数据，可得出它们之间存在以下几种空间关系。

（1）点——点关系

点和点之间的关系主要有两点（通过某条线）是否相连，两点之间的距离是多少。如城市中某两点之间可否有通路？距离是多少？这是实际生活常见的点和点之间的空间关系问题。

（2）点——线关系

点和线的关系主要表现在点和线的关联关系上。如点是否位于线上？点和线之间的距离是多少？

（3）点——面关系

点和面的关系主要表现在空间包含关系上。如某个村子是否位于某个县内？或某个县共有多少个村子？

（4）线——线关系

线和线是否邻接、相交是线和线之间关系的主要表现形式。如河流和铁路是否相交？两条公路是否通过某个点邻接？

（5）线——面关系

线和面的关系表现为线是否通过面或与面关联或包含在面之内。

（6）面——面关系

面和面之间的关系主要表现为邻接和包含的关系。

（二）空间实体的属性特征

属性特征是指用来描述空间实体的名称、类别、行为和功能等非空间特征信息，其和空间特征同样重要，是地理信息系统建模和分析的重要数据来源。如表 7-2 的实体名称、标识符、特征属性和功能属性等就是非空间信息。

表 7-2　实体特征

实体名称	标识符	位置	特征属性	功能属性
学校	名称	坐标	学生数	教育
铁路	编码号	某车站坐标	运输量	运营中
钻孔	标识号	空间坐标	孔径	目的
蓄水池	名称	地面坐标	水质	水位变化

（三）空间实体的时间特征

时间特征用来表达空间实体随时间的变化而变化的特征，通常以第四维表达，例如城市的动态扩展变化、土地地籍的变更等。由于 GIS 处理时间属性具有一定的复杂度，此处不再赘述。

二、空间数据的类型及其抽象表示

地理信息中的数据来源和数据类型很多，概括起来主要有以下四种：

（一）几何图形数据

来源于各种类型的地图和实测几何数据。几何图形数据不仅反映空间实体的地理位置，还反映实体间的空间关系。

（二）影像数据

主要来源于卫星遥感、航空遥感和摄影测量等。

（三）属性数据

来源于实测数据、文字报告或地图中的各类符号说明，以及从遥感影像数据通过解释得到的信息等。

（四）地形数据

来源于地形等高线图中的数字化，已建立的格网状的数字高程模型（DTM）或不规则三角网（TIN）等。

在具有智能化的 GIS 中还应有规则和知识数据。

地理数据可抽象为点、线、面三类元素，以便表示它们的位置、大小、形状、高低等。

三、空间数据的拓扑关系

在 GIS 中为了真实地反映地理实体，不仅要包括实体的位置、形状、大小和属性，还必须反映实体之间的空间相互关系。空间对象之间关系的描述和表达有不同的方法，例如坐标、角度、方位、距离、相邻、关联和包含等，其中最为常用的是拓扑关系。

图形的拓扑关系是指图形在保持连续状态下的变形但图形关系不变的性质，描述时不需考虑空间坐标和距离因素。邻接、关联和包含是三种基本的拓扑关系，地图上各种图形的形状、大小会随图形的变形而改变，但是上述三种关系不会改变。

空间数据的拓扑关系对数据处理和空间分析具有重要的意义，主要体现在以下三方面：

①拓扑关系能清楚地反映实体之间的逻辑结构关系，比几何关系具有更大的稳定性，不随地图投影而变化。

②利用拓扑关系有利于空间要素的查询。例如，某条铁路通过哪些地区，某县与哪些县邻接，某河流能为哪些地区的居民提供水源，某湖泊周围的土地类型及对生物、栖息环境做出评价等。

③可以根据拓扑关系重建地理实体。例如，根据弧段构建多边形，实现道路的选取、进行最佳路径的选择等。

第四节　空间分析与建模

一、空间分析的基本概念

通过各种途径采集的空间数据，经过投影、编辑和处理，并将数据符号化表示，以一定的空间组织方式存储到计算机中，所有这些工作的最终结果是形成一个完整的空间数据库。空间数据只有用于分析和处理在一定地理区域内分布的各种空间现象、环境特征和演变过程，解决复杂的规划、决策和管理问题，才能真正发挥作用，而这需要通过严密、科学的空间分析技术。因此，空间分析是 GIS 的核心，是 GIS 区别于 MIS、CAD 等的关键所在，也是评价一个 GIS 功能的主要指标之一。

空间分析技术在很多领域都发挥着重要作用，如地震学家研究地震的发生是否存在空间格局及其可预报性；流行病学家分析病例的空间分布规律及其是否与污染分布有关等诸如此类的问题；警察通过察看盗窃事件发生的空间位置，寻找其与社会经济特征的空间关联性，据此对未来态势做出估计；遥感专家需要将遥感图像中的噪声过滤掉以恢复其基本空间格局；地质学家需要根据空间离散分布的钻孔点集信息推测矿藏储量；水文地质学家需要用一系列有毒化学浓度样品制作地下水污染地图；零售商可以根据区域科学家利用社会经济数据和空间经济学原理建立起来的购物流模型估计与评价对于其所属零售店的需求，以及是否有新的营业网点需要开业、扩张、关闭等。

自从有了地图，人们就自觉或者不自觉地进行着各种类型的空间分析。比如，在地图上测量地理要素之间的距离、面积，以及利用地图进行战术研究和战略决策等。随着 GIS 的产生和发展，基于一定的算法和空间分析模型，利用计算机分析空间数据，支持空间决策，成为 GIS 的重要研究内容，"空间分析"这个词也成为这一领域的一个专门术语。空间分析是基于地理对象的空间布局的地理数据分析技术。

一般认为，空间分析是指基于空间对象的属性、分布、形态及其空间关系特征的空间数据分析技术，它以地学原理为依托，通过空间分析算法和模型，从空间数据中获取有关地理对象的空间位置、空间分布、空间形态、空间形成和空间演变等，其目的在于提取、传输空间信息，回答用户的问题，是对地理数据的深加工。目前，人们把在 GIS 中使用的所有空间分析方法及相关建模技术统称为地学空间分析。

二、常用的空间分析方法

空间分析中的核心概念是空间位置，关心的是"什么事情（What）"发生在"什么地方（Where）"，并将特征和现象与位置连接起来。在空间上，空间分析的应用范围是整个地理空间；在尺度上，可以从厘米级的范围到全球；在时间上，可以分析从古至今任何时间段的变化，甚至预测将来。因此，空间分析的内容相当广泛，相应的空间分析方法也种类繁多。其中一些是针对单一特征的分析，如属性数据的数学或逻辑运算，有的则是涉及邻域分析、综合几何与属性的复杂分析。空间模拟技术能用来建立几乎无限的数据分析模型的能力，有些复杂分析方法则是一系列简单方法经组合后形成特殊模型而产生的。应指出，栅格数据结构与矢量数据结构的空间分析方法有所不同，一般来说，针对栅格数据的空间分析方法要简单得多，而且对遥感图像处理的许多方法可以直接用来处理和分析栅格数据。下面是对一些常用的空间分析方法的概述。

（一）基于空间关系的查询

空间实体间存在着多种空间关系，包括拓扑、顺序、距离、方位等关系。通过空间关系查询和定位空间实体是 GIS 不同于一般数据库系统的功能之一。如查询满足下列条件的城市：在京九线的东部，距离京九线不超过 200 km，城市人口大于 100 万并且居民人均年收入超过 1 万。整个查询计算涉及了空间顺序方位关系（京九线东部），空间距离关系（距离京九线不超过 200 km），甚至还有属性信息查询（城市人口大于 100 万并且居民人均年收入超过 1 万）。

（二）空间量算

对于线状地物求长度、曲率、方向，对于面状地物求面积、周长、形状、曲率等；求几何体的质心；空间实体间的距离等。

（三）缓冲区分析

邻近度描述了地理空间中两个地物距离相近的程度，是空间分析的一个重要内容。交通沿线或河流沿线的地物有其独特的重要性，公共设施的服务半径，大型水库建设引起的搬迁，铁路、公路以及航运河道对其所穿过区域经济发展的重要性等，均是一个邻近度问题。缓冲区分析是解决邻近度问题的空间分析工具之一。所谓缓冲区就是地理空间目标的一种影响范围或服务范围。

（四）叠加分析

大部分 GIS 软件是以分层的方式组织地理景观，将地理景观按主题分层提取，同一地区的整个数据层集表达了该地区地理景观的内容。GIS 的叠加分析是将有关主题层组成的数据层面，进行叠加产生一个新数据层面的操作，其结果综合了原来两层或多层要素所具有的属性。叠加分析不仅包含空间关系的比较，还包含属性关系的比较。叠加分析可以分为视觉信息叠加、点与多边形叠加、线与多边形叠加、多边形叠加、栅格图层叠加等。

（五）网络分析

对地理网络（如交通网络）、城市基础设施网络（如各种网线、电力线、电话线、供排水管线等）进行地理分析和模型化，是 GIS 中网络分析功能的主要目的。网络分析是运筹学模型中的一个基本模型，它的根本目的是研究、筹划一项网络工程如何安排，并使其运行效果最好，如一定资源的最佳分配，从一地到另一地的运输费用最低等。

（六）空间统计分类分析

多变量统计分析主要用于数据分类和综合评价。在大多数情况下，首先是将大量未经分类的数据输入数据库，然后要求用户建立具体的分类算法，以获得所需要的信息。分类评价中常用的几种数学方法有主成分分析、层次分析、聚类分析、判别分析。

此外，DTM 和三维地形分析也是常用的空间分析方法，将在后面的章节详细论述。

三、GIS 软件中的空间分析工具

在过去的半个多世纪中，虽然出现了各种各样的空间分析技术，但是在许多领域空间分析技术还显得十分匮乏。随着空间分析技术的迅速发展和社会需求的不断增加，商业 GIS 软件正提供越来越多的空间分析工具（包）。由于很多 GIS 产品提供软件开发工具（SDK），用户也可以根据需要开发自己的空间分析模块。

在使用不同 GIS 软件提供的相同空间分析方法时，可能产生不相一致的结果。导致这种不一致的原因较多，如不同的软件结构及实现这些方法的不同算法；原始资料及对其解释上的误差；编码错误；不同的模拟、存储和操控数据的方式；对一些特殊条件的处理，如缺失值、边界等。源代码对于帮助理解空间分析方法、发现错误十分有益，但是 GIS 用户在应用空间分析工具包时，只是根据操作手册的要求输入需要的参数和数据进行操作，极少能获得源代码或所用空间分析方法的具体细节。尽管一些非商业软件提供源代码和一些测试数据，但并不意味着用户可以下载全部代码，并且缺少必要的技术支持。

许多 GIS 产品将空间分析限定在很窄的范围内，对基于矢量的 GIS，空间分析通常指叠置分析、缓冲区分析等类似的基本操作；对基于栅格的 GIS，空间分析主要是指栅格的代数运算、统计分析等。显然，这些软件提供的是一套不完整的空间分析工具。

试图在一个 GIS 软件上集成所有的空间分析方法是徒劳的。在很多情况下，GIS 软件允许空间分析工具结合其他统计分析工具使用，输入和输出模式的软件包被设计成批处理的模式，数学模式工具提供更强有力的数学计算。很多不同种类的 GIS 软件包是可以利用的，每种软件都有其优势和弱点。一些软件包可直接链接到其他的分析软件，以增强该软件的应用能力。其他一些软件则提供数据结构，允许外部的分析结果和 GIS 之间相互传输。

四、空间统计分析

空间统计分析主要用于空间和非空间数据的分类、统计、分析和综合评价。空间统计分析的方法有很多，这里主要介绍统计图表分析、描述统计分析、空间自相关分析、回归分析、空间信息分类。

（一）统计图表分析

统计图表分析是数据统计分析中一种较为直观的方法，主要包括统计图和统计表两种方法。统计图就是根据给定的数据以某种图形的形式反映出来。统计图能直观地表示信息，易于观察和理解。统计图有很多种类型，如柱状图、扇形图、折线图、散点图等。统计表即将所给的数据用表格形式列出，可以提供详细准确的数据，特别有利于数据之间的比较。在许多研究中，一个问题可能由多种方法进行实验，不同的方法得到不同的实验结果，为了分析结果的优劣，必须进行数据分析，而统计图表能清楚地列出相关数据，便于比较。

（二）描述统计分析

描述统计分析即是将数据本身的信息加以总结、概括、简化，使问题变得更加清晰、简单、易于理解、便于处理。数据的描述统计即是数据的基本统计量。有许多统计量可以定量化地表示空间数据，如均值、总和、方差、频数、峰度系数、分布中心等。

（三）空间自相关分析

空间自相关是空间位置上越靠近，事物或现象就越相似，即事物或现象具有对空间位置的依赖关系，例如水稻的产量往往与所处的土壤的肥沃程度相关。空间自相关分析是在研究某个空间单元与其周围的单元之间，就某种特征通过统计方法进行空间相关性程度的计算，以分析这些空间单元在空间上分布的特性。也就是说，空间自相关研究的是不同观察对象的同一属性在空间上的相互关系。

（四）回归分析

回归分析用于分析两组或多组变量之间的相关关系，常见的回归分析方程有线性回归、指数回归、对数回归、多元回归等。

（五）趋势分析

通过数学模型模拟地理特征的空间分布与时间过程，把地理要素时空分布的实测数据点之间的不足部分内插或预测出来。

（六）空间信息分类

空间信息分类是根据不同的使用目的对 GIS 空间数据库中存储的原始数据进行任意的提取和分析。对于数据分析来说，随着采用的分类和内插方法的不同，得到的结果有很大的差异。因此，在大多数情况下，首先是将大量未经分类的属性数据输入信息系统的数据库，然后要求用户建立具体的分类算法，以获得所需要的信息。空间信息分类方法主要包括主成分分析、层次分析（AHP）、系统聚类分析、判别分析等。

1. 主成分分析（PCA）

地理问题往往涉及大量相互关联的要素，众多的要素常常使模型变得复杂，也增加了运算的复杂性；同时，由于地理变量中许多变量通常都是相互关联的，就有可能按这些关联关系进行数学处理，从而达到简化数据的目的。主成分分析是通过数理统计的方法，将众多要素的信息压缩表达为若干具有代表性的合成变量（这就克服了变量选择时的冗余和相关），然后选择信息最丰富的少数因子进行各种聚类分析，构造应用模型。

设有 n 个样本（实体），每个样本有 m 个变量（属性），将原始数据转换为一组新的特征值——主成分。主成分是原始变量的线性组合且具有正交特性，即将 x_1，x_2，…，x_m 综合为 $p(p<m)$ 个指标 z_1，z_2，…，z_p，使得：

$$\begin{pmatrix} z_1 \\ z_2 \\ \vdots \\ z_p \end{pmatrix} = \begin{pmatrix} l_{11} & l_{12} & \cdots & l_{1m} \\ l_{21} & l_{22} & \cdots & l_{2m} \\ \vdots & \vdots & \vdots & \vdots \\ l_{p1} & l_{p2} & \cdots & l_{pm} \end{pmatrix} \begin{pmatrix} x_1 \\ x_2 \\ \vdots \\ x_m \end{pmatrix}$$

$$(7-1)$$

所确定的综合指标 z_1，z_2，$\cdots$，z_p 分别是原指标的前 1 ~ p 个主成分，其中 z_1 在原指标中所占总方差比例最大 z_2，z_3，$\cdots$，z_p 依次减少。在实际工作中，常挑选前几个方差比例最大的主成分，既减少指标的数目，又不减少原始信息。

主成分分析的关键是确定变换矩阵 L。由原始 n 个样本 m 个变量的数据组成大小为的矩阵，其协方差矩阵是正定对称的，大小为 $n \times m$。用 Jacobi 方法计算该协方差矩阵的特征值和特征向量，对所计算的特征值从大到小排序，找到其中前 p 个特征值所对应的特征向量就可构造变换矩阵 L。在确定特征值 p 的个数时，可以按累积特征值占特征值总和的百分比并按一定的阈值确定。

很显然，主成分分析这一数据分析技术是把数据减少到易于管理的程度，也是将复杂数据变成简单类别以便于存储和管理的有力工具。

2. 层次分析法（AHP）

在分析涉及大量相互关联、相互制约的复杂因素时，各因素对问题的分析有着不同程度的重要性，决定它们对目标的重要性序列对问题的分析十分重要。AHP 方法把相互关联的要素按隶属关系划分为若干层次，请有经验的专家们对各层次各因素的相对重要性给出定量评价，利用数学方法、综合众人意见给出各层次各要素的相对重要性权值，作为综合分析的基础。

设要比较 n 个因素 $y=\{y_1,\ y_2,\ \ldots,\ y_n\}$ 对目标的影响，确定它们在 Z 中的比重，每次取两个因素 y_i 和 y_j，用 a_{ij} 表示 y_i 与 y_j 对 Z 的影响之比，全部比较结果可用矩阵 A= $\left(a_{ij} \right)_{n \times n}$ 表示，A 称作对比矩阵，A 中的元素应满足：

$$a_{ij} > 0, a_{ji} = 1/a_{ij}(i,j=1,2,\cdots,n)$$

$$(7-2)$$

能满足式（7-2）的矩阵称作正互反矩阵，显然有 $a_{ii}=1$。

3. 系统聚类分析

系统聚类是根据地理实体间的相似程度，对地理实体逐步合并并划分为若干类别的方法。在实现过程中，地理实体间的相似程度由距离或者相似系数定义。相似程度和距离有

多种定义，如绝对值距离、切比雪夫距离等。类别之间的距离越小，它们之间的相似程度就越高。进行类别合并的准则是使得类间差异最大，而类内差异最小。这里仅介绍直接聚类法。

直接聚类法的基本原理是：先把各个分类对象单独视为一类，然后根据距离最小的原则，依次选出一对分类对象，并成新类。如果其中一个分类对象已归于一类，则把另一个也归入该类；如果一对分类对象正好属于已归的两类，则把这两类并为一类。每一次归并，都划去该对象所在的列与列序相同的行。经过 m-1 次就可以把全部分类对象归为一类，这样就可以根据归并的先后顺序做出聚类谱系图。

4. 判别分析

判别分析与聚类分析同属分类问题，所不同的是判别分析预先根据理论与实践确定等级序列的因子标准，再将待分析的地理实体安排到序列的合理位置上，对于诸如水土流失评价、土地适宜性评价等有一定理论根据的分类系统定级问题比较适用。

判别分析依其判别类型的多少与方法的不同，可分为两类判别、多类判别和逐步判别等。

通常在两类判别分析中，要求根据已知的地理特征值进行线性组合，构成一个线性判别函数 Y，即：

$$Y = c_1 \times x_1 + c_2 \times x_2 + \cdots + c_m \times x_m$$

（7-3）

式中，c_k ($k=1, 2, \cdots, m$) 为判别系数，它可反映各要素或特征值作用方向、分辨能力和贡献率的大小。只要确定了 c_k，判别函数 Y 也就确定了。在确定判别函数后，根据每个样本计算判别函数值，可以将其归并到相应的类别中。常用的判别分析有距离判别法、Bayes 最小风险判别、费歇尔准则判别等。

五、空间查询分析

空间查询是 GIS 的最基本功能，是 GIS 进行高层次分析的基础。空间信息查询是按一定的要求对 GIS 所描述的空间实体及其地理信息进行访问，从众多的地理实体中挑选出满足用户需求的空间实体及其相应的属性。

（一）几何参数量算

几何参数量算包括对几何对象的位置、中心、重心、长度、面积、体积和曲率等的测量与计算。这些几何参数是了解空间对象特征、进行高级空间分析以及制定决策的基本信息。一般的 GIS 软件都具有针对矢量数据结构或栅格数据结构的点、线、面状地理实体的几何参数进行量算与查询的功能，这里介绍几种常见的几何参数计算方法。

1. 距离和方向查询

在屏幕上任意给定两点 A、B，查询其距离和方向。需要将屏幕坐标变换为地图坐标（假定使用笛卡儿坐标系），由此坐标可计算出两点间的距离。

$$d_{AB} = \sqrt{\left(x_A - x_B\right)^2 + \left(y_A - y_B\right)^2}$$

（7-4）

两点连线与 x 坐标轴夹角为：

$$\theta = \arctan\left(\frac{y_B - y_A}{x_B - x_A}\right) \quad x_B \neq x_A$$

（7-5）

其中，θ 为从 x 轴正向逆时针方向量算的角度。

2. 长度或周长查询

任意给定一系列点构成的线或封闭区域边界线，其总长度或周长实际上是各折线段距离之和：

$$L = \sqrt{\sum_{i=1}^{n}\left[\left(x_{i+1} - x_i\right)^2 + \left(y_{i+1} - y_i\right)^2\right]} = \sum_{i=1}^{n} d_i$$

（7-6）

3. 多边形面积的查询

若查询对象是多边形，还需要求出其面积。可根据构成多边形边界的弧段坐标，使用多边形面积公式计算：

$$S = \frac{1}{2}\left|\sum_{i=1}^{n-1}\left(x_i y_{i+1} - x_{i+1} y_i\right) + \left(x_n y_1 - x_1 y_n\right)\right|$$

（7-7）

4. 质心量算

对于沿面状分布的离散点，质心是一个重要的参数，它可以概略表示分布总体的位置。对于多边形而言，其质心一般为其中心，是制图符号配置或注记的中心位置。质心一般采用加权平均算法：

$$\begin{cases} x_G = \dfrac{\sum\limits_i W_i x_i}{\sum\limits_i W_i} \\ y_G = \dfrac{\sum\limits_i W_i y_i}{\sum\limits_i W_i} \end{cases}$$

（7-8）

式中，W_i 为第 i 个离散目标的权重；x_i，y_i 为第 i 个目标的坐标。

对于多边形的质心，各边界点的权均取1，但上式计算的质心不一定落入多边形内，还需要利用射线法或铅垂线法进行点是否在多边形内的判别。对于经计算落入多边形外的质心，应进行平移，将其移入多边形内。

5. 形状查询

线状地物和面状地物的形状是复杂多变的，难以找到一个准确的指标来进行描述，一般采用伸长度来表示线状地物的形状特征，采用形状系数来表示面状地物的形状。

伸长度：

$$q = \frac{L}{d_{SE}}$$

（7-9）

式中，L 为描述线的弧段的总长度；d_{SE} 为其起点到终点的直线距离。显然，恒有 $q \geq 1$，当且仅当线为直线时，$q=1$；q 越大，线的形状越复杂。

形状系数：

$$r = \frac{P}{2\sqrt{\pi A}}$$

（7-10）

式中，P 为多边形周长；A 为多边形面积。若 $r < K$ 则该多边形为紧凑型；$r=1$，多边形为标准圆型；$r > 1$，则多边形为膨胀型。

（二）基于属性数据的查询

一般来说，基于属性信息的查询操作主要是在属性数据库中完成的。目前大多数的 GIS 软件都将属性信息存储在关系数据库中，而发展成熟的关系数据库又提供了完备的数据索引方法和信息查询手段。几乎所有的关系数据库管理系统都支持标准的结构化查询语言（SQL）。利用 SQL，可以在属性数据库中方便地实现属性信息的复合条件查询，筛选出满足条件的地理实体的标识值，再到图形数据库中根据标识值检索到该地理实体。

现在，许多 GIS 软件提供了可视化的扩展 SQL 查询界面，查询对象类的选择和查询表达式的输入都是可见的，使 SQL 查询更加直观。

（三）空间定位查询

空间定位查询是指给定一个点或一个几何图形，检索出该图形范围内的地理实体以及相应的属性。

1. 按点查询

给定一个鼠标定位，检索出离它最近的空间对象，并显示它的属性。

2. 按矩形、圆或多边形查询

给定一个矩形窗口或圆或多边形窗口，查询出给定窗口内的某一类地物的所有对象，如有需要，可以显示出每个对象对应的属性表。在这种查询中，往往需要考虑检索的要求，即是要检索出完全包含在该窗口内的地物，还是只要该窗口涉及的地物无论是被包含还是被穿越都被检索出来。这种检索过程比较复杂，它首先需要根据空间索引，检索到哪些空间对象可能位于该窗口内，然后根据点在矩形内、线在矩形内、多边形在矩形内的判别计算，检索出所有落入检索窗口内的目标。

（四）空间关系查询

空间关系查询包括空间拓扑关系查询和缓冲区查询。空间关系查询有些是通过拓扑数据结构直接查询得到，有些是通过空间运算，尤其是空间位置关系运算得到。

1. 拓扑邻接查询

如查询与某一面状地物相邻的所有多边形，可以通过拓扑邻接查询来完成。

2. 拓扑包含关系查询

查询某一个面状地物之内所包含的地理实体，被包含的空间对象可能是点状地物、线状地物或面状地物。

3. 穿越查询

例如，当需要查询某一条公路或某一条河流穿越了哪些县时所进行的查询就是穿越查询。穿越查询一般采用空间运算方法执行，根据一个线状目标的空间坐标，计算出哪些面状地物或线状地物与它相交。

4. 落入查询

有时我们需要了解一个空间对象它落在哪个空间对象之内。例如，查询一个水井落在哪个乡镇之内。执行这一操作采用空间运算即可，即使用点在多边形内线在多边形内或面在多边行内的判别方法。

5. 缓冲区查询

缓冲区查询与后面介绍的缓冲区分析不同，缓冲区查询不对原有图形进行切割，只是根据用户需要给定一个点缓冲、线缓冲或面缓冲的距离，从而形成一个缓冲区的多边形，再根据多边形检索的原理，检索出该缓冲区多边形内的空间地物。

（五）基于图形和属性的混合查询

GIS 中的查询往往不仅仅是单一的图形或者属性信息查询，而是包含了两者的混合查询。如用户希望检索出满足如下条件的城市：

①在某条铁路的东边。

②距离该铁路不超过 30 km。

③城市人口大于 70 万。

④城市选择区域是特定的多边形。

整个查询计算涉及空间顺序关系（铁路东边）、空间距离关系（距离该铁路不超过 30 km）、空间拓扑关系（被选择城市在特定的选择区域内）、属性信息查询（城市人口大于 70 万）。就目前成熟的地理信息系统而言，比较系统地完成上述查询任务还比较困难。前面提到的标准的 SQL 是关系数据模型中的一些关系操作及其组合，适合于关系表的查询与操作，但不支持空间数据的运算。为了支持空间数据的查询，需要对 SQL 进行扩展，使之包含空间关系谓词，并增加一些空间操作。为此，众多的 GIS 专家提出了"空间查询语言"以作为解决该问题的方案，但仍处于理论发展和技术探索阶段。

（六）模糊查询

模糊查询指的是待查询项的数据不确定，具有一定的模糊性或者概括性。这种模糊性往往导致查询结果是一个目标集合。模糊查询是快速获取具有某种特性的数据集的快速方法。例如，自来水管网信息系统数据库中，管段埋藏的起止地址信息是详细到门牌号的，而一条街道的管道往往是由几个管段构成，为了获取某条街道上所有的管段信息，可以引入模糊查询。

模糊查询本身的特性决定了模糊查询只能适用于查询条件是字符型数据的情况，对于其他数据类型不适用。

模糊查询的通配符有两种："*"和"？"。"*"是不限长度的通配符，而"？"是定长通配符，代表一个字符的位置。例如对于ID为GW1003056的管段，用"select*from pipe.db where name like 'GW100*6'"语句可以查询到，而"select*from pipe.db where name like 'GW100？6'"查询不到该管段。

合理使用模糊查询可以提高批量查询的效率。

（七）自然语言空间查询

在空间数据查询中引入自然语言可以使查询更轻松自如。在GIS中很多地理方面的概念是模糊的，例如地理区域的划分实际上并没有像境界一样有明确的界线。而空间数据查询语言中使用的概念往往都是精确的。

为了在空间查询中使用自然语言，必须将自然语言中的模糊概念量化为确定的数据值或数据范围。例如查询高温城市时，引入自然语言时可表示为：

SELECT name

FROM cities

WHERE temperature is high

如果通过统计分析和计算以及用模糊数学的方法处理，认为当城市气温大于或等于33.75℃时是高气温，则对上述用自然语言描述的查询操作转换为：

SELECT name

FROM cities

WHERE temperature > =33.75

在对自然语言中的模糊概念量化时，必须考虑当时的语义环境。例如，对于不同的地区，城市为"高温"时的温度是不同的；气温的"高"和人的身"高"也是不同的。因此，引入自然语言的空间数据查询只能适用于某个专业领域的GIS，而不能作为GIS中的通用数据库查询语言。

（八）超文本查询

超文本查询把图形、图像、字符等皆当作文本，并设置一些"热点"，它可以是文本、键等。用鼠标点击"热点"后，可以弹出说明信息、播放声音、完成某项工作等。但超文本查询只能预先设置好，用户不能实时构建自己要求的各种查询。

（九）符号查询

地物在 GIS 中都是以一定的符号表示的，系统应该提供根据地物符号来进行查询的功能。符号查询是根据地物在系统中的符号表现形式来查询地物的信息，实质是通过用户指定某种符号，在符号库中查询其代表的地物类型，在属性库中查询该地物的属性信息或者图形信息。

（十）查询结果的显示方式

空间数据查询不仅能给出查询到的数据，还应以最有效的方式将空间数据显示给用户。例如对于查询到的地理实体的属性数据，能以表格、统计图表的形式显示，或根据用户的要求来确定。

空间数据的最佳表示方式是地图，因而空间数据查询的结果最好以专题地图的形式表示出来。但目前把查询的结果制作成专题地图还需要一个比较复杂的过程。为了方便查询结果的显示，有学者在基于扩展的 SQL 查询语言中增加了图形表示语言，作为对查询结果显示的表示，有 6 种显示环境的参数可选定。

1. 显示方式

有 5 种显示方式用于多次查询结果的运算：刷新、覆盖、清除、相交和强调。

2. 图形表示

用于选定符号、图案、色彩等。

3. 绘图比例尺

确定地图显示的比例尺（内容和符号不随比例尺变化）。

4. 显示窗口

确定屏幕上显示窗口的尺寸。

5. 相关的空间要素

显示相关的空间数据，使查询结果更容易理解。

6. 查询内容的检查

检查多次查询后的结果。

通过选择这些环境参数可以把查询结果以用户选择的不同形式显示出来，但离把查询结果以丰富多彩的专题地图显示出来的目标还相差很远。

六、缓冲区分析

缓冲区分析是 GIS 中重要和基本的空间分析功能之一。缓冲区分析有着广泛的实际用途，例如在一个城市中，要对某个地区做一些改变，就需要通知该地区及其周边地区一定距离（如 500 m）范围内的所有单位或居民；在林业方面，要求距河流两岸一定范围内规定出禁止砍伐树木的地带，以防止水土流失；在地震带要按照断裂线的危险等级，绘出围绕每一断裂线的不同宽度的缓冲带，作为警戒线的标识；或在街区改造中，要统计沿某条街两侧200 m以内三层楼以下的建筑物分布情况等。这些都要应用缓冲区的空间操作方法。

（一）缓冲区分析的基本概念

缓冲区是地理空间目标的一种影响范围或服务范围，它是对一组或一类地图要素（点、线或面）按设定的距离条件，围绕这组要素而形成具有一定范围的多边形实体，从而实现数据在二维空间扩展的信息分析方法。从数学的角度来看，缓冲区分析的思想是给定空间对象或对象集合，确定它们的邻域，邻域的大小由缓冲区的半径或缓冲区建立条件来决定，因此对于给定对象的缓冲区定义为：

$$B_i = \{x: d(x, O_i) \leqslant R\}$$

（7-11）

即对象的半径为R的缓冲区为距离小于R的全部点的集合。对于对象集合，其半径为R的缓冲区是其中单个空间目标的缓冲区的并集，即：

$$B = \bigcup_{i=1}^{n} B_i$$

（7-12）

缓冲区主要有点缓冲区、线缓冲区和面缓冲区三种类型。

缓冲区分析是根据分析对象的点、线、面实体，自动建立它们周围一定距离的带状区，用以识别这些实体对邻近对象的辐射范围或影响度，以便为某项分析或决策提供依据。

（二）矢量数据缓冲区的生成

从理论上来讲，缓冲区的生成非常简单。点状地物缓冲区的建立是以点状地物为圆心，以缓冲区距离为半径绘圆。对于多个点状地物同时创建缓冲区有两种情况，即相交的缓冲区融合在一起和相交的缓冲区未融合在一起。

线状目标缓冲区的建立是以线状目标为参考轴线，离开轴线两侧沿法线方向平移一定距离，并在线端点处以光滑曲线（如半圆弧）连接，所得到的点组成的封闭区域即为线状目标的缓冲区。

面状目标缓冲区边界生成算法的基本思路与线状目标缓冲区生成算法基本相同，所不同的是，面状目标缓冲区生成算法是单线问题，即仅对非岛多边形的外侧或内侧形成缓冲区，而对于环状多边形的内外侧边界可以分别形成缓冲区。

对于线目标和面目标缓冲区的生成过程实质上是一个对线状目标和面状目标边界线上的坐标点逐点求得缓冲点的过程，其关键算法是缓冲区边界点的生成和多个缓冲区的合并。缓冲区边界点的生成算法有很多种，代表性的有角平分线法和凸角圆弧法。

（三）栅格数据缓冲区的生成

缓冲区分析在GIS中用得较多，但对矢量数据的缓冲区操作比较复杂，而在栅格数据中可看作是对空间实体向外进行一定距离的扩展，因而算法比较简单。

（四）特殊情况下的缓冲区生成问题

1. 缓冲区发生重叠时的处理

对于形状简单的对象，其缓冲区是一个简单的多边形，但对形状比较复杂的对象或多个对象的集合，所建立的缓冲区之间往往会出现重叠，缓冲区之间可能会彼此相交。缓冲区的重叠包括多个对象缓冲图形之间的重叠和同一对象缓冲区图形的自重叠。在实际应用中通常根据应用需求决定是否要将相交区域进行融合。对于多个对象缓冲区图形之间的重叠，可以在作参考线的平行线时，考虑各种情况，自动打断彼此相交的弧段，通过拓扑分析的方法，自动识别落在某个缓冲区内部的那些线段或弧段，然后删除这些线段或弧段，得到处理后的连通缓冲。对于同一对象缓冲区图形的自重叠，通过逐条线段求交。如果有交点，且交点在该两条线段上，则记录该交点。至于该线段的第二个端点是否要保留，则看其是进入重叠区还是从重叠区出来。对于进入重叠区的点予以删除，否则记录之，便得到包括岛状图形的缓冲区。

2. 同类要素缓冲距不同时的处理

例如，根据不同的道路等级绘制不同半径的道路缓冲区，则通过建立道路属性表，根据不同属性确定其不同的缓冲区宽度。

3. 动态缓冲区生成问题

动态缓冲区生成是针对两类特殊情况提出的：一类是流域问题，另一类是污染问题。针对流域问题，除可以采用以上提到的同类要素缓冲距不同时的处理方法外，还可以基于线目标的缓冲区生成算法，采用分段处理的办法分别生成各流域分段的缓冲区，然后按某种规则将各分段缓冲区光滑连接；也可以基于点目标的缓冲区生成算法，采用逐点处理的办法分别生成沿线各点的缓冲圆，然后求出缓冲圆序列的两两外切线，所有外切线相连即形成流域问题的动态缓冲。

4. 复杂图形情况下的缓冲区与非缓冲区的标识处理

当原始图形比较复杂时，缓冲区分析后会产生许多封闭的多边形，在缓冲区内、外的多边形区域中，为了标识哪些区域在缓冲带范围内还是在缓冲带范围外，应在这些多边形中加入特征属性。

七、空间叠加分析

（一）空间叠加分析的概念

空间叠加分析是指在统一空间参照系统条件下，将同一地区两个地理对象的图层进行叠加，以产生空间区域的多重属性特征，或建立地理对象之间的空间对应关系。前者一般用于搜索同时具有几种地理属性的分布区域，或对叠加后产生的多重属性进行新的分类，称为空间合成叠加；后者一般用于提取某个区域范围内某些专题内容的数量特征，称为空间统计叠加。

（二）视觉信息叠加分析

视觉信息的叠加分析是一种直观的叠加分析方法，它是将不同图层的信息内容叠加显示在屏幕或结果图件上，从而产生多层复合信息，以便判断各个图层信息的相互关系，获得更为丰富的目标之间的空间关系。

视觉信息的叠加分析通常包括以下几类：

①点状图、线状图和面状图之间的叠置。

②面状图区域边界之间或一个面状图和其他专题图边界之间的重叠。

③遥感图与专题图的叠加。

④专题图和数字高程模型叠加显示立体专题图。

⑤遥感影像与数字高程模型叠置生成真三维地物景观。

⑥遥感影像数据与 GIS 数据的叠置。

⑦遥感影像与提取的影像特征（如道路）的叠置。

视觉信息叠加分析需要进行数据间的运算，不产生新的数据层面，只是将多层信息叠置，以利于直观上的观察与分析。

（三）矢量数据叠加分析

1. 矢量数据叠加分析的内容

（1）点与多边形的叠加

点与多边形的叠加是确定图中一个图层上的点落在另一图层的哪个多边形中，这样就可给相应的点增加新的属性内容。

例如，一个图层表示水井的位置，另一个图层表示城市土地利用分区。两幅图叠加后就可以得出每个城市土地利用分区（如居住区）中有多少水井，也可以知道每个水井位于城市的哪个分区中。点与多边形叠加分析的算法能正确地判别所有的点在区域内、区域外或在区域边界上，可用射线法进行判断。

（2）线与多边形的叠加

线与多边形的叠加是确定一个图层上的弧段落在另一个图层的哪个多边形内，以便为图层的每条抓段建立新的属性。

例如，水系图与行政区划图叠加，可得到每个行政区域中有哪些河流，每条河流流经的长度等。线与多边形叠加的算法就是线的多边形裁剪。算法的具体实现可以参照相关的计算机图形学的书籍。

（3）多边形与多边形的叠加

多边形与多边形的叠加是指不同图层多边形要素之间的叠加，产生输出层的新多边形要素，用以解决地理变量的多准则分析、区域多重属性的模拟分析、地理特征的动态变化分析，以及图幅要素更新、相邻图幅拼接、区域信息提取等。

例如，土壤类型图层与城市土地利用分区图层叠加，可得出城市各功能分区的土壤类型的种类，并进而计算出某种功能区内各种土壤类型的面积。

通常所说的矢量数据的叠加分析都是指多边形与多边形的叠加分析，虽然数据存储量比较小，但运算过程比较复杂。设参与叠加的两个图层中被叠加的多边形为本底多边形，用来叠加的多边形称为上覆多边形，叠加后产生的具有多重属性的多边形称为新多边形。多边形与多边形叠加算法的核心是多边形对多边形的裁剪，多边形裁剪比较复杂，因为多边形裁剪后仍然是多边形，而且可能是多个多边形。多边形裁剪的基本思路是一条边一条边地裁剪。

2. GIS 软件提供的多边形与多边形叠加分析的主要功能

多边形与多边形的叠加分析具有广泛的应用，它是空间叠加分析的主要类型，一般基础 GIS 软件都提供该类型的叠加分析功能。以 ArcGIS 为例，提供的多边形与多边形叠加分析功能，包括以下六种：

（1）Union

是并的操作，输出图层为保留原来两个输入图层的所有多边形。如果是表示同一地区不同时期的地理形态的两个图层，通过 Union 操作后可以得到这个地区的两个时期的所有形态。

（2）Intersect

交的操作，输出层为保留原来两个输入图层的公共多边形。上述两个图层叠加，通过 Intersect 操作后可得到这个地区两个时期共有的形态，即均未发生改变的形态。

（3）Identity

识别操作，进行多边形叠加，输出层为保留以其中一输入层为控制边界之内的所有多边形。显然，这时两个图层叠加后，可以清晰地反映出该地区经过这两个时期动态变化的形态。

（4）Erase

擦除操作，进行叠加后，输出层为保留以其中一输入图层为控制边界之外的所有多边形。显然，这时表示在将更新的特征加入之前，需将控制边界之内的内容删除。

（5）Update

更新操作，输出图层为一个经删除处理后的图层与一个新的特征图层进行合并后的结果。

（6）Clip

进行多边形叠加，输出层为按一个图层的边界对另一个图层的内容要素进行截取后的结果。

（四）栅格数据的叠加分析

1. 栅格数据叠加分析的概念

基于栅格数据的叠加分析可以通过像元之间的各种运算来实现。设 A、B、C 表示第一、第二、第三各层上同一坐标处的属性值 / 函数表示各层上属性与用户需要之间的关系，U 为叠加后属性输出层的属性值，则：

$$U = f(A,B,C)$$

叠加操作的输出结果可能是：

①各层属性数据的平均值（简单算术平均或加权平均等）。

②各层属性数据的最大值或最小值。

③算术运算结果。

④逻辑条件组合。

2．栅格数据叠加分析的作用

（1）类型叠加

即通过叠加获取新的类型。如土壤图与植被图叠加，以分析土壤与植被的关系。

（2）数量统计

即计算某一区域内的类型和面积。如行政区划图和土壤类型图，可计算出某一行政区划中的土壤类型数，以及各种类型土壤的面积。

（3）动态分析

即通过对同一地区、相同属性、不同时间的栅格数据的叠加，分析由时间引起的变化。

（4）益本分析

即通过对属性和空间的分析，计算成本、价值等。

（5）几何提取

即通过与所需提取的范围的叠加运算，快速地进行范围内信息的提取。

八、网络分析

空间网络分析是 GIS 空间分析的重要组成部分。网络是一个由点、线的二元关系构成的系统，通常用来描述某种资源或物质在空间上的运动。城市的道路交通网、供水网、排水管网、水系网都可以用网络来表示。

网络分析的用途很广泛，如出租车行车路线或紧急救援行动路线的最短路径选择；当估计排水系统在暴雨期间是否溢流及泛滥时，需要进行网络流量分析或负荷估计；城市消防站分布和医疗保健机构的配置等，也可以看成是利用网络和相关数据进行资源的最佳分配。这类问题在社会经济活动中不胜枚举，因此在 GIS 中此类问题的研究具有重要意义。

（一）空间网络的基本要素

空间网络除具有一般网络的边和结点间抽象的拓扑特征外，还具有 GIS 空间数据的几何定位特征和地理属性特征。各类空间网络虽然形态各异，但是构成网络的基本要素主要包括以下几种：

1.Link（连通路线或链）

网络的 Link 构成了网络模型的框架。Link 表示用于实现运输和交流的相互连接的线性实体。它可用于表示现实世界网络中运输网络的高速公路、铁路以及电网中的传输线和水文网络中的河流，其状态属性包括阻力和需求。

2.Node（结点）

是指 Link 的起止点。Link 总是在 Node 处相交。Node 可以用来表示道路网络中道路交叉点、河流网中的河流交汇点。

3.Stop（停靠点）

Stop 是指在某个流路上经过的位置。它代表现实世界中邮路系统中的邮件接收点或已知公路网中所经过的城市，其状态属性有资源需求，如产品数量。

4.Center（中心）

Center 是指网络中一些离散位置，它们可提供资源。Center 代表现实世界中的资源分发中心、购物中心、学校、机场等。其状态属性包括资源容量，如总的资源量、阻力限额（如中心与链之间最大的距离或时间限制）。

5.Turn（转弯）

Turn 代表了从一个 Link 到另一个 Link 的过渡。与其他的网络要素不同，Turn 在网络模型中并不用以模拟现实世界中的实体，而是代表 Link 与 Link 之间的过渡关系。状态有阻力，例如拐弯的时间和限制（如 8：00 到 18：00 不允许左转）。

6.Barrier（障碍）

禁止网络中链上流动点。

空间网络要素的属性除了一般 GIS 所要求的名称、关联要素、方向、拓扑关系等空间属性之外，还有一些特殊的非空间属性，如：

（1）阻强：指物流在网络中运移的阻力大小，如所花时间、费用等。阻强一般与弧的长度、弧的方向、弧的属性及节点类型等有关。转弯点的阻强描述物流方向在结点处发生改变的阻力大小，若有禁左控制，表示物流在该节点往左运动的阻力为无穷大或为负值。为了网络分析需要，一般要求不同类型的阻强要统一量纲。

（2）资源需求量：指网络系统中具体的线路、弧段、结点所能收集的或可以提供给某一中心的资源量。如供水管网中水管的供水量，城市交通网络中沿某条街的流动人口，货运站的货量等。

（3）资源容量：指网络中心为满足各弧段的要求所能提供或容纳的资源总量，也指从其他中心流向该中心或从该中心流向其他中心的资源总量。如水库的容量、货运总站的仓储能力等。

（二）网络分析的基本方法

1. 路径分析

路径分析是 GIS 中最基本且非常重要的功能，其核心是最优路径的求解。在交通网络中，救护车需要了解从医院到病人家里走哪条路最快；在运输网络中，有时需要找出运输费用最小的路径；在通信网络中，要找出两点间进行信息传递具有最大可靠性的路径等。同时路径分析还有两个非常著名的应用，如边最优游历方案和点最优游历方案，即著名的中国邮递员问题和推销员问题。

路径分析中大量的最优化问题都可以转化为最短路径问题，因而人们讨论最多的就是最短路径的实现，其中最著名的最短路径搜索算法是 Dijkstra 算法。

为了求出最短路径，首先需要计算网络中任意两点间的距离（如果要计算最短路径，任意两点间的距离为实际距离；而要计算最佳路径，则可设置为起点到终点的时间或费用），并形成 n×n 阶距离矩阵或权阵。

Dijkstra 算法是一种对结点不断进行标号的算法。每次标号一个结点，标号的值即为从给定起点到该点的最短路径长度。在标定一个结点的同时，还对所有未标号结点给出了"暂时标号"，即当时能够确定的相对最小值。

ArcGIS 中的 ArcGIS Network Analyst 模块是进行路径分析的扩展模块，它功能强大，能够完成行车时间分析、最短路径、最佳路径等路径分析功能。

2. 资源分配

资源分配用来模拟地理网络上资源的供应与需求关系，主要包括中心定位与资源分配两个方面。其中定位问题是指已知需求源的分布，要确定最合适的供应点布设位置；而分配问题是指已知供应点，要确定供应点的服务对象，或者说是确定需求源分别接受谁的服务。通常这是两个需要同时解决的问题，所以合称为定位与分配问题。

假设研究区域内有 n 个需求点和 p 个供应点，每个需求点的权重（需求量）为 w_i，t_{ij} 和 d_{ij}，分别为供应点 j 对需求点 i 提供的服务和两者之间的距离。如果供应点的服务能够覆盖到区域内的所有需求点，则：

$$\sum_{j=1}^{p} t_{ij} = w_i \quad (i = 1, \cdots, n)$$

（7-13）

若规定每个需求点只分配给离其最近的一个供应点，则有：

$$\begin{cases} t_{ij} = w_i & d_{ij} = \min(d_{ij}) \text{时} \\ t_{ij} = 0 & \text{其他情况} \end{cases}$$

（7-14）

网络的整体目标方程必满足：

$$\sum_{i=1}^{n}\sum_{j=1}^{p}c_{ij}=\min$$

（7-15）

其中，c_{ij} 可以有以下几种基本理解：

①当要求所有需求点到供应点的距离最小时：

$$c_{ij}=w_{i}d_{ij}$$

（7-16）

②当要求所有需求点均在某一理想服务半径 s 之内时：

$$c_{ij}=\begin{cases}w_{i}d_{ij} & d_{ij}\leqslant s \\ +\infty & d_{ij}>s\end{cases}$$

（7-17）

③当要求所有供应点的服务范围尽可能最大，即新增需求点的代价最低时：

$$c_{ij}=\begin{cases}0 & d_{ij}\leqslant s \\ w_{i} & d_{ij}>s\end{cases}$$

（7-18）

3. 连通分析

人们常常需要知道从某一结点或网线出发能够到达的全部结点或网线，这一类问题称为连通分量求解。另一连通分析问题是最少费用连通方案的求解，即在耗费最小的情况下使得全部结点相互连通。连通分析对应图的生成树求解，通常采用深度优先遍历或广度优先遍历生成相应的树，最少费用求解过程则是生成最优生成树的过程，一般采用 Prim 算法或 Kruskal 算法。

4. 流分析

所谓流，就是将资源由一个地点运送到另一个地点。流分析的问题主要是按照某种最优化标准（时间最少、费用最低、路程最短或运送量最大等）设计运送方案。为了实施流分析，就要根据最优化标准的不同扩充网络模型，要把中心分为收货中心和发货中心，分别代表资源运送的起始点和目标点。这时发货中心的容量就代表待运送资源量，收货中心的容量代表它所需要的资源量。网线的相关数据也要扩充，如果最优化标准是运送量最大，就要设定网线的传输能力；如果目标是使费用最低，则要为网线设定传输费用（在该网线上运送一个单位的资源所需的费用）。

5. 选址

选址功能涉及在某一指定区域内选择服务性设施的位置，例如市郊商店区、消防站、工厂、飞机场、仓库等的最佳位置的确定。在网络分析中，选址问题一般限定设施必须位于某个结点或位于某条网线上，或者限定在若干候选地点中选择位置。选址问题种类繁多，实现方法和技巧也多种多样，不同的 GIS 在这方面各有特色。造成这种多样性的原因主要在于对"最佳位置"的解释（即用什么标准来衡量一个位置的优劣），以及要定位的是一个设施还是多个设施。

第八章 地理空间数据获取与处理

第一节　地理空间数据源

近年来，由于国家相关数据生产部门（如测绘地理信息局、城市测绘院等）、一些专业应用部门（如土地局、房产局、规划局等）都生产了大量的数字化数据，多数以数字线划图（DLG）、数字扫描图（DRG）、数字正射影像（DOM）和数字高程模型（DEM）的形式存在。通过数据交换获取 GIS 数据的方式，将会越来越普遍。通过互联网，在创建新的数据或是购买数据之前看看哪些数据可以共享，是必要的。这些框架性（或基础性）和专业性地理数据已经成为公益性和商业性产品，同时它们也成为一种战略性资源。

一、地理空间数据源的类型

数据源是指建立 GIS 的地理数据库所需的各种数据的来源，主要包括地图、遥感数据、文本数据、统计调查数据、实测数据、多媒体数据、已有系统的数据等。可归纳为原始采集数据、再生数据和交换数据三种来源。

地图数据是 GIS 的主要数据源，是一种多尺度图形数据。地图数据具有地形图数据、地籍数据、综合管线数据、专题地图数据、规划地图数据，地表覆盖数据、土地利用数据等多种类型。在 GIS 中，主要用于生产矢量数据和数字扫描数据、数字高程模型数据和属性数据等。

遥感数据是 GIS 的重要数据源，包括多尺度影像数据和非成像数据。遥感影像数据具有卫星遥感、航空遥感、低空遥感和地面遥感等多种平台、多分辨率、多时相、多波段等多种类型。在 GIS 中，主要用于生产正射影像制图、分类制图、地理特征要素提取、数字表面模型等。

文本数据主要是一些文档资料数据，如规范、标准、条例等，作为属性数据或数字查阅使用。

统计调查数据主要是通过社会调查、人口统计、经济统计等获取的社会经济数据，作为 GIS 的属性数据或被地理空间化后进行空间分析和可视化使用。

实测数据是指通过各种传感器实时感知得到的观测数据，具有很高的时效性，在 GIS 中常用于时空数据分析。

多媒体数据主要是图片数据、视频数据和声音数据等，它们是建立对媒体 GIS 的主要数据源。

已有系统数据主要是指来自已经建成运行的系统或测绘成果数据库数据，它们经过格式转换和信息化处理后，转化在建系统的数据。随着地理信息的数字化生产方式的开展和地理数据共享服务平台的建设，这类数据在 GIS 建设中所占比重会越来越重。

再生数据是指在对数据加工处理和数据分析利用过程中产生的中间成果数据，因在某些方面具有原始数据或交换数据的特点，同时又不能通过这两种方式获得的数据。在 GIS 建设中，这类数据的比重较少。

二、地理空间数据处理内容

以各种形式存在的地理数据如果转化为 GIS 可利用的数据，需要经过一系列的数据处理。它们可能不是数字的，需要经过数字化处理；它们的参考系统不一致，需要经过坐标转换处理；它们可能没有地图坐标，需要经过地理空间参考化处理；它们的数据格式不能被在建 GIS 的软件支持，需要经过数据格式转换处理；它们可能存在不准确和矛盾，需要进行编辑和改正；当然，它们都需要按照前面章节所介绍的有关处理要求，进行建模处理、分类、分层、编码、索引、建立拓扑关系、属性取值、质量检查等处理。

值得指出的是，不同的数据源转化为 GIS 数据，转化处理的设备、方法、精度和成本也是不同的。

第二节　空间数据的数字化

非数字形式存在的数据，都必须经过数字化处理转化为数字数据，才能为 GIS 所支持和使用。已经是数字形式的数据，只需通过软件读入计算机，进行必要的处理后，为 GIS 所使用。

一、纸质地图的数字化

纸质地图数字化的方式有两种。一种方式是通过数字化仪，获得矢量数据。不过这种方法，现在已经不经常使用了。

另一种方式是使用数字扫描仪首先将需要数字化的对象转化为数字扫描图像，然后再对其进行数字化处理，是当今数字化使用的主要设备和方法。将纸质的地图、影像、文本资料等进行数字化，常采用这种方式。数字扫描仪有多种类型：机械扫描仪、视频扫描仪、CCD 相机、CCD 扫描仪。其中机械扫描仪主要用于地图的数字化，不受幅长的限制，可提供多种分辨率。数字化所得到的数字图像经坐标转换处理后，得到 DRG 数据，常用于制图和可视化的底图或背景图使用。如果对其线性化处理，可以得到 DLG 数据，经处理后得到 GIS 数据。

二、影像或图片数据的数字化

遥感影像或图片、相片如果不是数字形式的，可以通过视频扫描仪、CCD 相机、CCD 扫描仪中的任何一种方式进行数字化，不过分辨率不同。扫描所得到的数字数据需要进行地理坐标的参考化处理，方能与地图数据一起使用。有时还需要进行影像的拼接和匀光处理。

三、文本数据的数字化

文本数据如果不是数字形式的，也需要进行数字化处理。可以采用与影像和图片数字化的方式，但需要借助文字识别软件，转化为计算机可以识别的字符 c 当然，也可以采用键盘输入的方式进行数字化。

第三节　空间数据坐标转换方法

地理空间数据除了因地理参考系统不同，需要进行地理坐标和投影坐标转换外，经常还需要进行平面直角坐标系之间的转换。

一、空间坐标转换概念

两个直角平面坐标系之间的转换是根据选定的位于两个坐标系中的一定数量的对应控制点，选定坐标转换的计算方法，解算坐标转换的计算参数，建立坐标系之间转换的数学关系后，将一个坐标系中的所有对象的几何坐标转换到另一个坐标系的过程。遇到下列情形时，需要进行空间坐标转换：

（1）数字化设备坐标系的测量单位和尺度与地图的真实世界坐标系不一致时，需要将设备坐标系转换到地图坐标系。如地图数字化仪、地图扫描仪坐标到地图坐标的转换。

（2）自由坐标系到地图坐标系的转换。如一些地方坐标系（如城市坐标系）、自由测量坐标系需要转换到地图坐标系。一般来讲，地方坐标系与地图坐标系之间的转换参数是已知的，不需要解算，可以直接根据转换参数进行坐标转换。

（3）影像的文件坐标系到地图坐标系的转换。影像文件的坐标系是左上角为原点的坐标系，坐标单位是像素。将其转换为地图坐标系，也称为影像的地理坐标参考化。

（4）计算机屏幕坐标、绘图仪坐标与地图坐标的转换。在 GIS 中，地图特征是按照真实世界坐标存储的，如果将其显示在计算机屏幕，或制图输出，需要经地图坐标转换为屏幕坐标和绘图仪坐标。

（5）中心投影坐标系到地图坐标系的转换。如果是从一张中心投影的相片直接提取的数据，需要经过正射投影方法（透视投影）转换为地图坐标系。

二、常用的坐标转换方法

常用的坐标转换方法有相似变换、仿射变换、多项式变换和透视变换等。

（一）相似变换

相似变换主要解决两个坐标系之间的坐标平移和尺度变换。当两个坐标系存在夹角，坐标原点需要平移，两坐标轴 X、Y 方向具有相同的比例缩放因子时，使用相似变换。变换公式为

$$\left.\begin{array}{l} X = A_0 + A_1 x - B_1 y \\ Y = B_0 + B_1 x + A_1 y \end{array}\right\}$$

$$(8-1)$$

计算这种变换，至少需要对应坐标系的 2 个对应控制点计算 $(A_0，A_1，B_0，B_1)$ 的 4 个变换参数即可。超过两对坐标，采用最小二乘求解。

（二）仿射变换

如果两个坐标系存在原点不同，两坐标轴在 X、Y 方向的比例因子不一致，坐标系之间存在夹角，倾斜等仿射变形，就需要采用仿射变换。仿射变换的公式为

$$\left.\begin{array}{l} X = A_0 + A_1 x + A_2 y \\ Y = B_0 + B_1 x + B_2 y \end{array}\right\}$$

$$(8-2)$$

计算这种变换，至少需要对应坐标系的 3 个对应控制点计算（A_0，A_1，A_2，B_0，B_1，B_2）的 6 个变换参数即可。超过 3 对坐标，采用最小二乘求解。

（三）多项式变换

如果存在图形的二次或高次变形改正，同时需要进行坐标平移、比例缩放、旋转等，

则需要采用二次或高次多项式进行转换。二次多项式为

$$
\left.\begin{array}{l}
X = A_0 + A_1 x + A_2 y + A_3 x^2 + A_4 y^2 + A_5 xy \\
Y = B_0 + B_1 x + B_2 y + B_3 x^2 + B_4 y^2 + B_5 xy
\end{array}\right\}
$$

（8-3）

计算这种变换，至少需要对应坐标系的 6 个对应控制点计算 $(A_0, A_1, A_2, A_3, A_4, A_5, B_0, B_1, B_2, B_3, B_4, B_5)$ 的 12 个变换参数即可。超过两对坐标，采用最小二乘求解。如果是高次变形转换和改正，则需要更多的控制点。超过必要的控制点个数，采用最小二乘求解。

（四）透视变换

如果图形存在透视变形，就需要进行透视变换。透视变换的公式为

$$
\left.\begin{array}{l}
X = \lambda \left(a_1 x + a_2 y - a_3 f \right) \\
Y = \lambda \left(b_1 x + b_2 y - b_3 f \right) \\
Z = \lambda \left(c_1 x + c_2 y - c_3 f \right)
\end{array}\right\}
$$

（8-4）

其中，λ、f 分别为影像的摄影比例尺和摄影机主距 g 计算这种变换，至少需要 5 个对应控制点计算 10 个变换参数。超过必要的控制点个数，采用最小二乘求解。

三、坐标转换方法的应用

地图在数字化时可能产生整体的变形，归纳起来，主要有仿射变形、相似变形和透视变形，图纸的变形常常产生前两种变形。新创建的数字化地图，数字化设备的度量单位与地图的真实世界坐标（测量坐标）单位一般不会一致，且存在变形，需要进行从设备坐标到真实世界坐标的转换。影像文件坐标的空间参考化等，常采用仿射变换方法。

屏幕坐标、绘图仪坐标和自由坐标系之间的转换常采用相似变换方法。存在高次变形的地图数据，如果需要与地图坐标数据进行配准、坐标转换，则采用多项式转换方法。

其他坐标转换方法的控制点的位置应在图幅内尽可能均匀选择、布局合理，以控制变形改正的质量。

第四节　空间数据编辑

空间数据编辑的任务主要有两方面：一是修改数据过程中产生的错误表达，二是将各种形式表达的数据编辑为 GIS 数据建模所要求的表达方式。

一、数据表达错误的编辑

在数据生产中，或多或少会存在一些错误的表达，这需要通过数据编辑处理加以改正。这些错误主要是位置不正确造成的。

这些表达错误涉及节点、弧段和多边形三种类型。其中，节点错误主要是节点不达、超出和不吻合等。伪节点的情况不一定是错误，可能是表达的折线的角点超出所规定的个数（如 5000 个）造成的。如果节点连接的两条折线的角点个数没有超出一条折线所规定的个数，且两条折线同属一个特征，则这个节点是伪节点，应该删除它。若是节点超出，问题就转化为线的问题，应删除超出的线段。直线悬空也未必一定是错误，如城市的立交道路，如果必须相交，则应增加交点节点。节点不吻合的现象经常发生，应该将不吻合的多个节点做粘和处理。多边形不闭合，则是一条折线，会失去多边形的含义。碎多边形和奇异多边形可能是数字化过程产生的，应加以改正。删除和增加角点，会改变线性特征的形状，应加以适当处理。多余的小多边形必须删除，跑线需要重新数字化或测量。实际情况是，数据表达错误远不止这些，一些特殊的表达错误需要按照节点、弧段和多边形错误改正方法进行改正，有时需要更为复杂的操作才能完成，如线分割一条线，再删除其某一部分。

二、空间数据的拓扑编辑

空间对象之间存在空间关系，如几何关系、拓扑关系、一般关系等。如果存在逻辑表达不合理，则也需要进行编辑改正。拓扑编辑主要是基于拓扑规则进行的，在 GIS 软件中，先产生拓扑类，根据拓扑类，定义拓扑规则，按照拓扑规则验证拓扑表达关系是否正确。

三、空间数据的值域约束编辑

在空间数据的错误编辑或形状编辑过程中，会影响其属性取值。这也需要一些规则来给编辑后的特征对象进行赋值。属性取值采用值域约束规则，包括范围域、编码域和缺省值等。

范围域通过设置最大和最小值域，对对象或特征类的数字取值进行规则验证，适用于文本、短整型、长整型、浮点型、双精度和日期型的数据类型。

特征的许多属性是分类属性。例如，土地利用类型可以采用一个值的列表作为约束规则，如"居住""工业""商业""公园"等。可以使用代码域随时更新列表约束规则。

在数据输入时，一个经常出现的情形是，对于某个属性，经常使用相同的属性取值。使用属性的缺省值规则，可以为特征类在产生、分割或合并时的子类赋缺省值。例如选择"居住"为缺省值，当地块产生、分割或合并时进行赋值。适用于文本、短整型、长整型、浮点型、双精度和日期型的数据类型。

一旦设置了上述的值域约束规则，在对象被分割和合并时，就可以为子对象进行赋值。例如，当一个地块被分割为两个时，新的地块的属性取值可能是基于它们各自面积所占的比例赋值。或者将某个属性值直接复制给这两个地块，或者将缺省值赋给新的对象。当合并对象时，新对象的属性值可以是缺省值、求和的值或加权平均值。

第五节　空间数据的互操作

因 GIS 软件所定义的数据模型和数据结构不同，造成不同的地理空间数据格式之间存在不兼容性问题，即不同的 GIS 软件所支持的数据存储格式不能直接相互利用。需经过格式转换才能相互被对方使用，空间数据互操作是指两个 GIS 之间，不同的数据格式可以相互转换和相互利用的操作。空间数据互操作是数据共享服务的基础。在数据格式转换方面，一些软件，如 FME 和 ArcGIS，支持数 10 种数据格式的互操作。

一、数据格式转换的过程和内容

数据格式是在一个文件内或其他数据源（如 DBMS 的表）中的信息的数字组织。每种数据格式都提供了能够被计算机使用的内部数据结构。每种数据格式的数字编码信息被特定的计算机程序所理解和使用。一个 GIS 用户可能要使用到多种数据格式，如矢量的、栅格的（影像的）和表的。数据转换是复杂的，包括对数据翻译的处理。你可以根据自定义的一些规则，重新定义将输入数据写入到输出数据的数据格式。可以定义两种数据格式之间的映射关系，这种转换称为语义数据转换。例如，可以将输入数据看做是一系列独立的坐标和属性数据，在输出格式中，重新生成新的特征数据和表，重新建立特征数据和表的连接，重新对表中的字段值进行分类等。格式转换分为内部数据源和外部数据源，如 Coverage，Shapfile 和 Geodatabase 是 ArcGIS 的内部数据源，其他格式的数据是外部数据源。

数据转换的过程：首先从输入数据文件提取转换的数据元素，进行数据转换（重新定义数据元素），再将转换的数据写入输出数据文件。

数据格式转换的内容包括以下三个方面的内容：

（1）空间定位信息，即几何数据，主要是对象的位置和形状数据。

（2）空间关系信息，即几何实体之间的拓扑、几何关系和一般关系数据。

（3）属性信息，即几何实体的属性数据。

内部数据源的格式转换，一般都能实现完全转换，但对外部数据源，在进行空间数据格式转换时，可能遇到以下问题而转失败，从而产生信息丢失或损失：

（1）两种数据格式因定义的数据模型差别很大，特别是对象和特征定义存在较大差别，造成待转换对象不能一一对应，数据翻译失败，不能产生新的有效对象。如一些软件使用函数定义特征形状，其他软件不支持这些定义；一些软件定义的注记类，不能转换为另一些软件的注记类，当做特征数据转换，从而产生一些无效的数据。

（2）几何对象之间的空间关系定义不同。一些软件支持的空间关系，如拓扑关系不一致，造成关系信息丢失，转换后还需要重新建立拓扑关系。

（3）一般来讲，属性数据都是按照关系数据库的表存储的，多数情况下属性转换可以成功进行。但当数据分类定义不一致时，会产生语义差别，进而会影响数据的位置和关系。从而造成转换后的空间数据虽然格式一致，但空间语义具有差别，为数据的综合分析造成困难。

空间数据转换的这些问题为空间数据的在线分析利用造成障碍，因为需要进行编辑，而编辑是费时和需要专业知识的。

二、数据格式转换的方式

数据格式转换是通过转换算子进行的。数据转换算子是从一种数据格式转换到另一种格式，预先定义的一组转换设计，定义了如何将输入数据元素转换为输出数据元素的一些概念和规则。数据格式转换主要有以下三种方式：

（一）通过外部数据交换文件进行。

大部分 GIS 工具软件都定义了外部交换文件格式，见表 8-1。

表 8-1　常用商业 GIS 工具软件的外部交换格式

软件名称	外部交换格式
ArcInfo	E00;
MapInfo	MID，MIF;
AutoCAD	DXF;
MGE	ASC Ⅱ Loader

使用商业 GIS 工具软件提供格式转换软件，可以很方便实现系统之间的数据格式转换，因为外部交换格式都是文本格式，用户也可通过自己编程，进行一些特殊要求的格式转换，或将测量的文本记录表格数据写成这些外部交换格式，然后由相应的 GIS 软件读入系统。这种数据文件格式的转换需经过二次或三次转换才能完成。这是当前 GIS 软件之间以及其他图形系统、数据采集系统向 GIS 进行数据转换的主要方式。

（二）通过标准空间数据文件转换

在系统之间进行数据格式转换的另一种解决方案是，定义标准的空间数据交换文件标准，每个 GIS 软件都按这个标准提供外部交换格式，并且提供读入标准格式的软件。这样，系统之间的数据交换经过二次转换即可完成。这是一些国家或组织为减少信息丢失、提高数据互访的效率提供的一种数据标准策略，如美国的 SIDS 和我国的 CNSDTF 都是关于空间数据格式交换的标准。

（三）通过标准的 API 函数进行转换

上述两种方式都是经过文件实现的数据转换方式。如果 GIS 软件都提供直接读取对方存储格式的 API 函数，则系统之间的转换只需一次转换即可完成。空间数据的转换在网络应用环境是费时的' 它直接影响了数据库之间的互操作效率。为此，OpenGIS 协会要求每个 GIS 软件应该提供一套标准的 API 函数，其他软件可以利用这些函数直接读取对方系统的内部数据。

三、矢量数据和栅格数据的转换

矢量数据和栅格数据是一个 GIS 支持的两种重要数据格式，两者之间具有优势互补的特性。在数据分析、制图和显示时，经常需要进行二者之间的相互转换。将矢量数据栅格化，有利于利用栅格数据代数运算模式，进行空间分析，其计算成本会低于矢量数据运算。有时，将矢量数据转换为栅格数据，有利于数据的显示，如可以建立金字塔结构的数据，实现多尺度显示和缓存显示。将栅格数据转换为矢量数据，便于对数据进行几何量测运算，如需要更高精度的距离和面积量算等。

栅格数据转换为矢量数据，需要将离散的栅格单元转换为独立表达的点、线或多边形。特征的属性取决于栅格单元的属性。转换的关键是正确识别点数据单元、边界数据单元、节点和角点单元，并对构成特征的数据单元进行拓扑化处理。

矢量数据转换为栅格数据，需要更具设定的栅格分辨率，将矢量数据的空间特征转换为离散的栅格单元，即将地图坐标转换为栅格单元的行列号，栅格单元的属性通过属性赋值获得。已经有不同的矢量与栅格之间的转换算法。

矢量和栅格数据之间的相互转换在 GIS 中是重要的。栅格化是指将矢量数据转换为栅格数据格式。栅格数据更容易产生颜色编码的多边形地图，但矢量数据则更容易进行边界跟踪处理。矢量数据转换为栅格数据也有利于与卫星遥感影像集成，因为遥感影像是栅格的。

第六节　空间数据的质量

"质量"的具体意义根据其所应用的语境而确定的。一般而言，质量是一个用来表征人造物品的优越性、品质或证明其技术含量多少、艺术程度高低的常用语。GIS 数据质量的研究是 GIS 的重要研究内容之一。长期以来，对 GIS 数据及其分析结果的精度分析和处理方法的研究，一直处于滞后状况，缺乏评定 GIS 数据质量以及分析结果可靠性的必要方法。

一、GIS 数据质量的概念

GIS 数据质量是指 GIS 中空间数据（几何数据和属性数据）在表达空间位置、属性和时间特征时所能达到的准确性、一致性、完整性以及三者统一性的程度。

研究 GIS 数据质量是出于以下的主要原因：

（1）私营部门生产的数据量增多。历史上，地理空间数据的生产主要由政府机构完成，如中国国家测绘地理信息局。与政府机构不同的是，一些私营公司没有义务严格遵守众所周知的质量标准，这会造成 GIS 操作的数据质量不一致，不能集成和综合利用问题。

（2）按照 GIS 要求选择地理空间数据的情况增多。越来越多的用户根据 GIS 的要求来选择 GIS 数据，如果所选的数据达不到最低质量标准，就会产生负面影响，数据的提供者因此会面临法律问题。

（3）对二次数据源的依赖性增加。数据交换标准的发展和数据交换技术能力的提高，降低了二次数据源数据的获取成本及可获取性。但同时也带来了如何评判所获得的数据质量问题和可用性问题。

（4）在一些重大的、复杂的空间决策方面，数据质量决定决策结果的正确性。因为 GIS 在综合利用各类数据方面所表现的特长，使得不同测量日期、不同测量方法、不同空间分辨率、不同质量标准等数据很容易放在一个分析决策项目中使用。可能产生决策结果的可信度和可靠性问题，而 GIS 软件并不能直接理会这些数据的质量差别。

GIS 数据质量研究的目的是建立一套评定空间数据的分析和处理的质量指标体系和评价方法，包括误差源的分析、误差的鉴别和度量方法、指标、误差传播的模型、控制和削弱误差的方法，以及质量评定指标和方法等，使 GIS 在提供产品的同时，附带提供产品的质量指标，建立 GIS 产品的合格证制度。

二、GIS 数据质量的一般指标

GIS 数据质量的一般指标有以下 5 个：

（一）准确度

用来定义地理实体位置、时间和属性的量测值与真值之间的接近程度。与误差的定义相反。独立地定义位置、时间和属性表达的准确度，可能忽略它们之间存在的相互依赖关系，而存在局限性 c 尽管可以独立地定义时间、空间、属性的准确度，但由于时空变化的不可分割性，空间位置和属性变化之间的依赖性，这种定义实际上意义并不大。因此，准确度更多的是一个相对意义而非绝对意义。

（二）精度

空间数据表达的精确程度或精细程度，包括位置精度、时间精度和属性精度。精细程度的另一个可替代名词是"分辨率"，在 GIS 中经常使用这一概念。分辨率影响到一个数据库对某一具体应用的使用程度。采用分辨率的概念避免了把统计学中精度和观测误差概念的精度相互混淆。在 GIS 中，空间分辨率是有限的。

位置精度，又称空间精度，是指在空间数据库中空间特征的精度。对空间精度的度量依赖于空间维度。关于点对象的精度衡量标准常使用平方差、均方根误差等指标。线的误差通常使用一些 ε 带的变量定义。ε 带的定义是：在某已知代码化线条周围的不确定区域内，"实际观测的"线以一定的概率存在于该区域内。

属性精度：是一个随测量尺度变化而变化的量。对于定量属性，使用与点的精度度量方法相似；而定性属性描述的精度，目前还主要是对描述的准确性加以考量，如要素分类的正确性、属性编码的正确性、注记的正确性等，用以反映属性数据的质量。

时间精度：是指事件能被识别的最小持续时间，它受间隔记录持续时间和事件变化速率的交互影响。

（三）逻辑一致性

指数据库中没有存在明显的矛盾，如多边形的闭合、节点匹配、拓扑关系的正确性或一致性等。

（四）完备（整）性

是指数据库对所描述的客观世界对象的遗漏误差，如数据分类的完备性、实体类型的完备性、属性数据的完备性、注记的完整性等。

（五）现势性

如数据的采集时间、数据的更新时间的有效性等。

三、空间数据的误差类型

GIS 空间数据的误差可分为源误差、处理误差和传播误差。

（一）源误差

源误差是指数据采集和录入中产生的误差，包括：

（1）遥感数据：摄影平台、传感器的结构及稳定性、分辨率等。

（2）测量数据：人差（对中误差、读数误差等）、仪差（仪器不完善、缺乏校验、未做改正等）、环境（气候、信号干扰等）。

（3）属性数据：数据的录入、数据库的操作等。

（4）GPS 数据：信号的精度、接收机精度、定位方法、处理算法等。

（5）地图：控制点精度，编绘、清绘、制图综合等的精度。

（6）地图数字化精度：纸张变形、数字化仪精度、操作员的技能等。

（二）处理误差

处理误差是指GIS对空间数据进行处理时产生的误差，如在下列处理中产生的误差：

（1）几何纠正。几何纠正所用控制点的精度、纠正的数学模型精度是产生这类误差的主要原因。

（2）坐标变换。控制点的布局、精度、转换的数学模型是产生这类误差的主要原因。

（3）几何数据的编辑。在编辑过程中，节点、线的移动，交点的增加、删除、移动等都会产生编辑误差。

（4）属性数据的编辑。属性取值的合理性是主要误差产生原因。

（5）空间分析，如多边形叠置等。叠加算法的自动取舍、误差容限的给定是主要原因。

（6）图形化简，如数据压缩。压缩算法是主要原因。

（7）数据格式转换。数据格式转换会丢失数据信息，如拓扑关系信息、属性信息等。

（8）计算机截断误差。与算法规则有关。

（9）空间内插。与内插的算法有关，与数据点的分布有关。

（10）矢量栅格数据的相互转换。与算法有关，与二值化和细线化有关。二值化和细线化会影响线的中心位置的确定。栅格分辨率也是影响因素。

（三）传播误差

传播误差是指对有误差的数据，经过模型处理，GIS产品存在着误差。误差传播在GIS中可归结为三种方式：

（1）代数关系下的误差传播：指对有误差的数据进行代数运算后，所得结果的误差。

（2）逻辑关系下的误差传播：指在GIS中对数据进行逻辑交、并等运算所引起的误差传播，如叠置分析时的误差传播。

（3）推理关系下的误差传播：指不精确推理所造成的误差。

四、GIS 数据质量问题的检查方法

发现数据错误，探测数据精度和准确性，是研究数据质量的前提。GIS中对数据质量检查的方法主要有直接评价、间接评价和非定量描述等。

（一）直接评价法

包括用计算机程序自动检查和随机抽样检查。

某些类型的错误可以用计算机软件自动发现，数据中不符合要求的数据项的百分率或平均质量等级也可由计算机软件算出。例如，可以检测文件格式是否符合规范、编码是否正确、数据是否超出范围等。随机抽样检查是随机抽取一部分据，检查其质量指标。但在确定抽样方案时，应考虑数据的空间相关性。

（二）间接评价法

是指通过外部知识或信息进行推理来确定空间数据的质量的方法，用于推理的外部知识或信息如用途、数据历史记录、数据源的质量、数据生产的方法、误差传递模型等。

（三）非定量描述法

是指通过对数据质量的各组成部分的评价结果进行的综合分析来确定数据的总体质量的方法。

五、GIS 数据质量研究的常用方法

（一）敏感度分析法

一般而言，精确确定 GIS 数据的实际误差非常困难。为了从理论上了解输出结果如何随输入数据的变化而变化，可以通过人为地在输入数据中加上扰动值来检验输出结果对这些扰动值的敏感程度。然后根据适合度分析，由置信域来衡量由输入数据的误差所引起的输出数据的变化。

为了确定置信域，需要进行地理敏感度测试，以便发现由输入数据的变化引起输出数据变化的程度，即敏感度。这种研究方法得到的并不是输出结果的真实误差，而是输出结果的变化范围。对于某些难以确定实际误差的情况，这种方法是行之有效的。

在 GIS 中，敏感度检验一般有以下几种：地理敏感度、属性敏感度、面积敏感度、多边形敏感度、增删图层敏感度等。敏感度分析法是一种间接测定 GIS 产品可靠性的方法。

（二）尺度不变空间分析法

地理数据的分析结果应与所采用的空间坐标系统无关，即为尺度不变空间分析，包括比例不变和平移不变。尺度不变是数理统计中常用的一个准则，一方面在能保证用不同的方法能得到一致的结果，另一方面又可在同一尺度下合理地衡量估值的精度。

也就是说，尺度不变空间分析法使 GIS 的空间分析结果与空间位置的参考系无关，以防止由基准问题而引起分析结果的变化。

（三）Monte Carlo 实验仿真

由于 GIS 的数据来源繁多、种类复杂，既有描述空间拓扑关系的几何数据，又有描述空间物体内涵的属性数据。对于属性数据的精度，往往只能用打分或不确定度来表示。对于不同的用户，由于专业领域的限制和需要，数据可靠性的评价标准并不相同。因此，想用一个简单的、固定不变的统计模型来描述 GIS 的误差规律似乎是不可能的。在对所研究问题的背景不十分了解的情况下，Monte Carlo 实验仿真是一种有效的方法。

Monte Carlo 实验仿真首先根据经验对数据误差的种类和分布模式进行假设，然后利用计算机进行模拟试验，将所得结果与实际结果进行比较，找出与实际结果最接近的模型。对于某些无法用数学公式描述的过程，用这种方法可以得到实用公式，也可检验理论研究的正确性。

（四）空间滤波

获取空间数据的方法可能是不同的，既可以采用连续方式采集，也可采用离散方式采集。这些数据采集的过程可以看成是随机采样，其中包含倾向性部分和随机性部分。前者代表所采集物体的实际信息，而后者则是由观测噪声引起的。

空间滤波可分为高通滤波和低通滤波。高通滤波是从含有噪声的数据中分离出噪声信息；低通滤波是从含有噪声的数据中提取信号。例如，经高通滤波后可得到一随机噪声场，然后用随机过程理论等方法求得数据的误差。

对 GIS 数据质量的研究，传统的概率论和数理统计是其最基本的理论基础，同时还需要信息论、模糊逻辑、人工智能、数学规划、随机过程、分形几何等理论与方法的支持。

六、空间数据的不确定性

空间数据普遍具有不确定性，这是由众多原因造成的。空间数据的不确定性会给空间数据的分析和结果带来不利影响。准确理解空间数据不确定性概念和如何回避和降低数据的不确定性，是正确使用空间数据的基础。

（一）空间数据不确定性的概念

GIS 中处理自然和人为环境数据时，会产生空间数据多种形式的不确定性。不确定性是指在空间、时间和属性方面，所表现的某些特性不能被数据收集者或使用者准确确定的特性，如图形的边界位置、时间发生的准确时刻、空间数据的分类以及属性值的准确度量等模糊问题。如果忽略了空间数据的不确定性，即使在最好的情况下也会导致预测或建议的偏差。如果是最坏的情况，将会导致致命的误差，GIS 使用者最起码应该知道分析中可能会引入不确定性因素，以及向用户提供分析结果时应包括不确定性分析的内容，同时给出因不确定性而产生的各种不同结果。

不确定性最本质的问题在于如何定义被检验的对象类（如土壤）和单个对象（如土壤地图单元），即问题的定义。如果对象类和对象都能完整定义，则不确定性由误差产生，而且在本质上问题转化为概率问题。如果对象类和单个对象未能完整定义，则能识别不确定性的因素，如果对象类和单个对象未能完整定义，则类别或集合的定义是模糊的，利用模糊集合理论可以方便地处理这种情况。另一种情况是多义性的，即在定义区域内集合时相互混淆。这主要是由不一致的分类系统引起的，包括两种情况，一是对象类或个体定义是明确的，但同时属于两种或以上类别，从而引起不一致；另一种情况是指定一个对象属于某种类别的过程对解释是完全开放的，这个问题是"非特定性的"。

为了定义时空维度上对象不确定性的本质，必须考虑是否能在任一维度上将一对象从其他对象中清楚，且明确地分离出来。在建立空间数据库时，必须弄清的两个问题是，对象所属的类能否清楚地同其他类分离出来？在同类中，能否清楚地分离出对象个体？

（二）完整定义地理对象的例子

在发达国家，人口地理学都有完整的定义，即使不发达国家也是如此，尽管实施时有点模糊。通常一个国家包括许多边界精确的区域，每个区域都有特殊的属性与之对应。它们通过特殊的限定，逐级合并形成严格的区域层次结构。另一个完整定义的例子是土地所有权。定义完整的地理对象基本上是由人类为了改造他们所占据的世界而创建的，在组织良好的政治、法律领域都存在。其他对象，如人工或自然环境中的对象，看上去似乎也是完整定义的，但这些定义倾向于一种测量方法和烦琐精密的检查为基础，因此这样的完整定义是模糊的。

（三）不完整定义地理对象的例子

植被制图中存在着不确定性，如从一片树林中完全准确地划分林种的范围是困难的。实际划分时，可能需要根据各类林种所占的百分比来确定边界作为标准。但两个林种之间相差 1% 会是什么情况呢？在自然界中，这种边界过渡的现象很普遍，没有明显的边界。

第七节　地理空间数据表达

在 GIS 中表达地理空间数据，需要有一些条件、规则、方法和要求。本章着重介绍和讨论地理空间数据的参考系统以及它们在 GIS 中的应用；介绍和比较对地理空间要素的不同表达形式和方法，特别是在 GIS 中的表达要求、规则和方法；介绍空间关系的概念、空间关系建立的方法以及它们在 GIS 空间分析中的作用。其中的一些重要概念和理论方法是正确建立地理空间数据库的基础。

一、地理空间数据的空间参考系统

GIS 存储和表达的对象是地理空间数据。为了实现在地理空间中存储和表达地理空间数据，就需要建立地理空间数据的空间参照系统，用于描述其在绝对空间中的几何属性，如空间位置、形状、大小、面积、长度等，以及在相对空间中的空间关系，如方位关系、拓扑关系等。在 GIS 中，空间有绝对空间和相对空间之分。绝对空间是具有属性描述的地理空间对象的空间位置和几何元素的集合，表现为一系列不同位置上的空间对象的空间坐标值和几何特征元素组成，如点、线、面矢量元素以及栅格单元等，所描述的位置称为绝对位置。相对空间是具有空间属性的地理空间对象的元素的集合，表现为不同空间对象元素之间的非图形化逻辑关系。这里所说的空间对象元素，是指不考虑坐标值、几何特征的空间元素，如点、线、面元素，所描述的逻辑关系称为相对位置。因此，地理空间参考系统是表示地理空间对象位置的空间参照系统。就目前来讲，在 GIS 中使用的空间参考系统有地理坐标系统、地图坐标系统、线性参考系统等。

（一）地理坐标系统

地理坐标系统，也称为真实世界的坐标系统，是球面坐标系，是确定地理空间实体在地球表面上位置的空间参考系统，由两个因素组成，一是椭球体，二是大地基准面（也叫做椭球面）。

众所周知，我们的地球表面是一个凸凹不平的表面，而对于地球测量而言，地表是一个无法用数学公式表达的曲面，这样的曲面不能作为测量和制图的基准面。人们以假想的平均静止的海水面形成的"大地体"为参照，推求出近似的椭球体，理论和实践证明，该椭球体近似一个以地球短轴为轴的椭圆而旋转的椭球体，称为参考椭球体。参考椭球体表面是一个规则的数学表面，可以用数学公式表达，所以在测量和制图中就用它替代地球的自然表面。因此就有了参考椭球体的概念。将地球自然表面上的点归化到这个参考椭球面上，就可以实现位置定位。定义参考椭球体需要一些参数，如长半轴（a）、短半轴（b）、扁率（α）等。

大地基准面，设计用为最密合部分或全部大地水准面的数学模式。它由椭球体本身及椭球体和地表上一点视为原点间之关系来定义。此关系能以6个量来定义，通常（但非必然）是大地纬度、大地经度、原点高度、原点垂线偏差之两分量及原点至某点的大地方位角。

那么，现在让我们把地球椭球体和基准面结合起来看，在此我们把地球比做"马铃薯"，表面凸凹不平，而地球椭球体就好比一个"鸭蛋"，那么按照我们前面的定义，基准面就定义了怎样拿这个"鸭蛋"去逼近"马铃薯"某一区域的表面，将X、Y、Z轴进行一定的偏移，并各自旋转一定的角度，大小不适当的时候就缩放一下"鸭蛋"，那么通过如上的处理，必定可以达到很好的逼近地球某一区域的表面。每个国家或地区均有各自的基准面。

1. 常用的椭球体及参数

我国历史上曾经使用过多个椭球体定义地理坐标系和地图坐标系。

（1）海福特椭球。是我国1952年以前采用的椭球体，其参数分别为：a=6378388m, b=6356911.9461279m, α=0.33670033670。

（2）克拉索夫斯基椭球。是北京54坐标系采用的椭球，其参数分别为：a=6378245m, b=6356863.018773m, α=0.33523298692。

（3）I.U.G.G推荐椭球。西安80坐标系采用的椭球，其参数分别为：a=6378140m, b=6356755.2881575m, α=0.00335281317780。

（4）WGS-84椭球（GPS全球定位系统椭球）。是国际通用的WGS-84坐标系蚕蛹的椭球，其参数分别为：a=6378137m, b=6356752.3142451m, α=0.00335281006247。

（5）CGCS2000（2000国家大地坐标系）椭球。是通过中国GPS连续运行基准站、空间大地控制网以及天文大地网与空间地网联合平差建立的地心大地坐标系统。2000国家大地坐标系以ITRF 97参考框架为基准，参考框架历元为2000.0，其大地测量基本常数分别为：长半轴 a=6378137m，地球引力常数 GM=3.986004418×1014m3/s3，扁率 f=1/298.257222101，地球自转角速度 ω=7.292115rad/s。

2. 地理坐标系概念

最常用的地理坐标系是经纬度坐标系，这个坐标系可以确定地球上任何一点的位置，如果我们将地球看做一个椭球体，而经纬网就是加在地球表面的地理坐标参照系格网，经度和纬度是从地球中心对地球表面给定点量测得到的角度，经度是东西方向，而纬度是南北方向，经线从地球南北极穿过，而纬线是平行于赤道的环线。

经纬度具有深刻的地理意义，它标示物体在地面上的位置，显示其地理方位（经线与南北相应，纬线与东西相应），表示时差，此外，经纬线还标示许多地理现象所处的地理带，如气候、土壤等部门都要利用经纬度来推断地理规律。经纬度的值可以用度–分–秒（DMS）表示，也可用十进制表示的度数（DD）形式表示。地理经纬度的起算以通过赤道的纬线为 0 度纬度，向北称北纬 0 ～ 90 度，向南称南纬 0 ～ 90 度。以通过格林尼治天文台的经线为 0 度经线，向东称为东经 0 ～ 180 度，向西称为西经 0 ～ 180 度。

地理坐标系统因定义时所使用的椭球参数和基准面不同，会存在原点和坐标方向不同，因而需要进行坐标系之间的转换，地理坐标系之间的转换方法请参考有关的书籍。

地理坐标是一种球面坐标，可以用于地球表面地理实体的定位。但由于量测单位的不一致，导致相同的角度代表不同的距离，因此它不具有标准的长度度量标准。直接利用地理坐标进行距离、面积和方向等参数运算是复杂的，也不能方便显示数据到平面上。所以，地理坐标还需要经过地图投影变换到投影坐标，投影坐标系是平面直角坐标系，也称为测量坐标系。

（二）地理坐标系的定义

一个国家的地理坐标系，也称为大地坐标系，是由椭球体和大地基准面决定的。大地基准面是利用特定椭球体对特定地区地球表面的逼近，因此，每个国家或地区均有各自的大地基准面。地理坐标的测量有天文测量方法和大地测量方法，相应的，坐标有天文地理坐标和大地地理坐标。天文地理坐标以大地水准面为基准面，地面点沿铅垂线投影到该基准面的位置。大地地理坐标以参考椭球面为基准面，地面点沿椭球的法线投影到该基准面的位置，二者之间可以进行换算。

地面上过任意一点 P 的铅垂线与地球的旋转轴 NS 所组成的平面，称为该点天文子午面，与大地水准面的交线是天文子午线，也称为经线。过英国格林尼治天文台 G 点的子午面为首子午面，为 0 度经线。天文经度是过地面点 P 的子午面与首子午面的夹角，天文纬度是过 P 点的铅垂线与赤道面的夹角。赤道为 0 度纬线。地面点到大地水准面的投影距离为大地高。

大地地理坐标用大地经度和大地纬度表示大地经度是过 P 点的大地子午面与首子午面的夹角。大地纬度是过 P 点的法线与赤道面的夹角。高程为地面点 P 到参考椭球面的投影距离大地经纬度根据大地起始点的大地坐标，又称大地原点坐标，按大地测量的数据推算而得。大地原点是大地经纬度与天文经纬度一致的点。

我们通常所说的北京 54 坐标系、西安 80 坐标系实际上指的是我国的两个大地基准面，我国参照苏联从 1953 年起采用克拉索夫斯基（Krassovsky）椭球体建立了我国的北京 54 坐标系；1978 年采用国际大地测量协会推荐的 IAG75 地球椭球体建立了我国新的大地坐标系，即西安 80 坐标系；目前 GPS 定位所得出的结果都属于 WGS84 坐标系统，WGS84 基准面采用 WGS84 椭球体，它是一地心坐标系，即以地心作为椭球体中心的坐标系；我国现在使用的大地坐标系是 CGCS2000 坐标系，也是一种地心坐标系。因此，相对同一地理位置，不同的大地基准面，它们的经纬度坐标是有差异的。

1. 参心坐标系和地心坐标系

参心坐标系是以参考椭球的几何中心为基准的大地坐标系。"参心"意指参考椭球的中心。在测量中，为了处理观测成果和传算地面控制网的坐标，通常需选取一参考椭球面作为基本参考面，选一参考点作为大地测量的起算点（大地原点）。

参心坐标系分为参心空间直角坐标系（以 XYZ 的直角坐标为其坐标元素，长度为单位）和参心大地坐标系（以 BLH 大地经纬度和大地高为其坐标元素，平面坐标角度为单位，高程以长度为单位）。

参心空间直角坐标系，以参考椭球的几何中心为坐标原点，Z 轴与参考椭球的短轴（旋转轴）相重合，向北为正，X 轴与起始子午面和赤道面的交线重合，向东为正，Y 轴在赤道面上与 X 轴垂直，构成右手直角坐标系 O-XYZ，地面点 P 的点位用（X，Y，Z）表示。

参心大地坐标系，以参考椭球的几何中心为坐标原点，椭球的短轴与参考椭球旋转轴重合；以过地面点的椭球法线与椭球赤道面的夹角为大地纬度 B，以过地面点的椭球子午面与起始子午面之间的夹角为大地经度 L，地面点沿椭球法线至椭球面的距离为大地高 H，地面点的点位用（B，L，H）表示。

参心坐标系的应用十分广泛，它是经典大地测量的一种通用坐标系。由于不同时期采用的地球椭球不同或其定位与定向不同，在我国历史上出现的参心坐标系主要有 BJZ54（旧）、GDZ80 和 BJZ54（新）三种。

地心坐标系以地球质心为原点建立的空间直角坐标系，或以球心与地球质心重合的地球椭球面为基准面所建立的大地坐标系。以地球质心（总椭球的几何中心）为原点的大地坐标系，通常分为地心空间直角坐标系（以 XYZ 的直角坐标为其坐标元素）和地心大地坐标系（以 BLH 大地经纬度和大地高为其坐标元素）。地心坐标系是在大地体内建立的 O-XYZ 坐标系。原点 O 设在大地体的质量中心，用相互垂直的 X、Y、Z 三个轴来表示，X 轴与首子午面与赤道面的交线重合，向东为正。Z 轴与地球旋转轴重合，向北为正。Y 轴与 XZ 平面垂直构成右手系。我国 CGCS2000 坐标系、WGS-84 坐标系就是地心坐标系。

在 GIS 应用中，存在参心坐标系和地心坐标系的转换问题，如将 GDZ80 坐标转换为 CGCS2000。注意 CGCS2000 坐标系、WGS-84 坐标系虽然都是地心坐标系，但存在参数定义的差别，也需要进行转换。其具体的转换方法请参阅有关文献和书籍。

2. 地理坐标系和投影坐标系转换

为解决由不可展的椭球面描绘到平面上的矛盾，用几何透视方法或数学分析的方法，将地球上的点、线和面状要素首先投影到可展的曲面（平面、圆柱面、圆锥面）上，再将这些可展曲面展开为平面，建立该平面上的点、线、面要素与地球椭球面上的点、线、面要素之间的对应关系，这种算法就是地图投影地理坐标系经投影后形成的平面直角坐标系，称为投影坐标系或测量平面直角坐标系。其选择的中央纬线和经线形成了投影坐标系的 X 轴和 Y 轴，投影中心（中央经纬线的交点）为坐标原点。

为了避免出现负的坐标值，地图用户可将坐标轴进行平移，以获取工作区内完全正值的坐标值。平移还可减少坐标值的数位、提高数据的计算精度。

目前国际间普遍采用的一种投影，即横轴墨卡托投影，又称为高斯－克吕格投影，在小范围内保持形状不变，对于各种应用较为方便。我们可以想象成将一个圆柱体横躺，套在地球外面，再将地表投影到这个圆柱上，然后将圆柱体展开成平面。圆柱与地球沿南北经线方向相切，我们将这条切线称为中央经线。

在中央经线上，投影面与地球完全密合，因此图形没有变形；由中央经线往东西两侧延伸，地表图形会被逐渐放大，变形也会越来越严重。为了保持投影精度在可接受范围内，每次只能取中央经线两侧附近地区来用，因此必须切割为许多投影带。就像将地球沿南北子午线方向，如切西瓜一般，切割为若干带状，再展成平面。目前世界各国军用地图所采用的 UTM 坐标系统，即为横轴投影的一种。是将地球沿子午线方向，每隔 6 度切割为一带，全球共切割为 60 个投影带。

由于我国地图投影大多都采用的是高斯－克吕格投影，有 6 度或 3 度分带方法，是按分带方法各自进行投影，故各带坐标成独立系统。以中央经线投影为纵轴（x），赤道投影为横轴（y），两轴交点即为各带的坐标原点。纵坐标以赤道为零起算，赤道以北为正、以南为负。我国位于北半球，纵坐标均为正值。横坐标如以中央经线为零起算，中央经线以东为正，以西为负，横坐标出现负值，使用不便，故规定将坐标纵轴西移 500km 当做起始轴，凡是带内的横坐标值均加 500km。由于高斯－克吕格投影每一个投影带的坐标都是对本带坐标原点的相对值，所以各带的坐标完全相同，为了区别某一坐标系统属于哪一带，在横轴坐标前加上带号，如（4231898m，21655933m），其中 21 即为带号。所以，对于我国，在 GIS 中，对坐标的正确使用应注意两点，一是高斯投影得到的投影坐标系是左手坐标系，GIS 是右手坐标系；二是纵轴的平移常数的使用。

由于要将不可展的地球椭球面展开为平面，且不能有断裂，那么图形必将在某些地方被拉伸，在某些地方被压缩，因而投影变形是不可避免的。投影变形通常包括三种，即长度变形、角度变形和面积变形。由于投影使用的可展开曲面有平面、圆柱面、圆锥面，它们与椭球面套合的方式可以是正轴、横轴和斜轴，可以是相切或相割关系，为了保证投影的精度，所以有多种投影方法。例如，在我国使用的就有高斯－克吕格投影、UTM 投影和兰博特投影等。在 GIS 应用中，正确使用投影方法的情况有两种：

一是地图数据使用的投影方法不一致，这会造成因不同的变形使空间数据的分析和显示在空间位置上不能配准。在网络 GIS 广泛应用的今天，由于地图数据的多源性，需要对地图数据进行投影变换或重新投影这种转换处理是时常会产生的。关于地图投影的相关知识和方法请参考相关书籍。

二是根据不同的制图目的，需要选择不同的地图投影。在进行地图投影方法选择时，考虑的因素包括范围、形状、地理位置、用途、出版方式等。以减少图上变形为目的，最好使等变形线与制图区域的轮廓形状基本一致，其中范围、形状、地理位置最重要。

3. 方里网和经纬网

方里网是由平行于投影坐标轴的两组平行线所构成的方格网，因为是每隔整公里绘出坐标纵线和坐标横线，所以称为方里网，由于方里线同时又是平行于直角坐标轴的坐标网线，故又称直角坐标网。

在 1 : 1 万至 1 : 20 万比例尺的地形图上，经纬线只以图廓线的形式直接表现出来，并在图角处注明相应度数。为了在用图时加密成网，在内外图廓间还绘有加密经纬网的加密分划短线（图式中称分度带），必要时，对应短线相连就可以构成加密的经纬线网。在 1 : 25 万地形图上，除内图廓上绘有经纬网的加密分划外，图内还有加密用的十字线。

我国的 1 : 50 万至 1 : 100 万地形图，在图面上直接绘出经纬线网，内图廓上也有供加密经纬线网的加密分划短线。

直角坐标网的坐标系以中央经线投影后的直线为 X 轴，以赤道投影后的直线为 V 轴，它们的交点为坐标原点，是左手坐标系。这样，坐标系中就出现了四个象限。纵坐标从赤道算起，向北为正、向南为负；横坐标从中央经线算起，向东为正、向西为负。

虽然我们可以认为方里网是直角坐标，大地坐标就是球面坐标，但是我们在一幅地形图上经常见到方里网和经纬度网，我们很习惯地称经纬度网为大地坐标，这个时候的大地坐标不是球面坐标，它与方里网的投影是一样的（一般为高斯投影），也是平面坐标。

4. 高程系统

高程系统定义了地面点高程起算的基准面。我国于 1956 年规定以黄海（青岛）的多年平均海平面作为统一基面，为中国第一个国家高程系统。目前我国存在的高程系统有：

（1）56 黄海高程基准：+0.000；

（2）85 高程基准（最新的黄海高程）：56 高程基准 -0.029；

（3）吴淞高程系统：56 高程基准 +1.688；

（4）珠江高程系统：56 高程基准 -0.586；

我国目前通用的高程基准是 85 高程基准。在 GIS 中进行数据处理时，应注意选择正确的高程系以及它们之间的转换。

（三）GIS 中的空间参考系

GIS 中使用的空间参考系包括地理坐标系、笛卡尔直角坐标系和线性参考坐标系。

1. 笛卡尔直角坐标系

在 GIS 中，使用的笛卡尔直角坐标系分为二维平面直角坐标系和三维直角坐标系，是以左下角为原点的右手坐标系，即数学上定义的平面直角坐标系。屏幕坐标系是以左上角为原点的平面直角坐标系。

如果地图坐标是地理坐标，数据存储时一般使用十进制的二维坐标值存储，当需要在计算机屏幕显示时，转换为二维直角平面坐标（屏幕坐标系坐标），地图输出时转换为投影坐标系坐标。如果地图坐标是投影坐标，则数据存储时转换为笛卡尔直角坐标，显示时转换为屏幕坐标，输出时再转换为投影坐标。应注意我国地图使用的平面测量直角坐标系与 GIS 中使用的平面坐标系的不同，应用时需要进行转换。

在 GIS 中，地理数据的显示往往可以根据用户的需要，指定各种不同的投影方法。但当所显示的地图与国家基本地图系列的比例尺一致时，往往采用与国家基本系列地图所用的投影。我国常用的地图投影的情况为：

（1）我国基本比例尺地形图（1∶100 万、1∶50 万、1∶25 万、1∶10 万、1∶5 万、1∶2.5 万、1∶1 万、1∶5000），大于等于 50 万的均采用高斯－克吕格投影（Gauss–Kruger）。

（2）小于 50 万的地形图采用正轴等角割圆锥投影，又叫兰勃特投影（Lambert Conformal Conic）。其分幅原则与国际地理学会规定的全球统一使用的国际百万分之一地图投影保持一致。

（3）我国大部分省区图以及大多数这一比例尺的地图也多采用 Lambert 投影和属于同一投影系统的 Albers 投影（正轴等面积割圆锥投影）。

（4）Lambert 投影中，地球表面上两点间的最短距离（即大圆航线）表现为近于直线，这有利于地理信息系统中和空间分析量度的正确实施。

（5）海上小于 50 万的地形图多用正轴等角圆柱投影，又叫墨卡托投影（Mercator）。

GIS 中的坐标系定义由基准面和地图投影两组参数确定，而基准面的定义则由特定椭球体及其对应的转换参数确定。

高斯－克吕格投影、兰勃特投影、墨卡托投影需要定义的坐标系参数序列如下：

高斯－克吕格：投影代号、基准面、单位、中央经度、原点纬度、比例系数、东伪偏移、北纬偏移。

兰勃特：投影代号、基准面、单位、中央经度、原点纬度、标准纬度1、标准纬度2、东伪偏移、北纬偏移。

墨卡托：投影代号、基准面、单位、原点经度、原点纬度、标准纬度。

由于我国地图投影多数采用高斯－克吕格投影，这是基于分带投影的方法（分为 3 度带和 6 度带）。在建立跨投影带区域的大型 GIS 数据库时，还需要考虑投影带之间的换带计算问题；否则，不同投影带之间会产生投影缝隙，就不能建立无缝图层。

在一些应用中，如城市应用，为了某些理由，将国家大地坐标系的原点、坐标方向经过平移和旋转，形成地方坐标系。在 GIS 应用中，如果存在这两种坐标系的地图数据，也需要进行坐标系的变换。但这种坐标转换使用坐标平移、相似变换、仿射变换或多项式变换即可完成。

在 ArcGIS 中经常遇到需要定义地理坐标系和投影坐标系。以定义北京 54 坐标系为例，地理坐标系的定义需要两个条件，即椭球体参数和基准面参数。每一个投影坐标系统都必定会有 Geographic Coordinate System。投影坐标系统，实质上便是平面坐标系统，其地图单位通常为米。从这里可以进一步理解，地图投影就是地理坐标系加上投影的算法的过程。

在 ArcGIS 软件中，投影坐标系的确定和使用有两种情况，一是动态投影，二是真实的投影变换。如果一个图层在创建时，已经指定了地理或投影坐标系（如果是自由直角坐标系的地图坐标系，则需要进行地理坐标的参考化处理，变换到地理或投影坐标系），在显示时，可以任意指定需要的地理或投影坐标系统，但不会改变原图层固有的坐标系统，这称为动态投影变换。如果需要真正改变一个图层的原有地理或投影坐标系统，则需要使用 ArcGIS 的投影转换工具，进行真实的投影变换处理，这称为真实投影变换。

2. 线性参考系统

高速公路、城市道路、铁路、河流、城市综合管线等都是线性特征的例子。一般来讲，典型的线性特征仅具有一组属性。然而，线性参考系统可以提供一种直观的方式，把线性特征各个部分的多组属性联系起来，形成一组属性。通过线性参考处理的线特征，可以大大提高对其理解、维护、分析的能力。

在一些应用中，需要沿着不同的线性特征的相对位置进行建模，如高速公路、城市道路、铁路、河流、市政管线等。由于这些需求，便产生了一维量测系统，如河流、道路的里程测量，邮政线路的邮站位置等。一维线性系统通过使用沿着已经存在的线性特征的相对位置，简化了数据记录的复杂性。一些特征点的位置，如里程碑的位置，可以用线性系统的唯一的一维相对位置确定，而不必使用（x，y）确定。当数据被线性参考化以后，原来某线性特征的多组属性可以与该线性特征的某一部分联系起来。不同部分的属性可以被显示、编辑、分析，而不会影响原线性特征几何描述。沿着线性特征动态记录线段属性的做法，导致了线性动态分段。动态分段是线性参考特征在地图上显示处理的过程。

二、地理空间数据的表达方法

地理空间数据在不同的应用场合具有不同的表达方法，它们之间既具有联系，也存在区别。

（一）地图表达地理实体要素的方法

地图对地理实体特征要素的描述方法分为线划地图和影像地图两种。

GIS 的一些基本概念与地图及其内容密切相关。事实上，地图的一些概念形成了更全面理解 GIS 概念的基础。地图是在一个页面上对地图要素布局和组织的集合。地图元素通常包括用于显示图层内容的地图框架、比例尺、指北针、图名、描述文字和符号图例。地图框架是地图的主要元素，提供地理信息的主要显示内容。在地图框架内，地理实体要素被表示为覆盖给定地图范围的一系列图层，如河流层、道路层、地名层、建筑物层、行政边界层、地形表面层和影像层等。

地图图层是对地理信息的专题表达。地图图层转化为地理信息是通过以下的表达处理实现的：

（1）按照点、线和多边形的离散特征；

（2）使用地图符号、颜色、注记有助于描述地图中的对象元素；

（3）使用航空影像或卫星影像覆盖地图范围；

（4）像高程信息这样的连续表面可以使用等高线、高程点或地貌晕渲方法之一。

地图表达的地理关系需要通过地图的阅读者的解译和分析获得。基于位置的关系，称为空间关系。例如：

（1）哪些地理特征彼此相连接（如道路的相互连接关系）？

（2）哪些地理特征彼此相邻接（如两个相邻接的地块）？

（3）哪些地理特征彼此相叠加（如铁路穿越公路）？

（4）哪些地理特征彼此靠近或邻近（如法院在州议会大厦附近）？

（5）哪些特征几何是重合（如城市公园与古迹多边形重合）的？

（6）地理特征的高差（议会大厦高程低于法院）？

（7）哪个特征是沿着另一个特征的（公交路线是沿着街道网络的）？

在地图中，这些关系没有被明确表达，需要地图的读者从地图元素的形状和相对位置解译和导出地理关系。但是，在 GIS 中，这些关系都通过使用丰富的数据类型和行为进行了建模，以用于空间数据分析。

1. 线划地图表达方法

线划地图是按照一定的比例、一定的投影原则，有选择地将复杂的三维地理实体的某些内容投影绘制在二维平面媒体上，并用符号将这些内容要素表现出来，地图上各种要素之间的关系，是按照地图投影建立的数学规则，使地表各点和地图平面上的相应各点保持一定的函数关系，从而在地图上准确表达空间各要素的关系和分布规律，反映它们之间的方向、距离、面积、空间联系等几何特征和关系特征。

在地图学上，把地理空间实体分为点、线、面三种要素，分别用点状、线状、面状符号来表示。

点状要素是指那些占据面积较小，不能按比例尺表示，又要定位的实体因此，面状地物和点状地物的界限并不严格，如居民点，在大比例尺图上被表示为面状地物，在小比例尺图上则被表示为点状地物。

线状要素是指地面上呈线状或带状的地理实体，如河流、道路等。在地图上用线状符号来表示。当然，线状地物和面状地物之间的界限同样是不严格的，它们也受地图比例尺的影响。通常用线型和颜色表示实体的质量差别，线的尺寸变化（线宽）表示数量特征。

面状要素指在空间上占有一定面积的地理实体，一般用面状填充符号表示。

地形高程信息通过高程点或等高线表示。

在地图上，一切实体要素的属性信息都要通过注记、颜色或地图符号表达。

2. 影像地图表达方法

影像记录地理实体的真实程度受摄影比例尺的影响，或空间分辨率的影响，遥感影像对地理空间信息的描述主要是通过记录地物光谱的辐射或反射进行的由于地物的结构、成分和分布的不同，其反射和辐射光谱的特性也各不相同，传感器记录的影像的颜色亮度或灰度会不同、通过对光谱进行分析和解译，或对几何信息进行提取，可以得到地理实体要素特征信息，其地形高程信息需要通过立体影像测量的方法获得，遥感影像地图有正射影像图（DOM）和真正射影像图（TDOM）。前者由数字高程模型（DEM）纠正获得，后者由数字地形表面模型（DSM）纠正获得。

（二）GIS 表达地理实体要素的方法

1. 地理信息原型

在 GIS 中，对地理实体或现象的数字化表达时，首先要解决的问题是如何对其进行测量和属性取值。它们在二维或三维空间中是以地理空间数据场的形式表现出来的。地理空间数据场定义为在二维或三维空间上任何关于位置的单一函数。

地理信息原型认为，根据对地理实体要素在地理空间数据场中的测量方法和属性取值类型分为：连续地理空间数据场，用于获取和表达连续实体信息；离散地理空间数据场，用于获取和表达离散实体信息。

在连续地理空间数据场中，地理空间被设想为一组空间连续的函数，每个函数在空间的任何地方都有独一无二的值，形成一个地理空间数据场。其独立变量按区间尺度或比例尺度进行量测。地理实体要素表现为连续实体要素。连续实体要素是指观测值连续变化的要素，不能形成分离的实体，也不能单个识别，如温度、湿度、高程等。在数据表达方面，需要对其进行离散化，采用栅格数据形式对其进行表达。

在离散地理空间数据场中，地理空间被设想为一组空间非连续函数，每个函数在空间的任何地方都被无序的空间几何对象占据，并被赋予属性。这样空间上的任意一点可以存在无数的离散实体要素。离散实体要素具有名义上的独立变量，是指观测值不连续的要素，形式上是分离的实体，并可单独识别，如道路、河流、房屋和土地利用类型，都是离散实体要素的例子。任何地理实体和现象都基本上可以表示为一个数字空间对象的集合。在数据表达方面，需要对其独立测量，采用矢量数据形式对其进行表达。

2.GIS 数据表达的基本要求和原则

GIS 数据表达必须能满足在一个空间范围内对空间查询、统计、分析和显示的基本要求，同时还应满足对不同系统之间数据的互操作要求和共享服务的要求。因此，对地理空间数据表达、组织、管理、分发等方面，应满足以下要求和处理原则：

（1）定义表达空间数据的表达类型

由地理信息原型出发，结合特定的 GIS 软件，确定 GIS 软件支持的数据类型。

（2）对不同的数据表达类型进行空间建模的原则

空间数据模型是定义空间数据结构、产生空间数据文件的基础。空间数据模型对空间对象进行逻辑定义和描述，空间数据结构对空间对象进行物理描述。不同的 GIS 软件定义的数据模型和实现的数据结构是不同的，这造成了不同的数据格式。数据格式之间的转换，称为数据的互操作。历史上，空间数据模型有基于特征要素的和基于空间对象的。

（3）同一空间参考系原则

定义一致的空间对象的空间参考系统。空间数据的位置和空间关系是基于空间参考系统进行表达和描述的。一般来讲，对于一个 GIS 工程应用，所有的空间数据应该具有唯一的空间参考系统；如果不是，则应该进行参考系统之间的转换，使它们的参考系统一致。

（4）数据分层组织和无缝图层原则

地理空间数据按照专题图层进行分层组织。专题图层是具有共同几何要素类型、共同属性特征，并覆盖研究区域的连续数据图层，或称为无缝图层。由于地图的测绘和制图是按照分幅形式的，如果简单地把这些分层的分幅地图数据文件合并在一起，则会造成图幅接边处空间对象被分割的现象，是有缝的、不连续的。必须对空间对象进行合并处理，得到无缝图层。数据图层内的空间对象和数据层之间的空间对象逻辑关系必须正确。图层文件是 GIS 操作数据的基本单位，用于输入、制图、可视化、数据处理、分析和共享服务。

（5）数据分类编码原则

对空间数据进行必要的分类编码和标识编码。分类编码是建立在某种分类体系标准上的代码系统，一般应根据国家、行业或地方机构制定的分类和编码标准进行处理，如国家或行业制定的地形图系列分类编码标准、土地利用分类编码标准等。标识编码是地理空间对象的唯一代码，具有身份识别的作用。是否给定标识编码，可以根据需要确定，标识代码的格式一般由具体的 GIS 应用工程确定，但一些应用也制定了通用的编码标准，如国家行政区代码、邮政编码等分类编码和标识编码是 GIS 数据处理和数据更新的依据，具有重要的作用。

（6）数据库存储和管理原则

数据库比文件系统和目录系统更具优越性。GIS 中的空间数据一般是用空间数据库存储和管理的。不同的数据库管理软件（DBMS）定义的数据库管理模型和实现的数据库结构是不同的。将一个空间数据库中的数据转移到另一个空间数据库，称为数据库的迁移。对一个 GIS 软件来讲，应该允许访问不同数据库管理软件管理的数据库，但这需要 GIS 软件提供访问数据库的空间数据引擎（数据访问接口），如 ArcGIS 软件的ArcSDE。

（7）数据集组织原则

为了管理和维护的需要，一个数据库应该存储关系密切的一组数据文件。数据库中存储的数据文件是一个研究区域内若干具有联系的图层数据文件形成的数据集，如矢量数据集和栅格数据集。关系密切程度不同的数据集应该分别建立数据库，如不同比例尺或不同类型的矢量地图数据的数据库、不同影像分辨率或不同影像类型的数据库。

为了管理和使用的方面，还可以进行分组组织，形成子数据集，如 ArcGIS 软件，数据库中的文件可以是独立的数据文件，也可以产生一个数据集，将关系更为密切的数据文件放入这个数据集中，实际上类似于在数据库中建立一个"目录"。当然，是否需要这种处理，不是技术意义的，而是数据管理意义的。

（8）空间索引要求

对空间数据库中的数据进行查询和检索，是通过空间索引进行的。不同的 GIS 软件或数据库软件支持特定的空间索引方法。但在特定需求时，需要数据库建库者或应用者建立自己的空间索引。如对数据文件的索引一般会使用数据库软件提供的缺省索引方法，但研究区域很大时，会对研究区域采用逻辑分区的方法存储，这时就需要建立比数据文件索引更粗一级的分区索引。

（9）建立空间拓扑关系原则

为了支持空间分析和检查空间数据表达的质量，需要建立空间对象之间的拓扑关系。拓扑关系是空间数据对象之间的一种重要关系，可以提高空间数据分析计算的效率，并用于检查空间对象的关系逻辑表达是否正确。

（10）建立空间元数据库要求

为了对空间数据进行维护、更新和共享服务，需要对空间数据的定义、内容、格式、参考系统、质量标准、状态、日期等信息进行描述，这类数据信息称为元数据。元数据使用元数据库进行管理，提供对空间数据的字典式应用，所以有时也称为数据字典。

（11）空间数据库的建库

为了到达上述的数据表达要求，需要对空间数据进行输入、整合和编辑，这一系列的工作称为空间数据库的建库。

3. GIS 数据表达类型

G1S 需要表达的数据类型分为空间数据和非空间数据两类。与地图和影像的表达类似，都是基于某种共性按照数据分层进行组织的独立空间数据文件和属性表数据文件，这些数据文件形成描述和表达一个研究区域的数据集。空间数据文件描述和表达地理空间对象的位置、形状、关系等空间特征信息，属性表数据文件描述和表达地理空间对象的非空间描述性信息。

在 GIS 中，地理空间对象的基本表达类型有 5 种，即矢量数据、栅格数据、连续表面数据、属性数据和元数据。

4. 矢量数据

矢量数据用于描述和表达离散地理空间实体要素。离散地理实体要素是指位于或贴近地球表面的地理特征要素，即地物要素。这些要素可能是自然地理特征要素，如山峰、河流、植被、地表覆盖等；也可能是人文地理特征要素，如道路、管线、井、建筑物、土地利用分类等；或者是自然或人文区域的边界，如自然地理边界、行政分区边界、生态保护区边界、经济和技术开发区边界等。虽然还存在一些其他的类型，但离散的地理特征要素通常表示为点、线和多边形。

点定义为因太小不能描述为线状或面状的地理特征要素的离散位置，如井的位置、电线杆、河流或道路的交叉点等。点可以用于表达地址的位置、GPS 坐标、山峰的位置等，也可以用于表达注记点的位置。

线定义为因太细小不能描述为面状的地理特征要素的形状和位置，如道路中心线、溪流等。线也可以用于表达具有长度而没有面积的地理特征要素，如等高线、行政边界等。

多边形定义为封闭的区域面，多边图形用于描述均匀特征的位置和形状，如省、县、地块、土壤类型、土地利用分区等。

矢量数据是用坐标对、坐标串和封闭的坐标串来表示点、线、多边形的位置及其空间关系的一种数据格式。

在 GIS 中，线状数据还可以用于表达网络数据，如路网、河流网络、市政管线网络等。

5. 属性数据

地图描述地理信息的属性是通过地图符号、颜色和地图注记，例如：

道路显示是按照它们的等级，如线符号分为公路、主要街道、住宅区街道、未铺面的道路、小路等；

河流和水体用蓝色表示是水；

城市街道用它们的名称注记；

用不同的点符号和线符号表示铁路、机场、学校、医院或特定的设施等。

在 GIS 中，属性按照一系列简单的、基本的关系数据库概念的数据表来组织。关系数据库提供了简单的、通用的数据模型用于存储和操作属性信息。数据库管理系统（DBMS）具有固有的开放性，因为它们简单而灵活的特性能够保证支持宽泛的应用。重要的关系概念包括：

描述性属性数据被组织成数据表；

表包含若干行，或记录，对应一个空间特征或空间对象；

表中所有的行具有相同的列，即字段；

每个字段对应一个数据类型，如整型、浮点型、字符型或日期型等；一系列关系函数和操作算子（SQL）对数据表及它们的数据元素是有效的。

属性字段的数值类型可以是名义值、序数值、区间值和比率值的一种。

（1）属性值是名义值

如果属性能成功区分位置，则属性值是名义值，但不意味着任何的排序或算术含义，如电话号码可以用于位置的属性，但它本身是没有任何算术上的数据含义，对电话号码进行加减算法没有任何意义，对其进行大小的比较也没有任何意义。把土地的分类用数字代替，是最常见的将名称变换为数字的做法，这里数字没有任何算术含义。这些数字是名义数字。

（2）属性值是序数值

如果属性隐含排序含义，则属性值是序数值。在这个意义上，类别1可能比类别2好，但作为名义属性，没有算术操作的意义，不能根据数值的大小比较哪个更好，哪个更糟。

（3）属性是区间值

这是一个定量描述的属性值，用于描述两个值之间的差别，如温差、高差等。

（4）属性值是比率值

这是定量描述的属性值，用于描述两个量的比值，如一个人的重量是另一个人的2倍。比率没有负值。

（5）属性值是循环值

这在表达的属性是定向或循环现象时并不少见，是定量描述的属性值。对其进行算术操作，会遇到一些尴尬的问题，如会遇到0度和360度是相等的。需要用一些技术来克服这些问题。

在属性方面，还有两个术语是重要的，也需要进行区分，即空间紧凑型和空间粗放型。空间粗放型属性包括总人口、区域的面积和周长，或总收入等，它们仅作为一个位置上的整体值。空间紧凑型属性包括人口密度、平均收入、失业率等，如果位置是均质的，则它们表示位置或整体的一部分。在很多目的的应用中，区分紧凑型和粗放型是必要的，

因为当位置被合并或分割时，它们的表现是非常不同的。

属性数据存储与属性表中，在这个属性表中，属性数据与空间数据，如点、线、面对象之间建立了联系，或建立了属性之间的联系。

6. 栅格数据

栅格数据表达中，栅格由一系列的栅格坐标或像元所处栅格矩阵的行列号（I，J）定义其位置，每个像元独立编码，并载有属性。栅格单元的大小代表空间分辨率，表示表达的精度。在GIS中，影像按照栅格数据组织，影像像素的灰度值是栅格单元唯一的属性值。

但需要说明的是，目前GIS软件普遍支持影像格式的栅格数据存储格式，这样可以使用影像处理的方法来处理栅格数据，而不必为它编写专门的功能程序。另外，影像数据文件的坐标参考系统是左上角的，坐标是像素坐标。如果按照影像地图使用，则需要对影像进行地理坐标的参考化操作，即将影像坐标转换为左下角为原点的地图坐标。

影像数据或栅格数据可以按照分层或波段组织。分层组织的栅格数据按影像格式存储。分层的影像数据按照波段存储。

栅格数据具有4个用途，作为底图使用，如正射影像地图或扫描地图；作为表面数据使用，如浓度或坡度；作为专题数据使用，如土地利用分类；作为属性数据使用，如相片。

栅格单元的值可能是代表栅格中心的取值，也可能是代表整个单元的取值。栅格单元的数值类型可以是正、负；整数或浮点数。

7. 连续表面数据

连续表面数据是描述地球（或其他空间表面）表面上的每一个位置都具有一个值的一类数据。例如，表面高程数据就是一种关于整个数据集范围内高于平均海平面的地面高程值的连续图层。表面表达是有一些挑战性。对于一个值是连续的数据集，它不可能表达所有位置的全部值。现有可以替代的表达表面的方法要么是使用特征元素，要么是使用栅格数据进行描述。主要的方法有：

（1）等值线方法。每条线用于表达具有相同值的位置。

（2）等值域方法。一个区域内的表面的值是一个特定的取值范围。

（3）栅格数据集方法。用一个单元矩阵，其中每个单元的值表示一个连续变量的量测值。

（4）不规则三角网表达方法。不规则三角网（TIN）是按照一个连接的三角网络表达表面数据的一种数据结构。

栅格数据和 TIN 数据可以使用插值方法估计任何位置上的表面值。

8. 元数据

在地理信息的交换和共享服务中，数据的消费者因对大量存在的、不同类型的数据的描述信息的需求，要求数据提供者能提供关于空间数据、空间数据库等的内容、格式、质量指标、说明信息等引导使用的信息。这实际上是元数据（Metadata）及元数据服务的内容。

"Metadata"一词的原意是关于数据变化的描述。现在一般认为，元数据就是"关于描述数据信息的数据"元数据并不是一个新的概念。实际上，传统的图书馆卡片、出版图书的介绍、磁盘的标签、拍摄照片的说明、产品的说明等都是元数据。地图的元数据表现为地图类型、图例、图名、比例尺、参照系、图廓坐标、精度、出版单位、日期等。

当地理信息转化为数字产品后，数据的管理和应用均会产生一些新的问题，如数据生产者需要管理维护海量数据，用户缺乏查询可用数据的方便快捷的途径，当使用数据时，对数据的理解和格式转换等缺乏了解元数据可以解决这些问题，其主要作用归纳为：

（1）帮助数据生产者有效管理和维护空间数据，建立数据文档；

（2）提供数据生产者对数据产品的说明信息，便于用户查询利用空间数据；

（3）提供通过计算机网络查询数据的方法和途径，便于数据交换和传输；

（4）帮助用户了解数据的质量信息，对数据的使用做出正确判断；

（5）提供空间数据互操作的基础。

元数据的内容主要包括对数据库的描述，对数据库中各数据项、数据来源、数据所有者及数据生产历史等的说明；对数据质量的描述，如精度、数据的逻辑一致性、数据的完整性、分辨率、数据的比例尺等；对数据处理信息的说明，如量纲的转换等；对数据转换方法的说明；对数据库的更新、集成方法等的说明。

元数据也是一种数据，在形式上与其他数据没有区别，它可以以数据的任何一种形式存在。元数据可以是数字形式或非数字形式。在数字形式中，可以以文件形式、数据库形式、或超文本文件形式等。

元数据可以是关于一个地图的图层的元数据，也可能是描述一个数据库系统的元数据，乃至是描述一个地理信息服务站点或节点的元数据。

空间元数据的标准是建立空间数据标准化的前提和保证。空间元数据的获取是个复杂的过程，相对于基础数据的形成时间，它的获取可分为三个阶段，数据收集前、数据收集中和数据收集后。第一阶段是根据建设数据库的内容设计元数据。第二阶段是元数据与数据的形成同步产生。第三阶段是根据需要和设计，对元数据进行描述和管理。元数据的获取方法主要有五种，即键盘输入、关联表、测量法、计算法和推理等。键盘输入工作量大，容易出错。关联表方法是通过公共项（或字段）从已存在的元数据或数据中获取有关元数据。计算方法是由其他元数据或数据计算得到元数据。推理方法是根据数据的特征获取元数据。

空间数据库元数据管理的理论和方法涉及数据库和元数据两方面。由于元数据的内容和形式的差异，元数据的管理与数据涉及的领域有关，它是通过建立不同数据领域基础上的元数据信息系统实现的。

在该系统中，物理层存放数据和元数据，该层由一些软件通过一定的逻辑关系与逻辑层联系起来。在概念层中用描述语言及模型定义了许多概念，如实体名称、别名、允许属性值的类型、缺省值、允许输入输出的内容、临时实体的变换、元数据的变化、操作模型等。通过这些概念和限制特征，经过与逻辑层关联获取、更新物理层的元数据和数据。

对于一个图层数据文件和数据库的元数据，一般采用上述的元数据管理系统提供服务。对于节点级的元数据，主要是注册信息，是通过网络服务方式提供的。

三、空间数据的空间关系表达

空间关系是指地理空间特征或对象之间存在的与空间特性有关的关系，是刻画数据表达、建模、组织、查询、分析和推理的基础。是否支持空间关系的描述和表达，是 GIS 区别于 CAD 等计算机图形处理系统的主要标志和本质所在。GIS 软件对空间关系支持的功能强弱，直接影响 GIS 工程的设计、开发与应用。

就 GIS 表达的空间数据类型来讲，空间数据关系主要是指存在于矢量数据和栅格数据中的空间度量关系、空间拓扑关系、空间方位关系和一般关系。

（一）矢量数据的空间关系

矢量数据的空间关系表达类型和方法是多样性的。但 GIS 软件一般会支持基本的空间关系表达功能。在空间数据显示和分析应用中，一些特定的空间关系，需要 GIS 应用软件的开发者建立。

1. 拓扑空间关系

拓扑空间关系是 GIS 中重点描述的地理特征或对象之间的一种空间逻辑关系。"拓扑"一词来源于希腊文，它的原意是"形状的研究"。拓扑学是几何学的一个分支，它研究在拓扑变换下能够保持不变的几何属性，即拓扑属性。理解拓扑变换和拓扑属性时，可以设想一块高质量的橡皮板，它的表面是欧氏平面，这块橡皮可以任意弯曲、拉伸、压缩，但不能扭转和折叠，表面上有点、线、多边形等组成的几何图形。在拓扑变换中，图形的有些属性会消失，有的属性则保持不变。前者称为非拓扑属性，后者称为拓扑属性。拓扑关系就是描述几何特征元素的非几何图形元素之间的逻辑关系，即拓扑关系只关心几何图形元素之间的关系，而忽略几何图形元素的形状、大小、距离和长度等几何特征信息。根据拓扑关系绘制的图形称为拓扑图，图形元素之间的逻辑关系被描述，但几何特征信息被忽略、如计算机网络拓扑图，或逻辑连接图，只描述了网络元素的逻辑连接关系，忽略了网络元素实际的形状和实际的距离。拓扑关系在 GIS 中，是以数据表数据文件的形式进行存储的。

在 GIS 中，拓扑关系主要用于描述点（节点，Node）、线（弧段）和多边形图形元素之间的逻辑关系。它们之间最常用的拓扑关系有关联关系、邻接关系、连通关系和包含关系。关联关系是指不同类图形元素之间的拓扑关系，如节点与弧段的关系，弧段与多边形的关系等。邻接关系是指同类图形元素之间的拓扑关系，如节点与节点、弧段与弧段、多边形与多边形等之间的拓扑关系。连通关系指的是由节点和弧段构成的有向网络图形中，节点之间是否存在通达的路径，即是否具有连接性，是一种隐含于网络中的关系，其描述通过连接关系定义。包含关系是指多边形内是否包含了其他弧段或多边形。下面是拓扑关系定义的一些例子。

（1）连接关系定义

弧段通过节点彼此连接，是弧段在节点处的相互连接关系。弧段和节点的拓扑关系表现了这种连接性。从起点到终点定义了弧段的方向，所有弧段的端点序列则定义了弧段与节点的拓扑关系。计算机就是通过在弧段序列中找到弧段之间的共同节点来判断弧段与弧段之间是否存在连接性。

（2）关联关系定义

这里以弧段和多边形的关联关系为例。多边形由弧段序列组成。

（3）邻接关系定义

弧段具有方向性，且有左多边形和右多边形，通过定义弧段的左、右多边形及其方向性来判断左、右多边形的邻接性。弧段的左与右的拓扑关系表现了邻接性。一个有方向性的弧段，沿弧段方向有左边和右边之分。计算机正是依据弧段的左边和右边的关系来判断位于该弧段两边多边形的邻接性。

在 GIS 中，拓扑关系现在一般都使用与存储空间位置的关系数据库的数据表格形式存储，如前面介绍的连接性、邻接性、多边形区域定义等但是，也可用矩阵的形式表达这些关系。多边形的区域定义可表示为关联矩阵，多边形的邻接性可表示为邻接矩阵。

拓扑关系除了术语上的使用之外，在数字地图的查错方面很有用途，拓扑关系检查可以发现未正确接合的线、未正确闭合的多边形。这些错误如果未被改正，可能会影响空间分析的正确性。例如，在路径分析时，断开的道路，会导致路径的错误选择。空间拓扑关系对提高空间分析的速度也是至关重要的，通过拓扑关系可以直接查找图形之间的关系，而不必通过比较大量的坐标来判断图形之间的关系，比较坐标以及条件判断确定图形关系是费时的，特别是在进行有向网络路径跟踪或区域边界跟踪分析时，更是如此。

2. 空间方位关系

空间方位关系描述空间实体之间在空间上的排序和方位，如实体之间的前、后、左、右，以及东、南、西、北等方位关系。同拓扑关系的形式化描述类似，也具有多边形－多边形、多边形－点、多边形－线、线－线、线－点、点－点等多种形式上的空间关系。

计算点对象之间的方位关系比较容易，只要计算两点之间的连线与某一基准方向的夹角即可。同样，在计算点与线对象、点与多边形对象之间的方位关系时，只需将线对象、多边形对象转换为由它们的几何中心所形成的点对象，就转化为点对象之间的空间方位关系。所不同的是，要判断生成的点对象是否落入其所属的线对象和多边形对象之中。

计算线对象之间以及线－多边形、多边形－多边形之间的方位关系的情况是复杂的。当计算的对象之间的距离很大时，如果对象的大小和形状对它们之间的方位关系没有影响，则可转化为点，计算它们之间的点对象方位关系。但当距离较小并且外接多边形尚未相交时，算法会变得非常复杂，目前没有很好的解决办法。

3. 空间度量关系

空间度量关系用于描述空间对象之间的距离关系。这种距离关系可以定量描述为特定空间中的某种距离。这是几何图形中存在的固有关系，无需专门建立。

4. 一般空间关系

比如一个地块与其所有者之间的关系，这种空间关系是图形中不存在的。地块的所有者不是一个图形特征，在地图上不存在。用一般关系描述地块和所有者之间的关系。另外，一些地图上的特征具有关系，但它们之间的空间关系是不清楚的，如一块电表位于一个变压器的附近，但它与变压器不接触。电表和变压器也许在拥挤的范围内，不能根据它们的空间邻近性可靠地定义它们之间的关系。

（二）栅格数据的空间关系

栅格数据由于特殊的栅格单元排列关系，在表达点、线、面数据时，其空间关系的几何和拓扑关系比矢量数据简单。

点对象的关系是按照栅格的邻域关系推算的。线对象是通过记录位于线上的像素顺序表示的。面对象通常是按"游程编码"顺序表示的:

与矢量数据相比，栅格数据模型的一个弱点之一就是很难进行网络和空间分析。例如，尽管线很容易由一组位于线上的像素点来识别，但作为链的像素的链接顺序的跟踪就有点困难。多边形情况下，每个多边形很容易识别，但多边形的边界和节点（至少多余3个多边形交叉时）的跟踪很困难。

第九章 地理信息系统高级应用

第一节 地理空间框架与地理信息公共平台

一、地理空间框架

地理空间框架是地理空间数据及其采集、处理、交换和共享服务所涉及的政策、法规、标准、技术、设施、机制和人力资源的总称，由基础地理信息数据体系、目录与交换体系、公共服务体系、政策法规与标准体系和组织运行体系等构成。

基础地理信息数据体系是地理空间框架的核心，包括测绘基准、基础地理信息数据、面向服务的产品数据、管理系统和支撑环境；目录与交换体系是地理空间框架共建共享的关键，包括目录与元数据、专题数据、交换管理系统和支撑环境；公共服务体系是地理空间框架应用服务的表现，包括地图与数据提供、在线服务系统和支撑环境；政策法规与标准体系和组织运行体系是地理空间框架建设与服务的支撑和保障。

地理空间框架是一个多级结构，就一个国家而言，可分为国家、省区和市（县）三级。

数字省区和数字市（县）地理空间框架是国家地理空间框架的有机组成部分，与国家地理空间框架在总体结构、标准体系、网络体系和运行平台等方面是统一的和协同的。地理空间框架应实现国家、省区和市（县）三级之间的纵向贯通；对于数字省区和数字市（县）地理空间框架，还应实现与相邻或其他区域的横向互联。

（一）基础地理信息数据体系

基础地理信息数据体系由测绘基准、基础地理数据、面向服务的产品数据、数据管理系统和支撑环境组成。

测绘基准包括大地基准、高程基准、重力基准和深度基准。

基础地理信息数据包括大地测量数据、数字线划图数据、数字正射影像数据、数字高程模型数据和数字栅格地图数据。大地测量数据包括三角（导线）测量成果、水准测量成果、重力测量成果以及 GNSS 测量成果等；数字线划图数据包括测量控制点、水系、居民地及设施、交通、管线、境界与政区、地貌和植被与土质等要素层等，对应的比例尺系列应为 1：1000000、1：2500001：50000、1：10000、1：5000、1：2000、1：1000 和 1：500；数字正射影像数据包括航空摄影影像和航天遥感影像，可以为全色的、彩色的或多光谱的，按地面分辨率分为 30m、15m、5m、2.5m、1m、0.5m、0.2m 和 0.1m 等；数字高程模型数据包括地面规则格网点、特征点数据及边界线数据等，按规则格网间距分为

1 000m、100m、25m、12.5m、5m 和 2.5m 等；数字栅格地图数据包括通过地形图扫描和数字线划图转换形成的数据，比例尺系列应为 1：1000000、1：250000、1：50000、1：100001：5000、1：2000、1：1000 和 1：500。

面向服务的产品数据包括地理实体数据、影像数据、地图数据、地名地址数据和三维景观数据等。地理实体数据以基础地理信息数据为基础，把反映和描述现实世界中独立存在的自然地理要素或者地表人工设施的形状、大小、空间位置、属性及其构成关系等信息，采用面向对象的方法重组形成的数据。影像数据以航空摄影影像、航天遥感影像等数据源为基础，经拼接、匀色、反差调整、重影消除和镶嵌等处理，形成的栅格数据。地图数据以基础地理信息数据为基础，经多尺度融合、符号化表达、图面整饰等加工处理，形成的色彩协调、图面美观的地图。地名地址数据包括行政区划以及街巷、标志物、门楼等要素的规范化名称、空间位置、属性及地理编码等信息内容。三维景观数据包括以影像数据、数字高程模型数据为基础，经三维模型化与渲染，并叠加其他地理要素的三维模型，以及按一定尺寸对其裁切构成的影像、数字高程模型多级瓦片数据和地理要素不同层级表达的三维模型数据。

数据管理系统实现基础地理信息数据的管理、维护与分发，具备数据输入输出、编辑处理、提取加工、显示浏览、查询检索、统计分析、数据更新、安全管理以及历史数据管理等功能。

支撑环境是支持基础地理信息数据管理和维护的软硬件及网络系统，包括操作系统、数据库软件、应用服务软件、服务器设备、数据存储备份设备、外围设备、安全设备以及涉密的局域网或测绘专网等。

（二）目录与交换体系

目录与交换体系的组成内容包括目录与元据、专题数据、交换系统和支撑环境等。

元数据包括编目信息、标识信息、内容信息、限制信息、数据说明信息、发行信息、

范围信息、空间参考系信息、继承信息、数据质量信息等内容。目录是基于元数据面向不同类型需要生成的树形结构信息，用于展现信息资源之间的相互关系。

专题数据是由行业部门或单位按照统一标准规范、在业务数据基础上整合形成的、可用于共享的数据，以扩展的图层形式提供服务。

交换系统实现面向服务的产品数据和专题数据的管理以及相互之间交换，具备目录与元数据、地理实体数据、影像数据、地图数据、地名地址数据和三维景观数据等的管理功能以及目录与元数据注册、数据连接、数据发送、数据接收和数据同步等交换功能。

支撑环境是支持目录与交换体系运行和维护的软硬件及网络系统，包括操作系统、数据库软件、服务器设备、数据存储备份设备、安全设备等。在部署运行网络时，应严格按照国家相关保密政策的要求，涉密的数据只能在涉密网中共享与交换。

（三）公共服务体系

公共服务体系包括地图与数据提供、在线服务系统和支撑环境等。

地图与数据提供是指以离线的方式，向用户提供模拟地图，或者借助硬盘、光盘、磁带等存储介质，通过硬拷贝对外提供基础地理信息数据。在线服务系统一般包括门户网站，及其蕴含的在线地图、标准服务、二次开发接口和运行维护等方式，满足用户在线获取与应用地理信息，快速分布式构建其专题系统的需求。支撑环境是支持公共服务体系运行和维护的软硬件及网络系统，包括操作系统、服务器设备、安全设备等。在部署运行网络时，应严格按照国家相关保密政策的要求，涉密的数据只能在涉密网中提供服务。

（四）政策法规与标准体系

政策法规是地理空间框架的规划、设计、建设与应用必须遵守的国家统一制定的基础地理信息分级分类管理、使用权限管理、交换与共享、开发应用、知识产权保护和安全保密等方面的政策法规。标准是地理空间框架建设与应用必须执行的正式颁布的有关要素内容、数据采集、数据建库、产品模式、交换服务、质量控制和安全保密处理等方面的国家标准、行业标准和国家或行业标准化指导性技术文件。

（五）组织运行体系

组织运行体系是为实现地理空间框架成立的组织协调机构和运行维护机构。组织协调机构负责组织地理空间框架的建设实施，建立健全更新与维护的长效机制，推动地理空间框架的共享、应用与服务。运行维护机构是地理空间框架运行与维护的专门机构，负责提高技术人员的知识水平和专业技能，落实地理空间框架更新计划，及时解决地理空间框架运行中的问题，保证地理空间框架的持续更新和长期服务。

二、地理信息公共平台

地理信息公共平台是实现地理空间框架应用服务功能的数据、软件和支撑环境的总称。该平台依托地理信息数据，通过在线、服务器托管或其他方式满足政府部门、企事业单位和社会公众对地理信息和空间定位、分析的基本需求，同时具备个性化应用的二次开发接口，可扩展应用空间。根据我国网络和信息安全方面的法律法规要求，地理信息公共

平台分为三个级别，即地理信息专业级（企业级）共享服务平台、地理信息政务共享服务平台和地理信息公众共享服务平台，分别运行在地理信息专网、政务内网和因特网（政务外网）上，且相互之间进行物理隔离部署。

三类不同保密版本的数据库（企业版、政务版和公众版）与不同保密等级的公共服务平台（企业网、政务网、因特网）相联系，通过公共平台提供的各类服务，面向不同的群体（专业技术人员、政务人员和社会公众）提供信息共享服务。

（一）面向服务架构的技术

面向服务的架构（Service Oriented Architecture，SOA），它是一个功能强大但受到业务化处理方式启发的简单架构原理。SOA 由一些服务提供者组成，服务提供者将注册表中的服务发布给服务的消费者。服务消费者通过使用服务注册表寻找（发现）这些服务。

当发现合适的服务后，服务消费者可以与服务提供者绑定，开始按照规定的服务契约使用服务。

SOA 最好的定义是彼此可以通信的服务的集合。一个服务封装一个独立的功能（如缓冲区分析或地图编辑），可跨网络递送。递送是由契约良好定义的。服务可以结合使用以形成期望的应用或系统。服务消费者可以从不同的服务提供者那里使用不同的服务，并把它们集成到一个新的服务提供给潜在的服务消费者。

重要的是要记住，SOA 只是一个架构原理，不依赖于一个给定的技术。一些技术，如 CORBA、Java RMI 或其他技术，都可以实现一个 SOA，但是最普遍实现 SOA 的方法是 Web 服务技术。对于一个企业级的计算来讲，有许多理由采用 SOA 方法。特别是基于 SOA 的 Web 服务技术。

SOA 提供了将各种地理空间信息资源、传感器资源、空间数据资源、处理软件资源、地学知识资源、计算资源、网络资源、存储资源和传感器服务、传输服务、空间数据服务、空间信息处理服务、空间信息服务、空间数据挖掘服务、地学知识服务、资源注册服务等资源和服务，通过网络注册的方式提供用户进行信息共享和交换的在线服务模式。

（二）空间信息网格

网格（Grid）是信息社会的网络基础设施，它把整个因特网整合成一台巨大的超级虚拟计算机，实现互联网上所有资源的互联互通，完成计算资源、存储资源、通信资源、软件资源、信息资源、知识资源等智能共享的一种新兴的技术。根据功能，网格可分为数据网格、信息服务网格、计算网格。数据网格提供数据资源的共享存取，计算网格提供高性能网络计算，信息服务网格提供功能和服务资源的共享存取。网格不同于集群计

算，前者是异构的，后者是同构的。网格系统由提供资源服务的网格节点构成，网格节点是资源的提供者和服务者，它包括高端服务器、集群系统、MPP 系统大型存储设备、数据库等。这些资源在地理位置上是分布的，系统具有异构特性。这些网格节点又进一步互联，构成多级结构的信息网格网络，可以构成层次连接拓扑，也可以构成网络拓扑结构。

根据马森大学的研究，网格计算可分为集中式任务管理系统、分布式任务管理系统、分布式操作系统、参量分析、资源监测／预测以及分布式计算接口。现有的网格计算技术方案主要集中在第一、二类。属于集中式任务管理系统的有 Sim 公司的 Grid Engine. LSF（Load Sharing Facility）、PBS（Portable Batch System）等；属于分布式任务管理系统的有 Globus、Legion 和 NetSolve 等。集中式系统由一台计算机统一调度任务，分布式系统任务的加载和运行控制由网格中每台计算机自行完成。

空间信息网格（Spatial Information Grid，SIG）是一种汇集和共享地理上分布的海量空间信息资源，对其进行一体化组织与处理，从而具有按需服务的、强大的空间数据管理能力和信息处理能力的空间信息基础设施，SIG 技术与 GIS 技术结合，形成网格 GIS（GridGIS）。

网格 GIS 是一个开放的体系结构，有若干种标准化服务和服务协议组成，其服务是由不同的组件实现的。

网格 GIS 的基础设施层是网格 GIS 各个层次之间进行相互通信的基础，也是网格实现的基本单元节点。网格服务层实现对各种网络资源进行管理，负责将资源传递给上层应用程序。核心服务层是任务调度与管理的核心，负责将上层应用接收的任务请求分解为多个可执行的子任务，非分配到相应的计算资源上，并协调资源间的工作。网格应用服务与实现层有三项基本任务，即负责为前端用户和下层提供资源的状态信息，接收用户层的请求，解析并提交下层核心服务，将核心服务层的处理结果，处理后反馈给用户层。最上层为用户层，是用户访问网络、识别处理结果的用户界面。

（三）云计算与云服务

"云计算"的概念起源于大规模分布式计算技术，是并行计算（Parallel Computing），分布式计算（Distribuled Computing）和网格计算（Grid Computing）的发展。云计算是虚拟化（Visualization）、效用计算（Utility Computing）、IaaS（基础设施即服务）、PaaS（平台即服务）、SaaS（软件即服务）等概念混合演进并跃升的结果。云计算是分布式计算技术的一种，是通过网络将庞大的计算处理程序自动分拆成无数个较小的子程序，再交由多部服务器所组成的庞大系统，经搜索、计算分析之后，将处理结果回传给用户。通过这项技术，网络服务提供者可以在数秒之内，达成处理数以千万计、甚至以亿计的信息，达到和超级计算机同样强大的网络服务。

云计算环境具有超大规模、虚拟化、高可靠性、通用性、高扩展性、按需服务、廉价服务和潜在危险性等特点。云计算有三种部署类型，即公有云、私有云和混合云等，后面会有详细介绍。云计算具有以下特点：

1. 超大规模

"云"具有相当的规模，Google 云计算已经拥有 100 多万台服务器，Amazon、IBM、微软、Yahoo 等的"云"均拥有几十万台服务器。企业私有云一般拥有数百上千台服务器。"云"能赋予用户前所未有的计算能力。

2. 虚拟化

云计算支持用户在任意位置、使用各种终端获取应用服务。所请求的资源来自"云"，而不是固定有形的实体。应用在"云"中某处运行，但实际上用户无需了解、也不用担心应用运行的具体位置。只需要一台笔记本或者一部手机，就可以通过网络服务来实现我们需要的一切，甚至包括超级计算这样的任务

3. 高可靠性

"云"使用了数据多副本容错、计算节点同构可互换等措施来保障服务的高可靠性，使用云计算比使用本地计算机可靠。

4. 通用性

云计算不针对特定的应用，在"云"的支撑下可以构造出千变万化的应用，同一个"云"可以同时支撑不同的应用运行口

5. 高可扩展性

"云"的规模可以动态伸缩，满足应用和用户规模增长的需要。

6. 按需服务

"云"是一个庞大的资源池，可按需购买，可以像自来水、电、煤气那样计费。

7. 极其廉价

由于"云"的特殊容错措施，可以采用极其廉价的节点来构成，"云"的自动化集中式管理使大量企业无需负担日益高昂的数据中心管理成本，"云"的通用性资源的利用率较之传统系统大幅提升，因此，用户可以充分享受"云"的低成本优势，只要花费几百美元、几天时间就能完成以前需要数万美元、数月时间才能完成的任务。

8. 潜在的危险性

云计算服务除了提供计算服务外，还提供了存储服务。但是云计算服务当前垄断在私人机构（企业）手中，而他们仅仅能够提供商业信用。对于政府机构、商业机构（特别是像银行这样持有敏感数据的商业机构）对于选择云计算服务应保持足够的警惕。一旦商业用户大规模使用私人机构提供的云计算服务，无论其技术优势有多强，都不可避免地让这些私人机构以数据（信息）的重要性"挟制"整个社会。对于信息社会而言，信息是至关重要的。另一方面，云计算中的数据对于数据所有者以外的其他用户云计算用户是保密的，但是对于提供云计算的商业机构而言，确实毫无秘密可言，这就像常人不能监听别人的电话，但是在电信公司内部，他们可以随时监听任何电话一样。所有这些潜在的危险，是商业机构和政府机构选择云计算服务、特别是国外机构提供的云计算

服务时不得不考虑的一个重要的因素。

软件即服务（SaaS）：是通过网页浏览器把程序和功能传给成千上万的用户，如 Salesforce，com，Esri 的 Business Analyst Online（BAO），ArcGIS Online Sharing，以及 GIS Portal Toolkit。

平台即服务（PaaS）：即"云件"（Cloudware），PaaS 能够将私人电脑中的资源转移至网络云，是 SaaS 的延伸，这种形式的服务把开发环境作为一种服务来提供。允许开发者进行创建、测试和部署应用，即使用中间商的设备来开发自己的程序，并通过互联网和其服务器传到用户手中，如 ArcGIS Online 共享的 REST API 和 ArcGIS Web Mapping APIs。

基础设施即服务（IaaS）：由计算机架构如虚拟化组成，并作为服务实现为用户提供。基于 Internet 的服务（如存储和数据库）是 IaaS 的一部分。IaaS 提供了动态和高效的部署架构，IaaS 的例子有 Amazon Simple Storage Service（S3），Amazon Elastic Cloud Compute（EC3）即弹性云计算，Akamai，以及 ArcGIS Online Data Centers 等。

用户交互接口应用以 Web Services 方式提供访问接口，获取用户需求。服务目录是用户可以访问的服务清单。系统管理模块负责管理和分配所有可用的资源，其核心是负载均衡。配置工具负责在分配的节点上准备任务运行环境。监视统计模块负责监视节点的运行状态，并完成用户使用节点情况的统计。其执行过程并不复杂：用户交互接口允许用户从目录中选取并调用一个服务。该请求传递给系统管理模块后，它将为用户分配恰当的资源，然后调用配置工具来为用户准备运行环境。

云计算可以有三种部署模式，即公有云、私有云和混合云。

私有云：是为一个客户单独使用而构建的云，因而提供对数据、安全性和服务质量的最有效控制。那么虚拟私有云是什么？对于企业应用来说，在这中间可能跨内部云、外部云，也可能是自己建立的几个数据中心。比如，你的企业在上海、北京、广州都有数据中心，那么跨这些数据中心形成的虚拟私有云是一个逻辑上的整体，但物理上跨很多数据中心，这就类似于今天在网络里看到的 VPN 概念。私有云可部署在企业数据中心的防火墙内，也可以部署在一个安全的主机托管场所。私有云可由公司自己的 IT 机构或云提供商进行构建。

公有云：指为外部客户提供服务的云，它所有的服务是供别人使用，而不是自己用。云服务遍布整个因特网，能够服务于几乎不限数量的拥有相同基本架构的客户，如亚马逊、Rackspace、Salesforce，com、微软、Google 等推出的公有云产品。

混合云：指供自己和客户共同使用的云，它所提供的服务既可以供别人使用，也可以供自己使用。混合云表现为多种云配置的组合，数个云以某种方式整合在一起。例如，有时用户可能需要用一套单独的证书访问多个云，有时数据可能需要在多个云之间流动，或者某个私有云的应用可能需要临时使用公有云的资源。

云计算服务技术与 GIS 技术的结合，为地理空间信息的网络服务提供了广阔的应用前景。

ArcGIS 提供了云计算产品的解决方案，主要包括：

第一，IaaS：云端地图切片，缓存的地图切片可以上传到云端，并在云端建立数据中心。云端缓存对于构建 GIS 系统来说是重要的，随着网络技术的发展，地图缓存已经成为提高地图服务访问性能的一个重要技术手段。缓存地图是否可以部署到云端或是否支持通过云端访问缓存地图、缓存地图与动态地图是否可以无缝结合应用，是目前 GIS 云计算建设的重要因素。

第二，SaaS：ArcGIS 针对 SaaS 目前提供了 Esri Business Analyst Online，允许用户将 GIS 技术结合整个美国的大量的统计专题、消费者数据以及商业数据。这可以将按需分析、报表和地图通过 Web 进行传递。因为 ArcGIS 维护 Business Analyst Online，用户不需要担心数据管理和技术更新。

第三，PaaS：将来，ArcGIS 开发人员将此内容和功能扩展至 ArcGIS 的 PaaS 上，并通过 AicGIS Web Mapping APIS，如 JavaScriptx Flex、Silveriight/WPF 等来提供，并在 ArcGIS Online 中管理。

第四，软件加服务（S+S）：ArcGIS 已经提供了软件加服务的模式，可以让用户按需配置所需要的服务。ArcGIS 的 ArcGIS Online Map 和 GIS Services 提供 S+S 的用户可以快速访问制图设计，无缝的基础底图，并可以添加用户自己的数据到 ArcGIS 的按需配置产品上。Maplt 是另一个软件加服务的应用，可以让业务信息通过访问 ArcGIS 和 Bing Maps 的在线数据、基础底图和任务服务，来进行显示和更加精确的分析，并支持 Windows Azure 平台和 Microsoft 的 SQL Azure。作为一个社区云，ArcGIS 的在线内容共享项目可以让用户或组织享受公共云的地理数据内容。亚马逊的 EC2 和 S3 计算和存储服务，可以让 ArcGIS 进行 7x24 小时的访问和维护内容。

网格计算可以说是云计算的萌芽，是云计算能够成为可能的助推器。网格技术中的分布式和并行技术也正是云计算的核心技术之一。但是网格技术强调的是利用闲散众多的 CPU 资源来解决科研或者大型企业领域中日益增长的密集型计算需求，而这不一定是云计算所必须具有的特征，云计算强调的是"云"就是一切，理想状态下，人们在"云"上得到一切需求，至于"云"是怎样构建的，并不是用户所关心的，也不需要用户参与。

（四）分布式目录共享技术

根据 SOA 的思想，一切物理上分布的网络资源需要向目录服务中心服务器进行注册，建立主节点与分节点纵向贯通、横向互联的逻辑网络结构体系在这种结构体系中，元数据的作用举足轻重。

元数据的存储是基于 XML 格式的，逻辑上分为两部分存储，常用的检索信息与数据库表字段进行映射，直接存在关系型数据库表记录中。对于更精细的整个 XML 数据，以整个文档为单位存储在数据库表中的大对象字段中，既加快了元数据的查询速度，又保证了元数据的完整性。

在 SOA 架构中，对于用户对多级服务器的并发访问和资源的协调调度处理，可以通过管理工具来实现。管理工具由探测连接的监听线程、处理瓦片地图请求的处理线程、维护处理线程的线程池以及网络负载计算等功能组成。

分布式资源目录服务的元数据的获取方式主要分为三类，即联邦式、完全复制式和收割式。

（五）服务组合技术

服务组合技术是将网络提供的各类服务资源进行聚合产生的业务流技术。在产业界和学术界有不同的解决方案和规范。

产业界服务组合规范是一种基于工作流建模的方案，通过预先建立组合服务模型，实现对业务流程的描述。不足之处，如在描述形式上关注于底层 IT 实现细节（如消息编码、交互、服务描述等），操作细节需要在运行前设置好，无法在运行时改变，需要一个抽象模型来支持，等等。

学术界抽象模型具有高度的抽象性和严格的数学推理性，在模型正确性验证和推理分析方面具有强大的优势不足之处，如直观描述控制流，但数据流难以直接展现；需要用户有良好的数学基础，对模型语言有深入的了解，不适合非工作流模型专家的一般用户使用；没有商用和开源软件的支持，描述能力有限，需要自行开发建模工具及其执行引擎，以及提供对 Web 服务的支持。

空间信息服务组合的方法是 OGC 一直致力于推动服务链的研究应用。ISO19119 基于 Web 服务的地理信息服务框架规范中提出了服务链（组合服务）的基本概念。根据用户控制程度的不同，将服务链划分为三种类型：用户自定义（透明）链、流程管理（半透明）链和集成服务链（不透明）。提出基于有向图方式可视化表达服务链的思想，但对于服务链模型的元素构成、组合方式、流程控制等方面都没有明确定义，如何构建地理信息服务链也尚在探索之中。

现在服务组合的应用多直接使用产业界规范（如 WS-BPEL）。基于 WS-BPEL 的地理信息服务组合方法为地理信息服务组合的构建提供了技术途径。不足之处：流程采用 WS.BPEL 描述，没有相关知识的用户难以建模或修改，WS-BPEL 流程模型采用静态绑定方式，容易出现服务不可以用的情况。研究方面主要集中在建立地理信息本体、语义实现地理信息服务链的自动 / 半自动构建。在很长一段时间内处于理论研究阶段。采用工作流可视化建模方式，不依赖于本体和语义，可以成为现阶段一种实用化的方案，解决目前诸多缺乏语义信息的数据、服务资源未得到有效利用的现状。

（六）地图切片与缓存服务技术

在进行 Web 地图服务时，地图数据的传输和显示性能是其重要的指标之一。Web 地图中经常包含两类地图数据，一是用作参照的底图；二是业务（或专题）图层，用于在底图的顶部显示关注项，如在城市街道地图的顶部提供实时交通状况信息的在线制图服务是我们所熟知的一种服务，这个城市街道地图就是底图，实时交通状况信息图层为业务图层。底图不会发生大的变化，可有多种用途。业务图层，则变化频繁，且具有特定的用途和用户。

为了有效维护 Web 地图的传输和显示性能，底图和业务图层经常需要分别制定各自的策略。在创建 Web 地图时，将底图与业务图层分离开来处理。通常，底图几乎不需要进行维护，且应始终对其进行缓存；而对业务图层，则需要采取一些其他策略，来提高显示最新数据的质量。因此，在进行 Web 地图服务时，需要首先创建两份地图文档，然后发布两个不同的地图服务。每个地图服务均成为整个 Web 地图中的一个地图服务图层。

地图服务图层源自地图文档，而地图文档中可能包含许多个图层。

除了底图一般需要始终采用缓存外，如果地图中包含的数据信息不大可能发生变化，则应考虑缓存该地图以提高性能。只要条件合适，就应该创建地图缓存。但是，如果其中的大量数据都需要频繁更改，则创建和维护地图缓存并不切实可行。

地图缓存是使地图和图像服务更快运行的一种非常有效的方法。创建地图缓存时，服务器会在若干个不同的比例级别上绘制整个地图并存储地图图像的副本。然后，服务器可在某人请求使用地图时分发这些图像。对于服务器来说，每次请求使用地图时，返回缓存的图像都要比绘制地图快得多。缓存的另一个好处是，图像的详细程度不会对服务器分发副本的速度造成显著影响。

缓存不会自动进行。要进行缓存，首先需要设计地图并将其作为服务进行共享。然后，设置缓存属性并开始创建切片。既可以选择一次创建所有切片，也可以允许按需（即，当某人最初访问这些切片时）创建某些切片。

如果要制作缓存地图，首先需要制定地图的切片方案。针对缓存地图创建所选择的比例级别和所设置的属性都属于切片方案。每个缓存都有一个切片方案文件，可在创建新缓存时直接导入，以确保所有缓存都使用相同的切片大小和比例，这有助于提高包含多个缓存服务的 Web 应用程序的性能。地图缓存代表着某个时刻点的地图快照。正因如此，缓存非常适用于不经常变化的地图，如街道图、影像图和地形图等。

尽管地图缓存代表的是数据图片，你仍然可以允许其他人在你的地图服务器上执行识别、搜索和查询操作。这些工具可以从服务器获取要素的地理位置并返回相应的结果。应用程序会在缓存图像之上以其本地图形的图层格式绘制这些结果。缓存地图必须通过发布地图服务，才能使其产生缓存作用。

在创建缓存地图时，需要对地图缓存进行规划，形成切片方案文件。地图缓存规划主要解决以下问题：

第一，选择缓存比例级别，即确定缓存地图需要多少级的金字塔层数：选择缓存的比例级别时，切记地图的放大比例越大，覆盖地图范围所需的切片就越多，而生成缓存所需的时间也就越长。在每次二等分比例的分母时，地图中的每个方形区域将需要四倍的切片数来覆盖。例如，1 : 500 比例下方形地图包含的切片数是 1 : 1 000 比例下地图所包含切片数的 4 倍，而 1 : 250 比例下方形地图包含的切片数是 1 : 1 000 比例下地图所包含切片数的 16 倍。选择的缓存比例级别过多或过少，都会影响缓存的性能。过少，会因细节层次少而影响显示效果；过多，则会因数据量大，占据较大的存储空间而影响缓存时间。除了选择合适的缓存比例级别数外，还要确定缓存的最大、最小比例。

第二，确定要缓存的兴趣区域。主要用于自动建立缓存时，确定地图的哪些区域将会创建切片。可以将全图范围作为兴趣区域，可以是地图的当前显示范围，也可以是基于某个地理要素边界所确定的区域。前两者是矩形区域，后者是不规则的多边形区域。

第三，选择切片数据的存储格式。确定地图服务在创建切片时要使用的输出图像格式是十分重要的，因为这将决定切片在磁盘上的大小、图像质量以及能否使切片背景透明等。

第四，确定地图切片的原点位置。切片方案原点是指切片方案格网的左上角。原点不一定代表创建切片的起始点，只有在达到地图全图范围或感兴趣区要素类时才是这样。进行缓存时使用公用切片方案原点可确保它们能够在 Web 应用程序中相互叠加。

大多数情况下，应保持软件选择的默认切片方案原点。默认原点为地图文档定义的坐标参考的左上点。如果地图文档中未定义坐标参考，则将所有图层范围的并集中最大的范围加倍，然后使用所得范围的左上角作为原点。

如果将切片方案原点更改到非默认位置，则应注意只能在切片方案原点右下方的地图区域中创建切片。如果只想缓存地图的某一区域，相对于更改切片方案原点，基于要素类边界创建切片是更好的选择。

第五，确定每英寸点数（DPI）。每英寸点数（DPI）是指服务器将生成的缓存切片的分辨率。默认值 96 通常完全可满足需要，除非在您所工作的网络中，大多数客户端计算机都具有不同 DPI。请注意，调整 DPI 会影响切片的比例。

第六，确定切片高度和切片宽度。切片的默认宽度和高度为 256 像素，建议使用 256 像素或 512 像素。如果要构建的缓存将叠加另一缓存，应确保对两个缓存均使用相同的切片宽度和高度。

选择较小的切片宽度和高度可提高向缓存请求切片的应用程序的性能，因为需要传输的数据较少。但对于松散缓存，切片越小，缓存越大，且创建时间越长。

要取得良好的地图缓存效果，就需要良好的创建地图缓存切片的策略。创建和存储地图与影像服务缓存需要占用大量的服务器资源。如果缓存非常小，则可以在可接受的时间内，在所有比例级别下创建切片。如果缓存范围很大，或者其中包含了一些非常大的比例，则可能需要更有策略地选择要创建的切片。

在小（缩小）比例下创建缓存非常简单，在这类比例下，仅需要较少的切片即可覆盖整个地图勺小比例切片也是最常访问的切片，因为用户在执行放大操作时，将依靠这些切片来获取地理环境。

大（放大）比例切片则需要花费更长的处理时间和更多的存储空间来进行缓存，而且，大比例切片的访问不如小比例切片的访问那样频繁。

进行大型缓存作业时，最好是在小比例下构建完全缓存，大比例下构建部分缓存。部分缓存只包含预期最常访问的区域。可以用按需缓存填充未缓存区域，或者将其显示为"数据不可用"切片。

地图其余部分的切片可按需创建，因为对这些位置进行导航的用户可能较少。为这些无人居住的大片区域创建、存储和保留缓存的成本，将超过第一位访问者快速导航所提供的优势。

如何指定要预先进行缓冲的地图部分？最简单的方法是仅预先创建落在指定要素类边界内部的切片。按要素类边界进行缓存，允许仅在所需位置创建切片，避免出现空的或不感兴趣的区域。例如，当对某一国家 / 地区进行缓存时，可能只需要提供一个包含主要城区的要素类。这样做，服务器就只需预创建覆盖那些城区的切片。其余区域则可以根据客户端的请求按需进行缓存。这样就不必预先创建不需要的乡村区域的切片，从而节省了时间和磁盘空间。

ArcGIS 允许根据用户的访问情况按需创建地图缓存切片。对于首先导航至某一未缓存区域的用户来说，当对应切片由服务器进行绘制时，必须进行等待。然后，切片将被添加到服务的缓存文件夹中，并一直保留在服务器上，直到服务器管理员对其进行更新或将其删除为止。这意味着，随后访问该区域的用户不必再等待切片创建完成。

巧妙地使用按需缓存，可以节省大量的时间和磁盘空间。大多数地图，尤其是以大比例（放大后）显示时，地图读者都会看到一些空旷的、不可用的或不感兴趣的区域。按需缓存可以减轻在创建和存储这些不必要切片时的负担，但用户仍可以在需要它们的时候对其进行查看。

按需缓存的位置确定。按需缓存时需要确定的最重要的内容是：要按需创建的区域以及预缓存区域。切勿使用按需缓存来构建整个缓存，始终应该在希望用户流量最大的地图区域中预创建一些切片，从而最大限度地减少用户按需请求切片时所消耗的服务器资源。

如何确定地图的哪些区域最受欢迎？这在很大程度上取决于绘制地图的目的和地图读者。对于常规的地图而言，人口密集场所、道路、海岸线、停车场以及其他感兴趣的位置被访问的机会要比其他区域多。

专题地图中热门地点的倾向性可能会有所不同。例如，在矿业公司所使用的地图中，利用率最高的区域可能为矿产高密度区。而矿产高密度区很可能是一般人群很少关注的人迹罕至的区域或山区。

若要确定预缓存区域的位置，应先检查当前地图的使用模式，确定是在线模式还是桌面模式可通过观测用户所倾向的导航位置和所查询的要素来了解更多信息。

数据的可用性和分辨率也很重要如果某些区域中的数据较少或不存在任何数据，则可以不对这些区域进行缓存。如果没有数据需要进行显示，即使某个用户请求了按需切片，绘制也不会花费太长时间

数据也可能与绘制地图的目的紧密相关。例如，为交通部门绘制地图时，需要确保对道路和铁路的高密度区域进行预缓存。空间分析工具，如核密度分析，可以帮助确定热门要素较多的常用区域。

确定了用户最经常访问的区域后，应创建一个要素类来隔离这些区域。隔离地图上

的热门区域越多，使用预缓存切片（而不是按需创建切片）所能满足的请求就越多。在大比例地图中，可能只需对地图中的一小部分进行缓存，即可满足大部分用户的请求。你可能会决定使用所节省下来的时间和磁盘空间来战略性地缓存其他比例等级。

第二节　数字地球、数字城市与智慧城市

智慧地球和智慧城市通过物联网、动态感知网和云计算等技术，将数字地球和数字城市与现实地球和现实城市联系起来，极大地推动了人类利用地理空间信息的能力。同时，也推动了 GIS 在专业领域的智能化建设进程。

一、数字地球、数字城市与智慧城市的概念

数字地球是集多种现代信息技术为一体的计算机信息系统。关于"数字地球"概念的描述很多，如数字地球是关于地球的虚拟表达，并使人们能够探索和作用于关于地球的海量的自然与文化信息集合；数字地球是一个共享经过地理参考处理的地理数据的环境，它是基于 OpenGIS 标准和因特网传输这些数据的，等等。

从上面的描述可知，数字地球是一个多分辨率、多空间尺度的、虚拟表达的三维星球；具有海量的地理空间编码数据；可以使用无级放大率进行放大；在空间内的活动是不受限制的，而且在时间空间也是如此。

数字城市是数字地球技术的在特定区域的具体应用，是数字地球的重要组成部分，也是数字地球的一个信息化网络节点。因此，数字城市的框架应与数字地球相一致，只是在表达尺度上更注重微观表现，在深度和广度存在区别。

数字城市通过宽带多媒体信息网络、地理信息系统等基础设施平台，整合城市信息资源，建立电子政务、电子商务、劳动社会保障等信息系统和信息化社区，实现全市国民经济和社会信息化，是综合运用 GIS、RS、GPS、宽带多媒体网络及虚拟仿真技术，对城市基础设施功能机制进行动态监测管理以及辅助决策的技术体系。数字城市具备将城市地理、资源、环境、人口、经济、社会等复杂系统进行数字化、网络化、虚拟仿真、优化决策支持和可视化表现等强大功能。

具体地讲，数字城市的基本内容和任务包括对城市区域的基础地理、基础设施、基本功能和城市规划管理、地籍管理、房产管理、智能交通管理、能源管理及企业和社会、工业与商业、金融与证券、教育与科技、医疗与保险、文化与生活等各个子领域经数字化后，建立分布式数据库，通过有线与无线网络，实现互连互通，实现网上管理、网上经营、网上购物、网上学习、网上会商、网上影剧院等网络化生存，确保人地关系的协调发展。数字城市是一个结构复杂、周期很长的系统工程，在建设进度上必然会采取分期建设的方式。

在科学层面上，数字城市可以理解为"现实城市"（实地客观存在）的虚拟对照体，是能够对城市"自然—社会—经济"复合系统的海量数据进行高效获取、智能识别、分类存储、自动处理、分析应用和决策支持的，既能虚拟现实，又可直接参与管理和服务的城市综合系统工程。

在技术层面上，数字城市是以包括地理信息系统（GIS）、全球卫星导航定位系统（GPS）、遥感（RS）和数据库技术等在内的空间信息技术、计算机技术、现代通信信息网络技术及信息安全技术为支撑，以信息基础设施为核心的完整的城市信息系统体系。

在应用层面上，数字城市是在城市自然、社会、经济等要素构成的一体化数字集成平台上和虚拟环境中，通过功能强大的系统软件和数学模型，以可视化方式再现现实城市的各种资源分布状态，对现实城市的规划、建设和管理的各种方案进行模拟、分析和研究，促进不同部门、不同层次用户之间的信息共享、交流和综合，为政府、企业和公众提供信息服务。

智慧城市是数字城市的智能化，是数字城市功能的延伸、拓展和升华，通过物联网把数字城市与物理城市无缝连接起来，利用云计算技术对实时感知数据进行处理，并提供智能化服务。简单地说，智慧城市就是让城市更聪明，本质上是让作为城市主体的人更聪明。

智慧城市是通过互联网把无处不在的被植入城市物体的智能化传感器连接起来形成的物联网，实现对物理城市的全面感知，利用云计算等技术对感知信息进行智能处理和分析，实现网上"数字城市"与物联网的融合，并发出指令，对包括政务、民生、环境、公共安全、城市服务、工商活动等在内的各种需求做出智能化响应和智能化决策支持。

二、数字城市与智慧城市的关系

数字城市是物理（现实）城市的数字化表示，而智慧城市则是数字城市的智能化表示。现实城市、数字城市和智慧城市的区别可以通过它们对城市地理信息的记录方式加以区分。在数字城市出现以前，我们记录城市的方式主要是物理记录方式，如纸质图片、胶片视频、纸质地图和纸质文字等，信息使用的效果差。

数字城市记录城市的方式是数字化方式，如通过数字影像、三维数字模型、三维数字地形、数字地图和数据库等，信息使用效果好于物理记录方式，但存在智能化程度低的问题。

智慧城市记录城市的方式是在数字城市的基础上添加智能感知元素、智能计算元素和智能处理元素等，形成智能化程度高的数字城市。这些智能元素主要有云计算、物联网、感知网和决策分析模型等。

数字城市是"物理城市"的虚拟对照体，两者是分离的；而"智慧城市"则是通过物联网和天空地感知网把"数字城市"与"物理城市"连接在一起，本质上是物联网与"数字城市"的融合。

三、数字城市和智慧城市的框架

地理空间框架与地理信息公共平台是构建数字城市和智慧城市的基础。数字城市的技术框架为三层结构体系，分别由相互联系的支撑层、服务层、应用层构成，以及与之相关的技术标准体系、技术支持和保障体系等。

支撑层主要是数字城市基础地理信息和专业领域的采集处理和存储的软硬件设备，由面向政务、专业和公众的不同版本的地理数据库组成，是建设"数字城市"的空间信息基础设施。

服务层是数字城市资源的管理者，也是服务的提供者：根据我国地理信息公共平台的建设要求，需要建立专业、政务和公众三个物理隔离的服务平台。考虑到对数据共享和分发服务的需求，应采用国际上流行的中间件技术设计开放的公共数据服务和应用服务平台，符合数字城市自身的需求和扩展需求。其开放性表现在与国际和国家信息化，特别是国家空间信息网格建设的技术接轨。

应用系统层是面向城市各类用户提供基础地理信息服务的主要应用系统集合，主要向政府、企业、社会公众等提供规划、地籍、房产、土地、管线、地名、控制测量成果等空间信息查询、综合决策、三维虚拟城市及空间分析等支持功能。

政策法规、组织领导、标准体系与技术支持等是顺利完成和实现数字城市的重要软环境保障和支撑。制定必要的、具有针对性的政策法规，建立一个坚强有效的领导和协调体系机制，是建立严密的工程组织管理体系、质量保证体系的必要前提。建立和完善技术标准体系、研发和采用先进实用技术，是保证系统标准化、技术接轨以及系统可持续发展的技术基础。

数字城市建设是在宽带高速计算机网络的基础上，将通过数字测图、地图数字化、GPS 测量、遥感及数字摄影测量、外部数据交换等手段采集到的各类基础地理信息存入相应的数据库系统，形成以数据中心为核心的高效数据存储管理体系。在数据库系统的基础上，通过以数据共享服务、应用服务为特征的数据存取中间件、应用服务中间件，为社会各阶层提供应用服务和决策支持。应用服务平台中的应用服务中间件、数据仓库、模型库、知识库、数据共享交换、元数据服务等各部分之间没有固定的层次关系，而是通过标准的互操作协议互相关联、协同工作，共同支持业务系统的实现。应用系统根据应用需求，在标准的服务协议支持下向服务平台请求各种中间件服务，完成系统的处理功能，实现系统的集成。

数字城市建设的核心技术是数据共享与交换网络建设，其中，数据中心和分中心的分布式网络化存取、管理是关键。

数据中心接收各职能部门分数据中心提供的数据，并通过统一的平台和接口为各应用系统和社会各阶层提供数据共享和交换服务，并负责数据库系统的总体管理与设计，包括统一的数据结构、统一的公共参照系、统一的数据标准和规范，负责数据的发布，以及数据中心数据库的建库、存储管理、数据备份、数据存档等工作。负责监督分数据中心的工作。数据中心的数据库为各分数据中心提供的实时镜像数据库。

分数据中心存放各相应职能部门的业务数据。各分数据中心负责本部门的数据库建库、更新、维护和备份，并负责上传镜像数据库到数据中心。

数字城市的基础数据库体系主要有基础地图数据库、规划用地数据库、地籍数据库、房产数据库、市政管线数据库、土地数据库、控制测量成果数据库、地名数据库、影像数据库和元数据库等组成。这些基础数据库是多尺度的（多比例尺、多时相、多分辨率、多精度、多数据格式等）。

基础地理数据、政务数据、专业数据、社会信息数据等，通过空间信息共享与管理平台，实现不同部门之间数据的交换。

在智慧信息基础设施建设中，物联网和感知网是重要的。一方面，通过物联网把城市元素联系起来；另一方面，通过感知网动态感知城市元素的变化。在服务层，增加的云计算服务、工作流建模和服务链建模，以及智能化的信息服务，为处理地理信息的大数据计算提供了强大的计算能力和服务能力。这些智慧元素都极大地提高了数字城市的智能化程度。

第三节 GIS 在行业和领域中的应用

GIS 在专业领域的广泛应用，是推动 GIS 发展和行业或领域信息化的源动力。正是丰富多彩的 GIS 应用，驱动 GIS 技术向更高的水平发展。

一、GIS 在规划行业中的应用

城市规划是我国 GIS 应用较早的领域之一。20 世纪 90 年代，我国一些城市，如北京、上海、海口、深圳、青岛等，开始利用 GIS 技术建立规划管理信息系统或规划辅助决策系统，极大地促进了 G1S 技术在我国的应用发展。

对于规划的设计单位，规划作为一门艺术性极强的科学，体现在：规划前期，规划区域内各项基础资料的收集、整理，文化风俗、历史现状的了解、分析，限制条件的梳理；规划中后期，规划内容科学性、地域性的体现，上一级规划思想的完美展现，规划受众群体最终需求的无缝切合；规划完成后，规划期限内规划成果与城市发展、居民生活水平的匹配程度；等等。整个规划的过程需要艺术与技术并举，现如今已经不是如何编制规划的问题，而是如何更好更快地编制出满足各种纷繁复杂需求的规划。在规划项目中，GIS 强大的空间分析、数据组织管理、可视化与制图能力将会发挥极大的作用。

对于规划编制成果的管理与审批单位，从成果制作到规划业务的审批与办理，从信息的收集管理到跨部门跨行业的信息共享与服务发布，GIS 技术几乎应用到城市规划管理的每一个环节，对于成果管理工作效率的提高、更新维护、高效利用以及规划服务水平的提高，有着举足轻重的作用。

随着全国空间信息公共服务平台的建设，GIS 的应用范畴和服务领域得到了极大的拓展，并逐步成为人类社会中必不可少的基础设施之一。企业级 GIS 的时代已经到来，CIS 已经成为企业级信息技术的一个有机组成部分，为企业级系统提供各种地理信息相关的应用，包括资产信息的管理、业务工作的规划和分析、为各种工作（无论是外业还是内业的）提供采集处理手段、用丰富的图表和直观的地图做科学决策，等等，这些都极大地体现了 GIS 的价值，使得 GIS 逐渐成为规划行业信息化的主流信息技术之一。

对于城市设计的规划人员来说，做出正确的关于位置的决策是取得成功的关键，而GIS 则提供了一套基于空间信息获取、处理与表达的方法。

一个规划方案是否科学？对城市生活将产生怎样的影响？建设单位是否按要求进行设计？用传统的规划管理手段回答这些问题，规划部门需要查阅堆积如山的卷宗，按地形图数据逐一叠加，并到现场踏勘。如今，通过"数字规划"，工作人员只需要调用计算机中的数据，即可得到准确的判断。"数字规划"工程已经广泛应用于业务审批、行政办公、公众服务等平台，已成为"数字城市""空间信息基础设施"等工程的重要组成部分，正全面服务于城市规划、建设、管理与发展的各个方面。无论是规划设计方案、规划编制的制作与表现，还是规划业务的实施与审批；无论是规划成果的制作与管理，还是空间信息的共享与发布，GIS 功能尤其是以 GIS 强大的空间分析、空间信息可视化、空间信息组织等为核心的功能贯穿着规划信息化建设的每一个角落。GIS 在规划行业的应用需求主要体现在：

第一，城市规划辅助设计与辅助决策。GIS 提供的空间分析、地理统计的工具与方法，对提高规划设计的工作能力、成果质量、工作效率来说，作用是举足轻重的。结合规划行业的专业模型与人工智能，通过 GIS 强大分析与图形渲染功能，可以实现重大工程的智能选址、分区、规划，综合管线路线/高压走廊的智能选线、保护，城市功能区、人口密度的辅助规划，交通、绿地、公交线路的布局等规划辅助决策功能。例如，在城市规划设计的前期工作中，可以利用空间分析功能以及规划范围内空间数据和模型；对规划地块进行用地类型分析、走向分析、等高线分析、流域分析等，以作为用地适宜性评价及后期方案构思的参考依据。在城市规划业务审批过程中，通常需要计算地块内的各类建筑面积、建筑密度、绿化率、容积率等规划指标，利用 GIS 可以快速、精确地对图形数据及其属性数据进行综合分析、量算与处理。另外，利用三维技术，可以辅助对比规划设计方案与周边环境之间的通视关系、景观布局等。特别是在建设用地生态适宜性评价（考虑地形地貌、水系、盐碱化、城镇吸引力、市政设施、污染源等诸多因子的甲醛分析）、城市道路规划（流量分析、道路拥堵分析、居民出行分析、噪声分析、降噪措施及效果分析等）、经济技术指标辅助计算（GDP 密度分析、热点分析、城镇联系强度分析）、商业中心选址辅助分析（影响范围分析、居民购买力分析、交通物流影响分析）、模型驱动的智能选址辅助（地形地貌等工程适宜性分析、人口密度、交通、市政设施分析、城市用地及规划编制许可分析）、城市景观辅助设计（建筑高度、方位、体量、材质、通风、通视分析、日照、遮挡分析）等方面具有良好的应用。

第二，专题制图与空间信息可视化。从平面到三维，从建筑单体视图到社区场景乃至全球视图，从单机离线操作到并发在线互动，从静态数据浏览到动态历史数据回溯与模型推演，无论是多彩纷呈的规划效果图、规划专题图，还是严谨的基础地形图、工程方案，无论是用于业务审批的简图，还是用于专题汇报的综合图集，GIS 强大的空间分析与渲染功能，不仅仅是为规划专题图的制作与表现提供了专业、多维、多角度、多层次、全方位的呈现，更是提供了一种解决问题的方法。

第三，异构空间信息资源集成、共享与发布。政府机构都有众多的部门来执行数以百计的业务功能，以向社会公众提供服务。绝大部分的业务功能都需要位置定位作为操作的基础，利用 GIS 可以提高其提供信息发布和服务的效力、效率。使用 SOA 的系统框架可以通过服务目录的通信实现服务提供者和使用者间的连接，也可以使用其他各种技术实现该功能，可以实现区、市级、省级甚至国家级空间地理信息的集成、共享、发布，更可以为数字城市、空间信息基础设施（SDI）的建设提供核心解决方案，构建共享、交互、联动企业级 GIS 解决方案。

第五，空间信息的组织与管理。城市规划涉及的空间数据具有明显的多源、多时相、多尺度、海量等特征；在使用过程中，需要跨部门、跨地域并发操作，即时进行更新，实时对外发布，以及动态加载、一体化的呈现。

二、GIS 在轨道交通中的应用

轨道交通是一种利用轨道列车进行人员和货物运输的方式，包括地铁、轻轨、有轨电车和磁悬浮列车等，具有运量大、速度快、安全、准点、保护环境、节约能源和用地等特点。

轨道交通对建设部门和运行部门来讲，是一项复杂且要求极高的系统工程。GIS 可以用于对轨道交通网络进行线路规划、工程设计、指挥调度、安全保障、设备管理和故障跟踪等。另外，在轨道交通建设方面，建立了以自动售检票（AFC）、列车自动控制系统（ATC）、电力监控系统（SCADA）、环境监制系统（BAS）、防灾报警系统（FAS）及高速通信网为代表的诸多运营管理、调度指挥和安全监控系统，但是各信息系统相互独立，系统之间信息相对孤立，难以发挥信息综合利用的优势。因此，轨道交通行业需要建设轨道覆盖范围内的信息可视化共享平台，以达到信息共享、综合利用的发展目的，轨道交通 GIS 可以把分散的海量业务信息与轨道空间信息相结合，从而实现直观展现、综合利用、信息共享的目标。

根据轨道交通行业的数据特点和应用要求，轨道交通 GIS 数据必须满足以下需求：

第一，庞大的空间数据需求（多个地域，多级比例尺，多种数据格式……）；

第二，数据种类多且互相关联：轨道基础设施数据、基础地形图数据、土地利用数据、各种运行数据、车辆数据、各种环境数据等；

第三，动态数据和静态数据相结合：背景数据、列车定位数据、运行参数、天气变化等；

第四，多种数据格式兼容：矢量地形图（包括 GIS 数据和各种 CAD 数据等）、数字地面模型 DEM 影像数据（包括航空影像和遥感影像等）、表数据/属性数据、视频数据和多媒体数据等；

第五，需要多种数据采集更新方法：GPS、视频系统、PDA、扫描和数字化；

第六，需要进行集中管理和共享：业务数据和空间数据；

第七，数据的高效并发访问：内部工作人员和广大乘客用户；

第八，数据的分布管理和更新维护：局部地方数据的管理和维护；

第九，需要以实际设备为对象的管理：每一个轨道设备在地图上又是一个单独的要素，具备与其相关的各种信息；

第十，统一的数据标准和标准化的数据采集。

在技术方面，建立轨道交通 GIS，需要以下技术支持：

1.二次开发和整合：建立不同需求和不同操作的 GIS 系统；

2.SOA 技术：基于 SOA 构建企业级 GIS 系统，实现数据共享和业务集成；

3.多种坐标系统的支持和转换：进行不同来源的数据整合；

4.线性参考和动态分段技术；

5.网络分析功能：线路追踪、模拟、分析、巡视、抢修等；

6.跨平台运行：Windowss Unix 等；

7.统计决策和专题制图、数据呈报等；

8.能够实时接收和分析动态数据；

9.支持大量用户并发访问。

在应用需求方面，轨道交通行业在生产运营、资产管理以及公众服务和救援抢险等多方面，都有 GIS 需求。轨道交通 GIS 需要满足以下应用需求：

第一，面向调度指挥和综合监控的需求一在 GIS 平台上，实现电力监控系统（PSCADA）、火灾报警系统（FAS）、环境与设备监控系统（BAS）、自动售检票系统（AFC）、列车自动运行监控系统（ATS）、闭路电视系统（CCTV）等实时监控系统的信息整合。G1S 能够显示所有这些监控设备的空间分布属性及其实时监测数据，并能对其进行各类时间、空间统计及趋势分析，以直观的直方图、饼状图或趋势曲线图等形式加以表现，对指定监测设备将其在指定时间、区间内的实测数据及其统计分析结果自动生成相关报表，并向有关领导和部门发送。工作人员可以随时了解各类对象的位置变化，实时掌握空间上分布的各管理对象的实时状态；发掘空间对象与对象之间的潜在关系，优化日常调度方案；分析其所关心的交通管理要素的空间分布规律和演进趋势，进而辅助运输组织科学决策。

第二，面向应急抢险指挥的需求。利用 GIS 技术，能在最短时间内直观、快速、简便地得到紧急事件发生地点的详尽信息，包括事发地点线路、设备情况，以及事发地段线路图像资料、救援物资分布情况、应急预案等，并使相关联的信息一体化显示，让决策者和技术人员在远离现场的情况下，就能对事发地段的情况一目了然，为应急疏散、抢险救灾赢得时间，为远程指挥提供强大的决策支持。同时，系统利用 GIS 的空间分析的能力，对事故进行仿真、模拟及评估，为事故预防办法的制定和事故总结分析提供辅助支持，如及时掌握紧急事件发生位置，安排救援抢险任务；指挥人员及时搜索距离事故现场最近的救援车，安排救援，同时，接到任务的救援人员使用 GPS 导航设备，迅速抵达救援现场，并上报现场事故情况；辅助生成应急预案，以最快的时间处理紧急事件等。

第三，面向客货营销和公众信息服务的需求。利用 GIS 技术，分析不同空间区域的运能运量对比信息及其空间分布特性，辅助进行客货营销计划的生成及执行过程的监控预警。利用 GIS 技术，可通过网络电子地图向相关政府部门共享和发布轨道运输流量信息及分布情况，辅助进行运输服务质量监督管理。面向旅客，还可以利用 GIS 技术，通过网络电子地图发布轨道交通运输状态，让旅客实时了解线路、换乘车站的地点、服务设施分布情况，以及运行时刻、车况、晚点信息等，合理地安排自己的出行方式，优化交通资源的使用效率。

第四，面向建设项目管理的需求。在建设一条物理轨道的同时，投入建设一条用统一的地理坐标集成完整的轨道交通业务信息的"数字铁路"，可以在提高铁路建设效率的同时，为今后的科学运营管理提供基础；使用 GIS 三维技术构建地下场站模型，还可以减少建设过程中的安全隐患。

第五，提高路网规划管理的水平和科学性的需求利用 GIS 技术，建立和维护包含轨道交通空间位置和业务信息的网络数字地图。科学地分析网络分布，分析轨道交通铺设的位置及可达性，保证轨道交通建设的安全性、合理性及对周边地区各项事业发展的带动作用，为轨道交通规划的决策者提供辅助和支持，保证轨道的可持续发展。对修建轨道交通的地区进行分析，提供沿线覆盖范围内的人文、经济、资源、地理指标的统计分析，建立轨道交通沿线的地形、地质、人口、经济、交通等数学模型，形成各类专用专署地图，进而为轨道交通设备部署、沿线经济开发等领导决策提供辅助支持。

三、GIS 在交通行业中的应用

交通地理信息系统（GIS-T）是在 GIS 软件平台上，根据交通行业信息化应用需求开发的应用信息系统。GIS-T 用于交通指挥调度、道路养护管理、高速公路信息管理、应急指挥、交通信息共享、站场和设施管理、事故查询统计与分析、移动车辆定位和智能调度、交通诱导、视频监控集成和道路交通规划等方面。GIS-T 是一个交通信息综合平台。

GIS 在交通行业中的应用具体体现在以下几个方面：

第一，在公路中的应用。主要是公路设计、公路建设和公路维护等。

第二，在交通规划中的应用。GIS 技术的线性参考系统、动态分段技术等，是建立交通规划信息系统的基础。货物密度模型的可视化表达、道路交通量和拥挤度的建模、货物的运输模拟等，都需要 GIS 技术支持。

第三，智能交通应用。如路况交通信息实时监控、车辆跟踪养护巡视、应急抢险指挥、公众出行服务等。

第四，高速公路管理。高速公路结构物和业务数据的组织管理、三维构筑物建模与显示、无线传感器网络集成和信息采集传输等

第五，水运交通应用。主要有航标及其动态监控、船舶动态监测、船舶导航、航道疏浚、水运安全、内河航道规划等。

第六，城市交通应用。主要包括城市交通线路规划与分析、公交车辆的调度和应急事故处理、车站和道路设施管理等。

四、GIS 在林业中的应用

林业生产领域的管理决策人员面对各种数据，如林地使用状况、植被分布特征等，需要进行统计分析和制图，为森林资源监测、掌握资源动态变化，以及制定林业资源开发、利用和保护计划服务。

GIS 在林业方面的应用主要体现在以下领域：生态系统管理与环境、森林资源监测与管理、森林火灾预测与监控、荒漠化监测、造林规划、森林道路规划、森林病虫害防治等。

第一，森林火灾预测与监控应用：分析林火方向、速度、强度和燃烧区域，监测林火烟雾的方向以及船舶区域等。

第二，林业生态系统管理。生态管理就是地区、区域生态和社会经济因素的相互联系和影响，通过必要的决策分析进行自然资源管理的过程。GIS 技术通过建模分析、模拟生态过程、生物多样性分析可以实现有关功能。

第三，森林规划。森林规划首先要对各种影响条件进行预测分析，对森林的产量和野生动物的数量进行分析 –GIS 建模可以根据造林的需要，模拟各种自然干扰和地形模式。通过林业面积和分布状况，以及未被破坏的森林走廊的分析，建立预测模型和过程模拟，对未来状况进行模拟分析。

第四，森林资源的分析评价。主要是林业土地的变化监测分析、森林的空间分布制图、森林资源的动态管理、林权管理等。

第五，森林经营。对森林的采伐计划、造林规划、封山育林、抚育间伐等进行分析。

第六，森林结构调整。对林业树种结构、龄组结构等进行分析。

第七，林火预警。对林火设施的布局分析、林火的预测预报、火灾损失统计分析等。

第八，退耕还林规划、荒漠化监测、沙尘暴监测。

第九，湿地资源管理。

五、GIS 在公共卫生领域的应用

公共卫生不再是单纯的卫生问题，而是国家安全和城市安全体系的重要组成部分。GIS 为卫生等特定行业不仅提供简单的基于电子地图的查询和浏览，更重要的是能提供

强大的分析和辅助决策的功能。GIS 在公共卫生行业的应用非常广泛（不仅仅用于突发公共卫生事件应急指挥）。十几年来，GIS 在公共卫生领域的各种应用非常丰富，尤其在国外，GIS 已经成为公共卫生行业用于预防控制疾病爆发和卫生监控指挥的重要工具。公共卫生工作中的大部分信息与空间位置 / 空间分布有关，如公共卫生基础设施、医疗机构、人口密集单位、传染病爆发点、重点传染病的动物宿生分布情况等。GIS 将基础地图和这些警务信息进行地理叠加，分层管理，最终成为公共卫生信息化建设，应急联动的底层基础支撑软件平台。GIS 在国外的公共卫生行业的应用具有十多年的历史。在国内近年也有较多的应用。

GIS 在公共卫生领域的应用主要体现在：

第一，信息查询展示。公共卫生资源管理，如各类医院、体检中心、药店等医疗机构在地图上清晰地显示出来；点击相关的医疗机构，还可以查询到相关的法人信息、值班电话等；查询医院的床位信息、医卫人员信息、试验检验能力、医疗器械、药品储备等相关信息。实现卫生资源的可视化管理和维护是公共卫生管理工作的重要手段。

监测调查数据展示。将公共卫生管理中所监测的各种传染病的情况通过 GIS 系统进行展示。将典型居住环境监测和流行病调查的结果直观地展现出来，并且可以分析人群疾病的时间、空间和人群分布，及时发布疫情预警信息，从而在早期采取有针对性的防控措施，积极宣传，发放药品或者免疫疫苗的注射等，为疾病的防御提供线索和手段。

统计数据展示。利用 GIS，可以通过多种形式展示监测调查数据，将不同类型疾病的空间分布以及构成比例，可以按数据类别、数据时间段等，根据其地理分布，直观地赋予不同的颜色。展示的形式包括柱状图、饼图、表格、栅格图以及专题图等。

相关经济与社会信息叠加。公共卫生管理与人口密度、年龄结构、交通、GDP、产业结构等社会经济因素息息相关，在 GIS 系统中可以方便地叠加和显示各种经济信息，从而方便决策分析。例如流感、结核病等传染病具有爆发趋势时，则相邻区域的学校、建筑工地等则成为重点单位，这里的人群需要进行健康状况监控，发现病例，及时控制。有针对性的宣传，可以提高居民的防病保健意识。

影像图的展示叠加。影像图比普通的地图更加直观。将公共卫生数据（如预案，事件发生地点等）直接以影像图为背景显示，这样，可以不必了解地图的显示规则就能直接读懂数据，如预案路线要通过哪个路口？哪家医院最近，哪些重点单位和人群需要设立监测站点？

重点建筑三维展示。对于重点建筑，我们需要知道楼房的平面图、每个楼层的平面图、整个楼层的立体布局图。将这些数据（无论是什么数据格式）与公共卫生信息、电子地图可全部由 GIS 集中到数据库中管理，随时调用查看。在地图上看到某个建筑，鼠标点击，马上就看到其平面 / 三维布置图。

第二，突发事件中的应急准备、分析。疾病监测预警分析，根据对病人的监测采样，通过 GIS 系统的空间统计分析模型，发出爆发疫情的预警信息。

灾害监测预警分析。通过与气象信息的结合，在台风来临之际，启动救灾防病应急预案'对于即将受到台风影响的地区和城市进行预测分析。根据历史案例的相关资料，给出处置的初步意见，通知相关部门做好物资储备、人员调配、消毒杀菌工作，并对受影响的地区加强事故发展的监测分析，在台风到来之前进行有效的预防，确保灾害之后无疫情发生。

发病地区预警分析。改革开放以来，我国经济迅速发展，以各种加工工业为特色的地方经济发展迅速。以江浙一带为例，大量的皮革、泵阀电镀企业蓬勃发展的同时，职业性危害也日渐增大。因此，结合社会经济发展，在健康方面应当有针对性地加大职业卫生教育，并重点对粉尘、苯等危害进行专项检察，从而保障广大人民群众的健康安全。

疾病统计分析。GIS 系统可以实现专题统计分析功能，根据各种查询结果，依据某一指标或者几个指标进行统计，还可以对历史数据进行统计分析。分析根据区域内病人数量的时间变化规律和空间分布趋势，根据病人分布情况，制作感染程度等级图，还可以显示艾滋病的发病率与毒品案件的关系，以便于在不同区域采取不同等级的控制措施。

疫情发展趋势统计。通过 G1S 系统，还可以进行事件发展趋势的统计。SARS 期间，根据发病情况及时发布疫情统计信息，分析疫情的发展趋势，采取有效的控制措施，以便于早期防控。将疫情的防控前移，主动与相邻的学校、托幼机构联系，监控健康情况，并开展呼吸道和肠道传染病的宣传，提高居民的卫生防病和保健意识。

疫情发展趋势分析。通过展示时间空间数据对比对疫情的发展情况进行趋势分析。以多种查询结果为依据，对某一指标或者几个指标进行统计，还可以对历史数据进行统计分析，对以各行政区为单位进行病人的统计。分析根据区域内病人数量的时间变化规律和空间分布趋势，预测公共卫生时间在该地区的扩散趋势，以此为依据，指定加强或解除该区域内疫情控制措施。

疾病态势统计和情境模拟。通过 GIS 进行时间态势分析的趋势发展图，展示感染人数、在治人数和密切接触者人数随时间变化的预测曲线。利用空间态势分析展示疫情的空间扩散和聚集态势及其影响因子，其中，污染聚集模型展现被污染的空间是呈扩展还是聚集发展的态势、疫情聚散模型展现疫情发展是呈现空间聚集还是扩散态势、因子影响模型是实现疫情空间传播聚集还是扩散态势；还能进行空间风险动态区划，以及展示疫情时空预测和情境模拟。

第三，突发事件中的指挥决策与处置。预案管理是模拟突发公共卫生事件的发生和发展过程，根据不同的事件情况制定不同的应急预案（制度），包括事件的分类（级）、适用范围、处置方法等。将整套的应急指挥系统与 GIS 相结合用于实战演习。当突发事件发生时，启动相应的应急预案，采取相应的措施，用于资源调配，指挥、调度和决策，从而有效地加强卫生应急能力。

初始处置方案自动生成。美国的南卡罗来纳州的列克星敦城的紧急医疗服务（EMS）的 GIS 系统提供了强大和智能的路径制定和动态信息分析及更新。有突发事件发生时，EMS 系统根据事件的情况启动相关预案。调度人员能够在 GIS 地图上快速定位事故发生地和追踪响应小组的位置，并启动相关应急调度预案，对事故发生地点进行监测部署和事故处理响应。

相关单位监测管理。在突发公共卫生事件爆发以后，居民周边的，对于其健康有潜在影响的有毒害化学品生产单位、储存单位、全国放射源和核设施、实验室样本、全国菌毒种生产与储藏、重点传染病的动物宿生和病媒生物等单位的监控成为当务之急，加强这些单位的监管力度，对于防止二次事故的爆发具有非常重要的意义。

空间定位。对事件地点进行快速定位。在接到报警通知以后，可以快速地在 GIS 系统中查询临近的医院和卫生设施、医护人员情况，并且实时在地图上显示；通过录入事件发生地点的经纬度坐标确定提供放大、缩小、移动、全屏显示、点击查询、查询统计等方式，直接实时采集病人的相关信息和空间信息。

最佳救援路径分析。系统提供应急事件的路线分析功能。例如，高速公路上有危险物品、空气中有毒化学物质的传播、毒气泄漏等灾害发生时，系统可以根据道路的拥堵情况和距离的远近计算出最佳救援路径和撤离疏导路线。美国联邦政府是第一个将公共卫生应用和环境相结合进行空间分析和决策支持的，目前在很多州政府得以应用，系统为公共卫生的管理提供了非常有益的依据。

应急联动反应。GIS 应用于禽流感疫情控制的案例，通过 GIS 系统，能够清晰地看到各个养殖场的地理位置以及道路河流的情况。在某个养殖场发现禽流感疫情以后，立刻对该养殖场进行封锁处理。同时，建立预警区，对周边的环境进行消杀管理。在 GIS 中查询出由该养殖场供应的超市进行禽肉的处理。对河流进行控制管理，同时对河流下游的养殖场进行消杀管理。一系列的应急联动措施保证切断了禽类的传染链，保障了广大居民的生产生活的安全。

指挥调度跟踪。通过与 GPS 定位系统相结合，可以将急救车的实时位置与事故地点周边的重要信息叠加在地图上清晰地显示出来，供指挥调度使用，如周边路面情况、移动急救车的具体位置、医疗设施的信息、重点单位信息、重点人口信息、医院，等等，这些信息可以存在业务系统数据库中，通过 GIS 工具建立其空间位置信息。

高危人群分析。在工厂的有毒气体泄漏以后，通过 GIS 系统加载风向风力等气候条件因素，通过统计分析模型，可以分析出毒气的扩散方向，同时辅之以空气质量监测数据，从而进行有针对性的人员疏导和灾后处理勺对于高危人群进行健康信息的统计、分析，并采取相关的救治措施。

应急评估分析。在突发公共卫生事件隐患或相关危险因素消除后，通过 GIS 系统，可以对该应急事件采取终结和应急措施的评估分析，并重新部署资源，避免造成资源浪费。评估包括事件概况（事件发生经过）、现场调查处理概况、救治情况、所采取措施的效果评价、应急处理过程中存在的问题和取得的经验及改进建议等。

灾后长期影响分析。在公共卫生管理过程中，一些突发事件对人类健康造成的影响可能是长期的。例如，在苏联的切尔诺贝利核泄漏事件以后，通过 G1S 系统，对 27 ~ 30 日气候状况，包括风向风力的综合分析，推导出核泄漏所引起的疾病传播影响范围。事后调查结果表明，GIS 分析的影响范围内有大量的儿童罹患甲状腺癌（早期治疗可以治愈），可见，核污染对人类健康的影响是一个长期和缓慢的表现过程，通过 GIS 对事后的影响分析极为必要。

第三，食品药品监督管理。食品药品经销商销售网络分析，将食品、药品厂商的销售网络与人口数据、基础地图要素叠加分析，可清晰地得出各类食品和药品对某一区域带来的便利影响，并且可以有效地监督管理食品药品的流通渠道发生食品药品中毒突发事件后，GIS 系统对疾病爆发和扩散的规律进行统计分析，使得疾病扩散趋势一目了然，并帮助决策者迅速做出应急响应，尽快切断可能的疾病传染及扩散的途径。食品药品监督管理试点选址，合理设置监督管理试点范围，能够有效地控制管辖区内食品、药品及医疗器械等不安全因素的发生及扩散。

第五，其他应用。慢病调查分析，美国国家癌症研究所（NC1）利用 GIS 统计工具来显示和评估癌症的发病原因和防治模式，系统从潜在的说明变量和与模型的交互着手，通过移除高度关联的变量和将变量列表大致缩减到一个便于管理的长度方法对时空数据进行分析。因为结果和协变量会根据时间和地理潜在的变化，从而影响癌症的生成关系。

环境与健康分析口人类的生存与环境息息相关，当环境中可能导致疾病发生的危险因子增加，性质恶化到一定程度时，就导致人群疾病的产生。通过 GIS 系统，将居住环境监测和流行病调查的结果存储到数据库中，采用空间自相关技术等分析人类健康的空间聚集程度和热点分布区域，得到人类健康与环境等因素的影响，探索典型居住环境污染物对人体健康的作用机理、危害程度，为疾病的防御提供线索和手段

疾病动态演变分析（时间分析、人间分析、空间分析）。流行病和慢性疾病的显现是－个动态演变的过程，所以，疾病的演变包含了时间、人间、空间三个维度的概念，分类医学中静止的疾病因而流动起来。GIS 系统另外一个强大的功能就是通过历史数据的分析，通过与统计学模型相结合，可以生成地图，显示未来潜在的事故发生热点地带，并能够预测疾病的发展趋势的"晕状环"，从而指导相关人员在未来疾病发生概率的基础之上充分响应和采取措施。

妇幼卫生管理分析。通过数据链接的方法，将新生儿出生日期、孕周、性别、体重、不良生育后果、围产期保健、死亡原因以及孕产妇的一些基本情况，如年龄、居住地、文化程度、婚姻状况、职业、吸烟饮酒习惯等整合到该平台中，并且根据孕妇、幼儿的居住地，将妇幼保健的信息展现到地理空间中，能真实地表现孕妇和幼儿等的地理位置，方便进行各种妇幼卫生方面的分析。该系统可进行婴儿死亡率、新生儿出生缺陷发生率分析，以及进行不良生育后果与孕妇特征关系分析。

职业病防治分析。通过 GIS 系统进行职业病和职业危害调查与防治研究，将职业病及公害病数据库与人口的空间数据库连接，与社会经济数据库、企业单位以及地形等基础数据进行叠加分析，探讨职业病和职业危害的发生机制，以及在空间分布特征和时间变化趋势，找出导致职业病的主要因素，提出科学有效预防控制职业性危害的措施。

卫生资源评估 —— 医疗机构选址分析。在医疗卫生资源相对不足的地区加大发展社区卫生服务，是我国公共卫生的一项重要举措。但是对于社区服务网点的选择来看，

仅从地理位置上进行选择是不合理的。在距离相当的情况下，居民看病买药仍然会选择大医院。社区医院若设置不合理，很难留住病人。GIS 系统将经济发展指标、人口分布状况、医疗资源的配置情况等全部转化到地理空间中，采用网络分析功能、空间分析功能以及空间统计学等方法，寻找人口的密集分布特征、经济发展的趋势，以及最适合医疗机构设置的地区，从而对医疗服务机构的选址提供科学的依据。

参考文献

[1] 库热西买.新时代下的测绘地理信息研究报告 [M].北京：社会科学文献出版社，2020.

[2] 周荣编.冯俊娜.测绘地理信息高等职业教育十三五规划教材工程概论与识图 [M].郑州：黄河水利出版社，2020.

[3] 李金生.杨晓露.高等职业教育测绘地理信息类十三五规划教材工程测量 [M].武汉：武汉大学出版社，2020.

[4] 汪仁银.徐永芬.魏国武.测绘基础 [M].北京：地质出版社，2020.

[5] 潘燕芳.地理信息系统技术 [M].北京：中国水利水电出版社，2020.

[6] 何宗宜.王树根.欧阳桦.测绘案例分析 [M].武汉：武汉大学出版社，2020.

[7] 李冲.测绘地理信息成果信息化质检平台构建技术研究 [M].武汉：武汉大学出版社，2019.

[8] 杨德麟.巩岩责.测绘地理信息原理方法及应用上 [M].北京：测绘出版社，2019.

[9] 刘秀主.内蒙古自治区测绘地理信息优秀论文集 [M].远方出版社，2019.

[10] 侯万国.全国测绘地理信息类职业教育规划教材房产测绘第 2 版 [M].郑州：黄河水利出版社，2019.

[11] 焦明连.朱恒山.李晶.测绘与地理信息技术 [M].徐州：中国矿业大学出版社，2018.

[12] 熊伟.贾宗仁.薛超.测绘地理信息带我自动驾驶 [M].测绘出版社，2018.

[13] 张少东.工程测绘与地理信息 [M].长春：吉林大学出版社，2018.

[14] 方留杨.彭金勇.测绘地理信息前沿技术在交通运输工程中的应用 [M].哈尔滨：哈尔滨工业大学出版社，2018.

[15] 李维森.陈常松.田海波.新型基础测绘的探索与实践 [M].北京：测绘出版社，2018.

[16] 杨金玲.孙彩敏.地理信息系统实验教程 [M].哈尔滨：哈尔滨工程大学出版社，2018.

[17] 柳林.王怀洪.魏国忠.高等教育"十三五"规划教材海洋地理信息系统上 [M].徐州：中国矿业大学出版社，2018.

[18] 程效军.顾振雄.测绘宗师忆顾孝烈教授 [M].上海：同济大学出版社，2018.

[19] 陆洁中.姜正芳.李海涛.上海测绘地理信息产业发展政策研究报告 [M].上海：同

济大学出版社，2017.

[20] 孙世友．谢涛．姚新．大地图测绘地理信息大数据理论与实践 [M].北京：中国环境科学出版社，2017.

[21] 张俊．创新驱动跨越发展 2017 中国测绘地理信息学会学术年会论文集 [M].北京：测绘出版社，2017.

[22] 库热西·买合苏提．王春峰．陈常松．测绘地理信息蓝皮书 2017 测绘地理信息科技创新研究报告 [M].北京：社会科学文献出版社，2017.

[23] 李霖．严荣华．任福．测绘地理信息标准化教程 [M].北京：测绘出版社，2016.

[24] 田挚．测绘地理信息成果汇交与应用 [M].西安：西安地图出版社，2016.

[25] 方源敏．陈杰．黄亮．现代测绘地理信息理论与技术 [M].北京：科学出版社，2016.

[26] 张瑜．金色的热土新农村建设测绘地理信息保障服务 [M].西安：西安地图出版社，2016.

[27] 焦明连．测绘技术在城市建设中的应用 [M].徐州：中国矿业大学出版社，2016.

[28] 杨永崇．地理信息系统工程概论 [M].西安：西北工业大学出版社，2016.